緊急着陸地点が導く
【フラットアース】
REAL FACTS

エディ・アレンカ
Eddie Alencar
田元明日菜［訳］
Asuna Tamoto

ヒカルランド

すべてが腑《ふ》に落ちた。

地球の形が、
これまで小学校や中学校、高校、大学、
そして科学分野の修士課程で習ってきたような形では
なかったという証拠を目の前に突きつけられた。
学校で学んできた地球の形は
すべて完全な嘘《うそ》だったのだ！

私たちは平らな地球に住んでいるのだ。
飛行機をair-planeと呼んでいるのにも理由がある。
飛行機（airplane）は
平面（plane）を飛行しているのだ！

フライト追跡サイトや、
飛行計画のソフトウェアやアプリケーション、
飛行機の座席に設置されている
スクリーンに映し出される映像は、
すべて同一の機関からデータを取得している。
それがＮＡＳＡだ！

国連旗にフラットアースの地図が使われているのも
単なるデザイン上の理由ではない。
この世界のリーダーたちは
地球が本当は平らだということを知っている。
彼らは私たちを洗脳し、支配するために、
この情報を秘密にしているのだ。

航路はフラットアースの真実を教えてくれる。
点と点をつなぐことで
地球の本当の姿が見えてくるのだ！

もくじ

Section 1
フラットアースに気づくまで

Section 2
フラットアースを証明する16の緊急着陸

Section 3

フラットアースを証明するさまざまな航路

Section 4

球体説の嘘とフラットアースの真実

カバーデザイン　櫻井　浩（⑥Design）
編集協力　レックス・スミス
校正　麦秋アートセンター
本文仮名書体　文麗仮名（キャップス）

予測もつかない観点

アルビノ・ガルッピーニ

ここ数十年、インターネット技術、検索エンジン、情報のすべてが飛躍的に拡大し、一般的ないわゆる「主流」に収まらなくなってきている。独自の研究から新しい視点が生まれたり、センセーショナルな新発見があったりするのも不思議ではない。そうした流れのなかで、さまざまな〝陰謀論〟が世に知られることにもなってきた。

なかでも、ここで取り上げたい重要なトピックは地動説である。地動説における地球は、膨張し続ける宇宙を構成する無数の銀河の1つにすぎない〝天の川銀河〟の中で、太陽の周りを公転する惑星であるとされている。

しかし、火星や月に行って、真の地球の姿を見たことのある者はいるだろうか？ハッブル宇宙望遠鏡から撮影された写真が本物かどうか、立証できる者はいるだろうか？

しかも、民間機関がカメラを搭載した高高度気球から撮影した写真には、地表の湾曲など写っていない。地球には曲率があると言われているが、水平線上を遠ざかっていく船を観測するだけで結論を出すべきではないだろう。

月面着陸と太陽系探査の信憑性については、かなり以前から疑惑が取りざたされてきた。地球の自転は検証できていないし、時速1000マイル（約1600㎞）で自転する球体の表面を歩いている実感がある人はいないだろう。地動説は矛盾だらけで、その一貫性のなさには驚かされる。それにもかかわらず、こうした疑問が話題にのぼるまでに、いったいどれほどの時間を費やしてしまったのかと不思議に思う。

地球の形に関しての大きな疑問は、航空分野でも見られる。旅客機の巡航速度で地球の湾曲を考慮するならば、一定の高度を保つためにパイロットは常に機首を下に向ける必要がある。しかし、飛行マニュアルにはそのことは書かれていないし、搭載されているジャイロスコープも地球の曲率を計算に入れていない。

さらに興味深い問題は、本書のメインテーマでもある飛行経路だ。インターネットの専門サイトで検証された飛行ルートをたどると、現実に即しているとされている球体の地球の地図上で見る航路は意味不明であり、一方で、フラットアースの地図であれば完全に説明がつくことに気づく。

たとえば、球体モデルの地図で見ると、カリフォルニア州のロサンゼルスから中国の上海までの最短ルートは太平洋を横切る航路であるが、実際にはアラスカや北極圏の上空を飛行している。こうした疑問に対して、地球球体説の支持者は「緊急着陸の場合に備えて、外洋を避け、大陸の上を飛行するのだ」と主張する。しかしながら、たとえ陸地の上だけを横切る航路であっても、北に弧を描く進路を取るのだから、この理論には信頼性がない。

ライト兄弟による初めての動力飛行からわずか四半世紀後、航空機の技術的進歩により、初の大西洋横断飛行が実現した。1927年にこの無謀な冒険を成し遂げたのは、アメリカ空軍に所属する25歳のパイロット、チャールズ・リンドバーグだ。

リンドバーグの航路は、フラットアースの地図で見ると、ほぼ直線的な道のりであることがわかる。一方、球体モデルの地図でたどると、曲がりくねった長いルートになっている。地球の形が球体だとすると、まったくつじつまが合わないのだ。

航空分野にまつわる謎はそれだけではない。ジェットエンジンの動作や、航空機が離陸するまでにどのくらいの量の燃料が供給されているのかについては、多くの人が疑問を投げかけている。どんなに航空科学が発達しようとも、現在に至るまでの歴史に、たくさんの嘘が詰め込まれているのは間違いないのだ。

だからこそ、飛行経路というテーマに特化した本書は、地球の形を解くパズルの重要なピースであると考えている。ぜひ楽しんでほしい！

◇アルビノ・ガルッピーニ

イタリア人作家。パルマ大学で自然科学の学位を取得。陰謀に関する数多くの著書があり、国内外の有名雑誌にも寄稿。ヨーロッパにおいて、月に関する嘘についての著名な専門家の１人でもある。

はじめに

飛行経路と緊急着陸の事例が平らな地球を証明していることに関して、私はこれまでに多くの質問をもらってきた。本書では、フラットアースを証明する16の緊急着陸の事例を、球体モデルとフラットアースの地図を比較しながら紹介していく。航路を見ると、球体モデルよりフラットアースの地図のほうが筋道が通っているとわかるだろう。

まずは、少しだけ私自身や、私が初めてフラットアースのことを知ったときの葛藤について話しておきたいと思う。私はこれまでに2度、アラバマ州のハンツビルにあるNASAのマーシャル宇宙飛行センターを訪れており、科学を信奉していたし、SF小説の熱心な読者でもあった。そんな私が嘘の山に隠された真実とその証拠を見つけたときには激しい苦悩に苛《さいな》まれた。

しかし、調査や研究を進めるにつれて、航路や緊急着陸地は紛れもない証拠だと思うようになっていたし、仮にこれが確固たる証拠でなくとも、地球が球体でないことは確かだと考えるようになった。さらに、この情報を長らく隠してきた人々は、あらゆるからくりを利用して、真実が大衆に知られないようにしていることも知った。教育システム、テクノロジー、マスメディアは、真実が世界の人々に知れ渡らないようにしている。

本書が読者の皆さんにとって、偽りと嘘を見抜く手助けとなれば幸いである。目が覚めて真実に気づいたならば、それを秘密にせずに、世界にシェアしてほしい！

本書で使用しているフラットアースの地図は、『グリーソンの新標準世界地図』として知られており、アレックス・グリーソンによって1892年11月15日に特許が取得されている。とはいえ、100％正確な地図というものは存在せず、グリーソンの地図にもひょっとしたら欠陥があるかもしれないが、航路を比較するにあたっては完璧な地図であった。なお、『グリーソンの新標準世界地図』の高解像度の画像は本書

324ページ掲載のリンクからご覧になることができる。

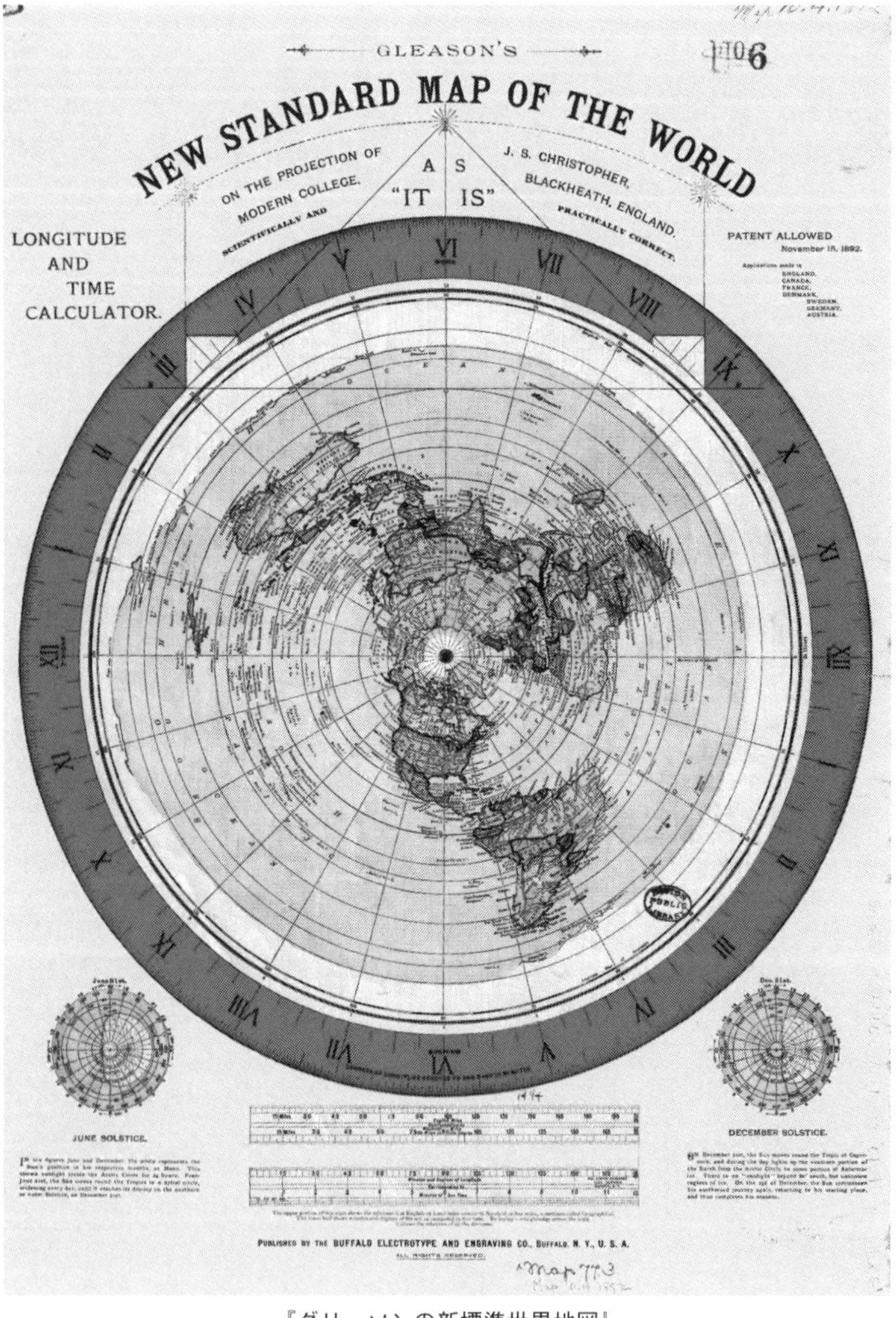

『グリーソンの新標準世界地図』

Section 1

フラットアースに気づくまで

プロローグ　「地球が平面だって？（笑）」

２０１５年のことだった。アメリカの大統領予備選挙が始まり、私は政治に大きな関心を寄せていた。３月にテッド・クルーズが立候補を表明し、続いて4月にはマルコ・ルビオが候補として名乗りを上げた。８月6日には、第1回共和党討論会がFOXチャンネルで放送され、10人の候補者が登壇し対決した。そして、共和党の大統領候補は17人までにもなった（28ページ図1）。

しかし、共和党は現職大統領に対抗できる候補者がいないという困難な状況であった。一方、民主党は、２００８年にバラク・オバマが故ジョン・マケインに勝利し大統領となってホワイトハウス入りして以来、常に優位に立っていた。民主党も候補者を揃《そろ》え、討論会を行った。馴染《なじ》みのある名前もあれば、よく知らない候補者もいた。29ページ図2は、大統領候補として指名を争った民主党の候補者たちである。

冒頭で述べたように、２０１５年は、アメリカ大統領選ほど私の興味を引いたもの

図1　共和党の大統領候補者は全部で17人となった(順不同)。

図2　民主党の候補者。（左から）ジム・ウェッブ、リンカーン・チェイフィー、ヒラリー・クリントン、バーニー・サンダース、マーティン・オマリー（順不同）。

はなかった。ヒラリー・クリントンが民主党の候補者に選ばれることが確実であるならば、その対抗馬として、共和党の候補者になるのは誰なのか。民主党はバラク・オバマの「成功」、そして、彼がヒラリーを支持していることから、共和党とその候補者たちを脅威とは見なしていなかった。

私は当時も日本に住んでいたので、アメリカとの時差があったが、共和党の討論会を1つとして見逃さなかった。普段は党内で協力し合っている政治家たちが、同じポストを争うとなると、テレビの生放送で互いに罵《のの》り合う。共感してくれる方もいると思うが、その姿はいかにも滑稽《こっけい》であり、見るのは面白かった。リアルタイムで視聴することができたものもあれば、翌朝まで待ってYouTubeで見なければならないものもあった。討論のすべてがアップロードされることもあれば、ハイライトだけの動画もあった。

実を言うと、当時の私は、無所属派の支持に傾いていた。2011年に、truTV（アメリカのテレビチャンネル）で放送されていた、ジェシー・ベンチュラ（元プロレスラー、元ミネソタ州知事、俳優）が出演する『陰謀のセオリー』という番組（アメリカ国内のさまざまな陰謀を暴こうとレポートするドキュメンタリー。2009~2012年放送）を見ていたので、彼のアプローチ方法に好感を持ち、彼の主張を信じていた。

ベンチュラは2011年、前回の大統領選当時、ロン・ポール候補を支持すると表明し、「ロン・ポール／ジェシー・ベンチュラ」という組み合わせで立候補することも考えていた（図3）。

私は、今回の予備選挙で、そのロン・ポールの息子であるランド・ポールが共和党の立候補者たちに勝利すれば、彼は父のような候補者となり、すばらしい大統領にな

ジェシー・ベンチュラ　　　ロン・ポール

図３　2011年当時、「ロン・ポールが無所属になったら、私は副大統領候補になることを真剣に考えています」とベンチュラは言った。

る可能性だってあると思っていた。しかし、チャンスが訪れることはなく、彼は２０１６年２月に指名争いから撤退した。

討論会の再放送やハイライト、候補者へのインタビューや評論を見ようと、常にYouTubeをチェックしていた私は、画面の右側に表示される関連動画が気になって仕方がなかった。しかし、当時は「フラットアース」という言葉を目にしても、一笑に付しただけであった。

毎度おすすめ動画がどんどん出てきたが、すべてをクリックしようとは思わなかった。政治のことで頭がいっぱいで、そんな時間はなかったのだ。日本に居ながらも、アメリカ

図4　サウジアラビアの切断された岩「アル・ナスラの巨石」。

にいる友人とスカイプやテキストメッセージで、政治についてよく語り合ったものだった。

政治のニュースほどではないが、その他に興味があったのは、聖書考古学や聖書に関するドキュメンタリー番組など、聖書考古学に関連したトピックだった。当時の私は、『Truth Unveiled（解き明かされる真実）』というチャンネルの動画を見始めたばかりだった（このチャンネルは現在YouTubeから削除されているが、オーナーは同じような別のチャンネルを新たに開設しているのではないかと考えている）。

旧約聖書には、イスラエル人がエジプトを脱出し紅海を渡ったという記述があるが、このチャンネルには、その実在の場所について解説している動画があり、サウジアラビアの切断された岩や、その岩の周りでイスラエル人が野営していたことが紹介されていた。非常に面白いドキュメンタリーで、私はこのチャンネルの動画を視聴するのが楽しみになり、このチャンネルそのものにも信頼を寄せるようになっていった。

図4は、サウジアラビアのタイマのオアシスにある切断された岩の画像で、「アル・ナスラの巨石」と呼ばれている。これについては本書の主なテーマからは逸れるが、それでもこの画像を紹介したのは、２０１５年に私が興味を持っていたトピックについて知っておいてほしかったためである。家族との関係も良好だったので、好きなものを見たり学んだりする時間は十分にあった。

そんなある日、この『Truth Unveiled（解き明かされる真実）』に「フラットアースの真実」というタイトルの動画がアップロードされた。そのときは、この動画をすぐに見ようとは思えず、いつか調べてみようと思った。当時の私には、フラットアースよりも、政治の話題のほうがずっと面白かったのだ。

２０１５年12月には、共和党でも最有力候補だった人物たちが次々と撤退していった。そこには、リック・ペリーやボビー・ジンダルもいたし、リンゼー・グラムまでもが撤退していった。ドナルド・トランプが大統領候補になるのは明らかで、２０１６年になれば、党内での討論会、そして最終的には共和党の大統領候補者と民主党の大統領候補者（ヒラリーと言ったほうがいいかもしれない）の討論会が開催される。

本来ならば、２０１６年はワクワクするような大統領選が繰り広げられる予定だった。しかし、すでに大盛り上がりとなった２０１５年の終わりに、残った有力候補者たちも撤退してしまい、私自身の興味も移り変わっていった。

２０１５年のクリスマスには、自分へのプレゼントとして5弦バンジョーを購入し、年が明けたらすぐに、フラットアースに関する動画を見てみようと決めていた。

そのときは、２０１６年がこれまでとまったく違う年になるとは思いもしなかった。初めて見たフラットアースの動画によって人生がひっくり返り、今日の私のように、政治が卑劣なものだと考えるようになるとは夢にも思わなかった。

第1章

「1988年　オーストラリア・バイセンテナリー・ゴールドカップ」

～サッカーブラジル代表チーム・オーストラリア遠征の不可解な航路～

自営業のメリットは、いつでも好きなときに休みを取れることだ。だから私はスケジュールを調整して、1日のうち2時間は自分の好きなことに取り組むようにした。2015年に自分へのクリスマスプレゼントとして5弦バンジョーを買ったので、2016年はバンジョーをマスターすることを新年の決意とした。

バンジョーについて調べたところ、700時間練習すればフラット&スクラッグスのように、ピッキングでブルーグラスを弾くことができることがわかった。つまり、1日最低2時間、バンジョーの練習をすれば、360日後、すなわち、2016年の終わりには700時間の練習時間に到達し、スクラッグスのように弾けるようになっているということだ！

２０１６年の2月後半から3月初旬までは政治の討論会も予定されていない。バンジョーを練習する時間も、調べものをする時間もたくさんあるし、フラットアースについても調べてみようと思った。

そこで、まずは動画を見る前に資料を読んでみることにした。ネットで検索し、どんどん調べていった。なかでも参考にするようになったのが、マット・ボイラン（別名マス・パワーランド）と呼ばれている人物のウェブサイトや彼のウィキリークス動画だった。ある日、彼の動画を見ていたときに、ちょうど妻が仕事から帰ってきた。そこで、妻にもこの動画を一緒に見てもらった。

フラットアースについて調べ始めてからは、いろいろなことがわかってきた。そして30年ほど前、世界の地形について、初めて葛藤を抱いたときのことを思い出した。

１９８０年代まで遡《さかのぼ》るが、私は若い頃、航空会社に勤務していた。この仕事についての詳細をここに述べるのは控えるが、航空会社で働いていたので航路についての知識はあった。

また、私はサッカーの熱烈なファンでもあった。1988年、オーストラリアで「オーストラリア・バイセンテナリー・ゴールドカップ」と呼ばれるサッカーのトーナメントが開催された。アーサー・フィリップ総督がポート・ジャクソン湾に植民地を設立してから200周年を迎えることを記念したトーナメントだ。南アメリカ大陸からは、アルゼンチンとブラジルの2チームが招待された。

ところで、まだお伝えしていなかったが、私はブラジル出身のブラジル人である。サッカーは何よりも興味があるスポーツだし、それぞれの試合、選手、国籍、国際試合などもすべて熟知していた。

だから、このトーナメントや、我々の代表チームに関する報道もすべて追っていたし、ブラジル代表メンバーの何名かがグアルーリョス国際空港から搭乗するという情報も聞いていた。ここからリオデジャネイロに向かい、他のメンバーと合流するということである。

結局、グアルーリョス国際空港で選手たちを見る機会は逃してしまったが、後日、

第１章　図１　かつてブラジルに存在していたヴァリグ・ブラジル航空。

同僚にブラジル代表チームがチリのサンティアゴに飛んだのかと聞いてみた。南アメリカからオーストラリアに行くのであれば、当然のルートだと思っていたのだ。しかし、チームはリオデジャネイロからロサンゼルス国際空港に向かったということだった。

今でも覚えているが、疑問に思った私は、空港で同僚たちに尋ねた。「ロサンゼルス？　でも、オーストラリアであれば太平洋を突っ切ればいいじゃないか。どうしてロサンゼルス国際空港を経由しなきゃいけないんだ？」

しかし、１９８８年には、このことをただ受け入れるしかなかった。当時は個人が参照できるフライトの情報がほとんどなく、地球の形を比較できる『グリーソンの新標準世界地図』のようなマップも持っていなかった。フラットアースについては聞いたこともなかったし、当時はサッカーのことで頭がいっぱいだった！

ブラジル代表チームは、一般旅客機に乗ったのだろうか？ 図1は、リオデジャネイロ発―ロサンゼルス着のボーイング747―400だ。

ヴァリグ・ブラジル航空は、かつてブラジルにあった航空会社で、一時期はブラジルのサッカーチームのオフィシャルエアラインでもあり、サンパウロ―リオ―ロサンゼルス間を結び、東京行きの便も運航していた（ヴァリグ航空832／833便）。この便に乗ってブラジルのチームはオーストラリアに行ったのだろうか？ それともチャーター便だったのだろうか？

ロサンゼルスに到着した後はシドニーにまっすぐ向かったのだろうか？ しかし、こうした情報は見つけられなかった。では、40ページの球体モデル（図2）とグリーソンの地図で航路を比較してみてほしい。

今日のように、1988年に私がフラットアースの地図を持っていたなら、当時、

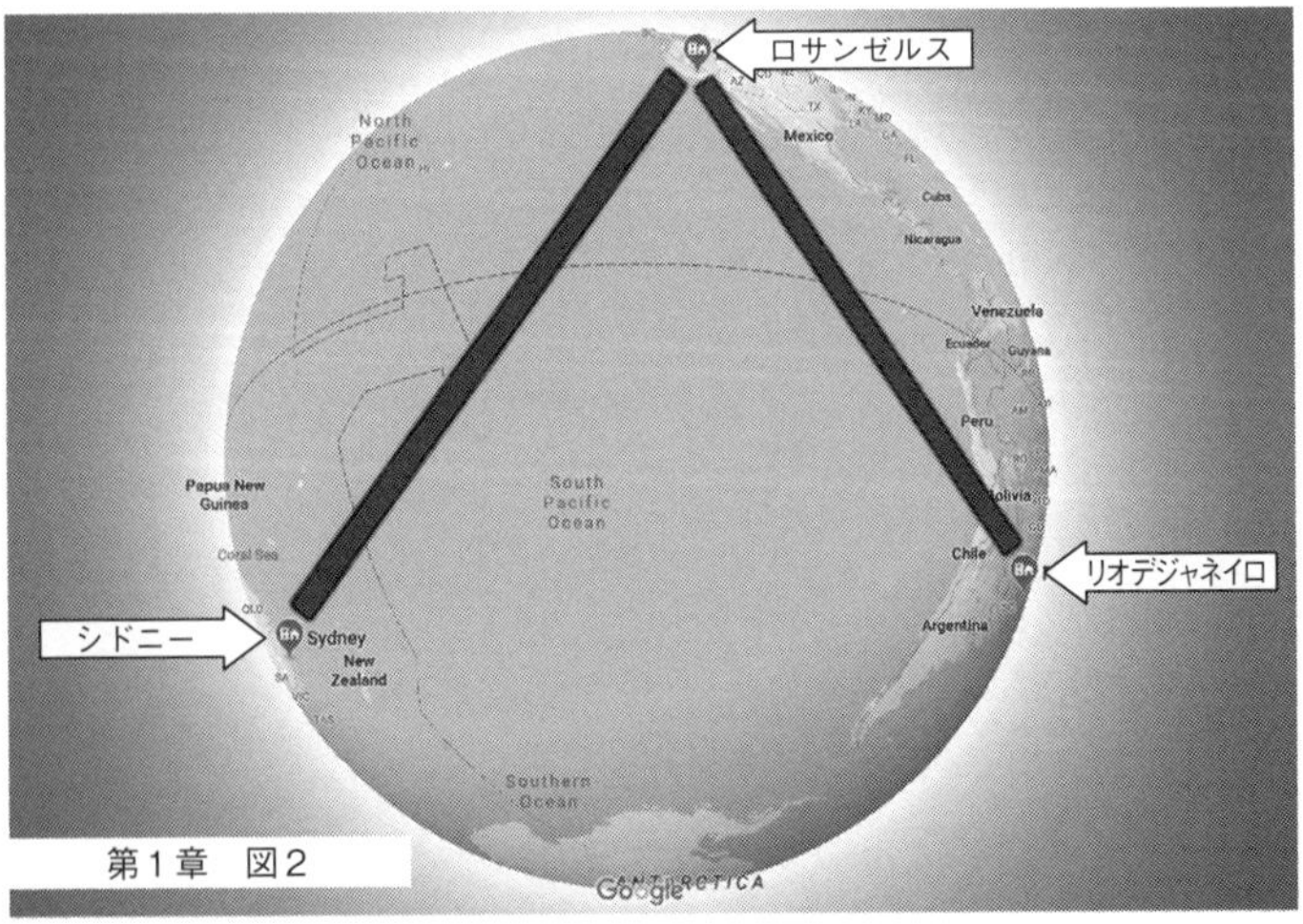

第1章　図2

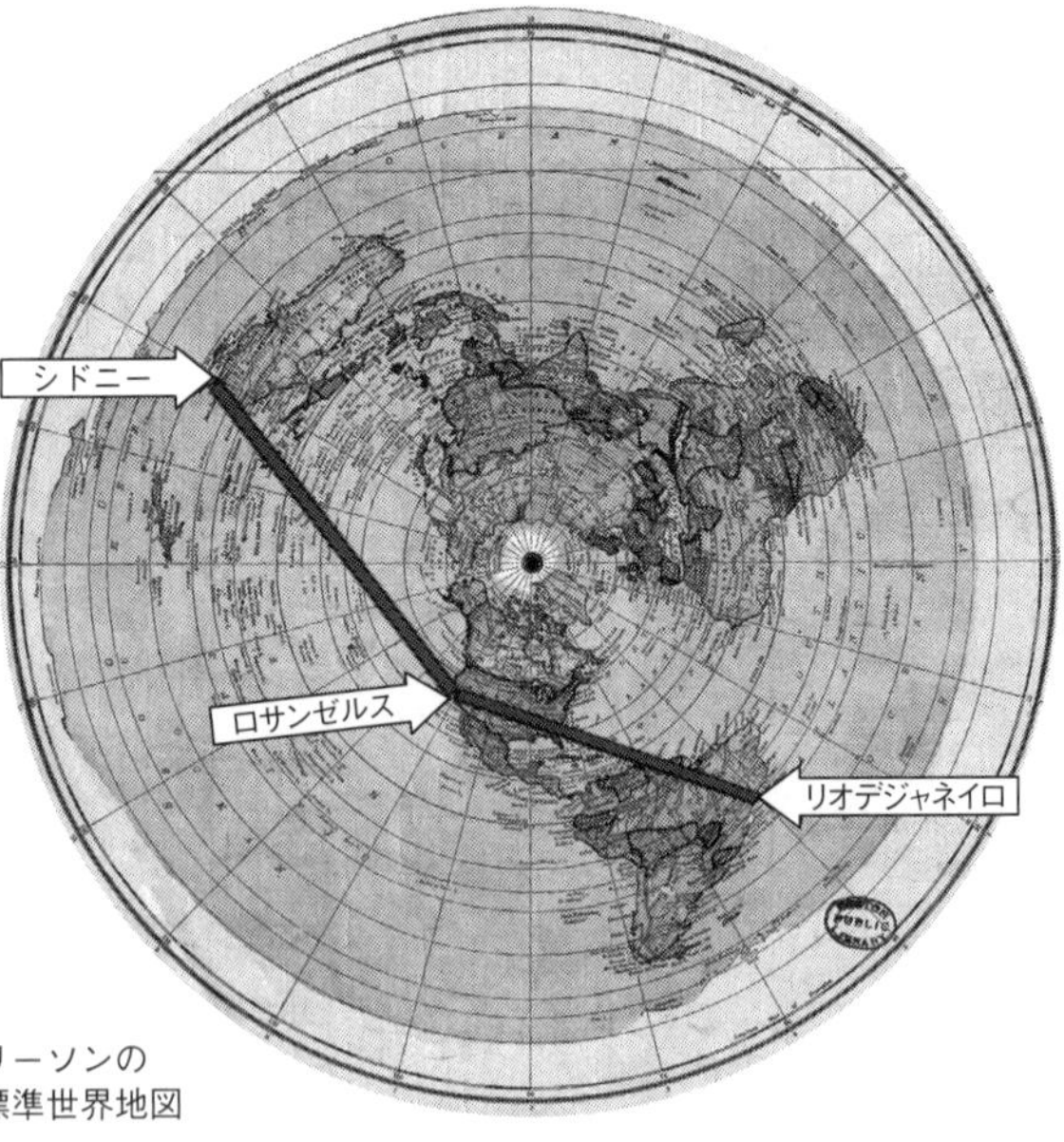

グリーソンの
新標準世界地図

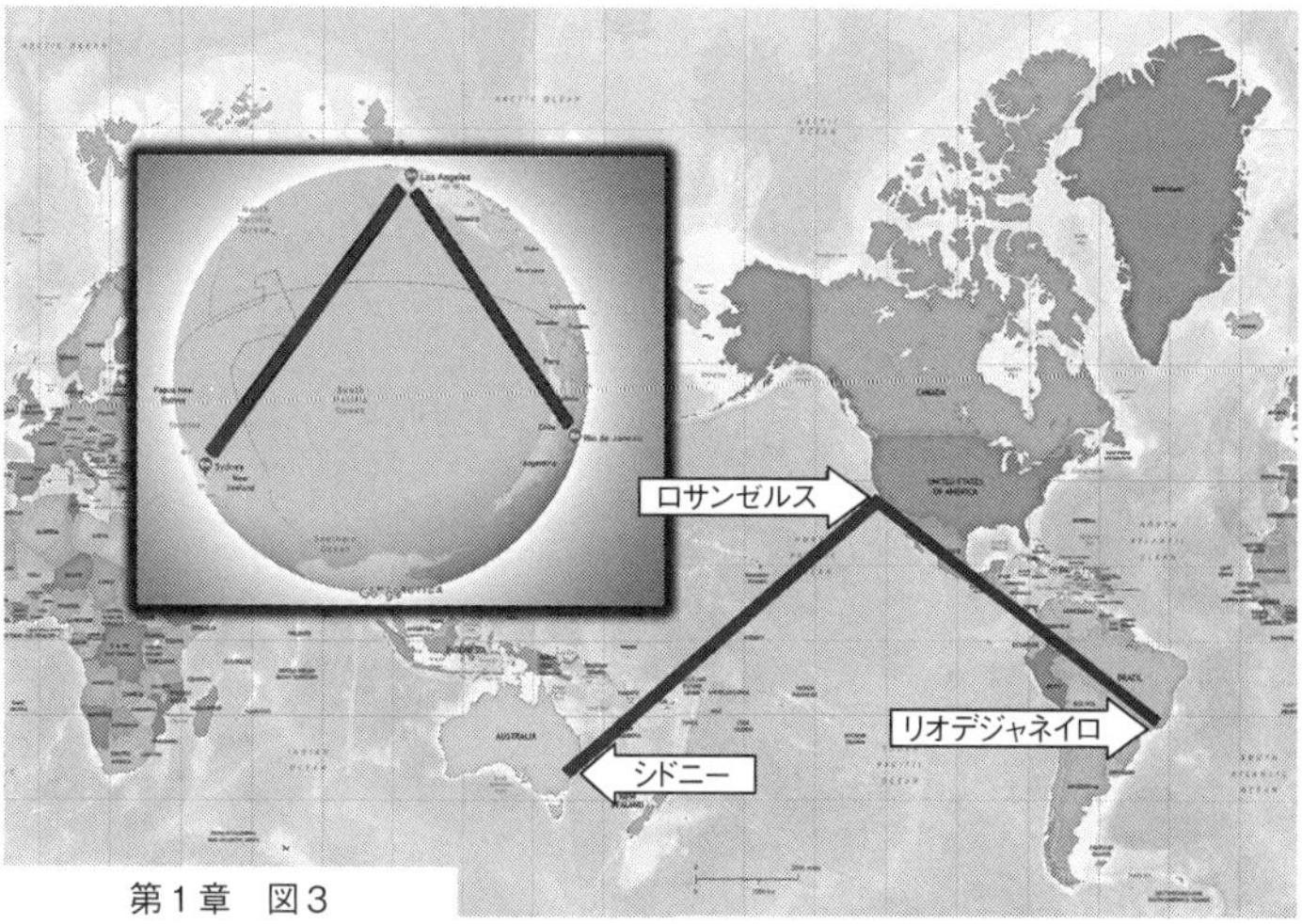

第1章　図3

何が起きていたのかよく理解できたと思う。図3のメルカトル図法の地図と照らし合わせてみても、この航路は合理的とはいえない。

　これなら、チリのサンティアゴに飛んで、そこからシドニーに直行するほうがいいのではないだろうか。先にも述べたが、南アメリカからオーストラリアに行くなら、太平洋をまっすぐ横切ればいい。どうしてそのような航路を取らないのだろう？

　もし、ブラジルのチームが通常の旅客便で飛行していたなら、当時のヴァリグ航空にはチリのサンティアゴ行きの便が2つある。一方で、ブラジルのチームがチャーター便で飛行したのであれば、いつでもチリのサンティアゴやブエノスアイレス、アルゼンチンに飛んで、オーストラリアのシドニーに向かうことができたはずだ。

１９８８年は、地球の本当の形に関する知識をまったく持ち合わせていなかったので、私はこのような疑問を持っていた。さらなる疑問を持つようになったのは、２０１５年10月7日にチャイナエアライン００８便がアラスカ州のアンカレッジに緊急着陸したときだった。これについては次の章で解説していく。

Section 2

フラットアースを証明する16の緊急着陸

第2章

ケース① チャイナエアライン CI008便

台北（台湾）—ロサンゼルス（カリフォルニア）
緊急着陸地：アンカレッジ（アラスカ）

2015年は、政治のニュースを絶えず検索していたため、他に何が起きていたのかを見逃していた。しかし2015年の10月には、台湾からロサンゼルスに向かう飛行機で女性が出産したニュースが大きな話題になっていた。このときパイロットは……なんとアラスカに緊急着陸したのだ！　まずはこの出来事について説明し、その後、航路についても見ていこう。

台湾人の女性は妊娠36週であることを偽っていたようだ。チェックインカウンターでは30週と申告していたのだ。妊娠期間を理由に移動を禁止する公的な法はないが、それぞれの航空会社ではルールが定められていて、妊娠32週以上の女性は搭乗できないとされている。彼女は医師からの証明書を何も提出せず、妊娠32週未満であると申告し、飛行機に乗ることを許可された。こうして彼女は1人で搭乗し、ロサンゼルス国際空港へと向かっていたのだ。

彼女がそうだったかどうかは定かではないが、中国人がアメリカで出産し、生まれてくる子供にアメリカ国籍を自動的に取得させる〝黒い市場〟が存在するのも事実だ。これは〝出産旅行〟とも呼ばれる。アメリカで子供を産むために3万5000ドル（約380万円：1ドル＝108円換算）もの大金を払って渡米する女性たちがいるという報告もある。さらに、こうした計略に加担したとして、当局がクリニックを強制捜査し、医師や看護師の身柄を拘束したという複数の報道や記事、ニュース動画が公表されている。

この女性が、アメリカで出産するために多額のお金を払っていたのかはわからない。1つ言えることは、ある時点でこの女性が「もうアメリカの領空に入ったかしら？」

と尋ねているのを同じ便に乗っていた乗客は目撃しており、動画にまで完全に収められていることだ。アラスカ州のアンカレッジに着陸すると、すぐに国境警備隊が機内に入ってきて女性のパスポートを確認した。

彼女は搭乗の際に妊娠期間を偽った罪で2日後に台湾に送還された。子供はアメリカ国籍となり、アメリカに一時的にとどまった。裁判官が「飛行機はアメリカに向かっており、子供もアメリカで生まれたと認められる」という判決を下したためだ。報道によると、その後、子供は台湾で母親と再会したとのことである。

海外旅行中に生まれた子供の国籍について、家族に好ましい判決が出ることはこれが初めてではない。1800年代の後半や1900年代の初めにも、ヨーロッパからアメリカに向かって公海を旅していたときに生まれた子供が、自動的にアメリカ国籍となり、エリス島の移民局で入国審査官から国籍を授けられたという記録が残っている。こうした赤ん坊はアメリカで生まれたくて誕生したのだ、とみなされ、アメリカ国籍となるのだ。

チャイナエアライン008便に乗っていた多くの人々が、この「空での出産」の写

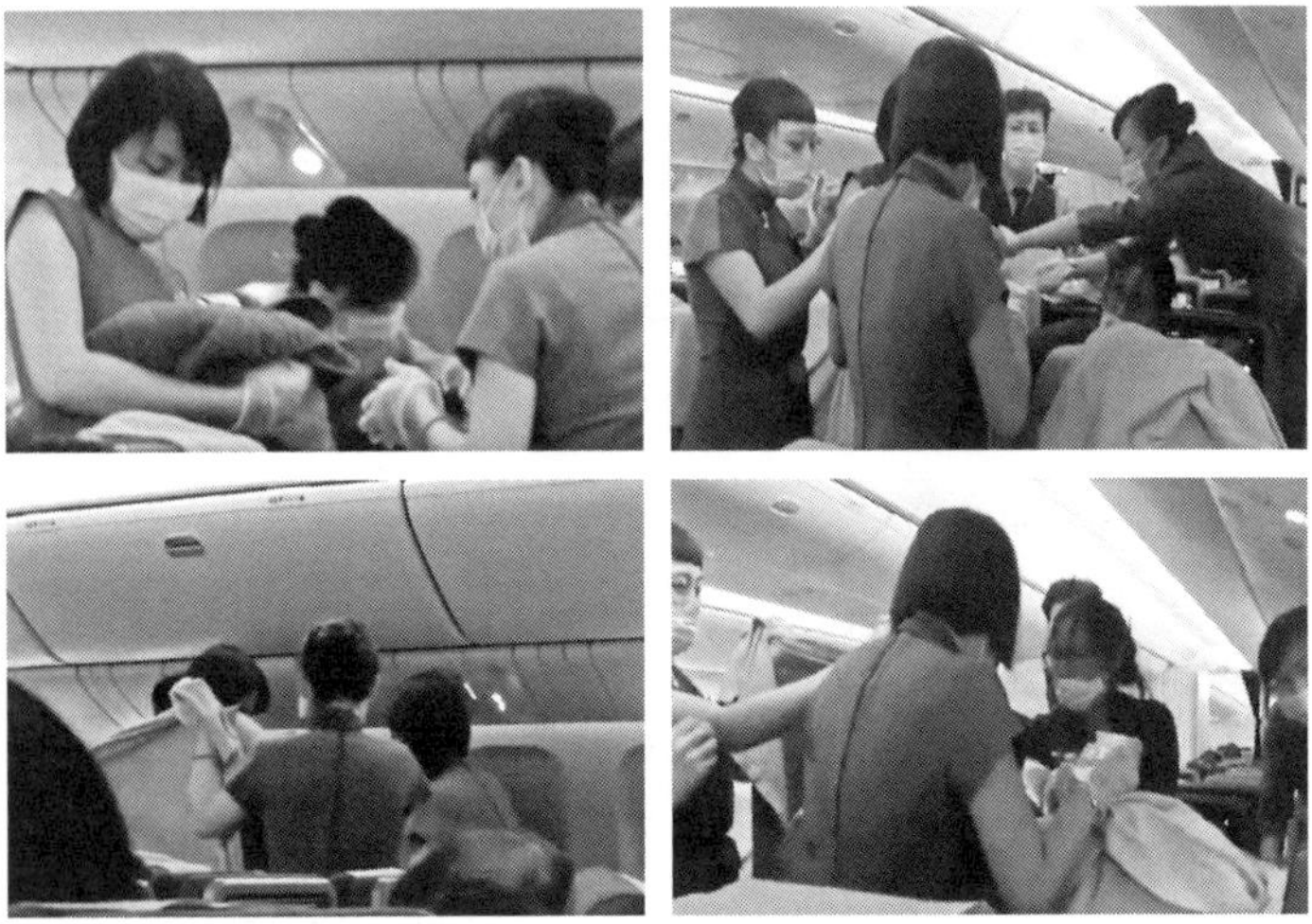

第２章　図１　突然の「空での出産」を介助する医師や客室乗務員。

真や動画を撮っており、インターネット上には多くの映像や画像がアップされていた。図1は客室乗務員たち、そして偶然にも台湾からロサンゼルス国際空港に向かっていた医師によって介助が行われている場面の写真だ。

私はこの便のことや、この出来事に関わったのがどんな人々で、パイロットはなぜアラスカ州のアンカレッジに緊急着陸しなければならなかったのかなどについて十分な情報を集めてから、飛行経路を球体モデルとフラットアースモデルで比較し、自分なりに考察を重ねていった。

この緊急着陸が起きたのは、ちょうどフラットアースの動画がYouTubeの関連動画に表示された頃だったが、これらはすぐには結びつかなかった。比較や調査を通じて初めて、こうした事象の点と点がつながり始めたのだ。50ページの2つの地図は私の調査結果を表したものである。

図2（50ページ）のGoogleマップの画像では、台湾の台北とアメリカのロサンゼルスの2都市が結ばれている。この球体の航路で見ると、008便は太平洋上のハワイのすぐ北を飛行していたはずだが、報道によると、緊急着陸のため、アンカレッジに向けて北に進路変更したとのことだった。

しかし、太平洋上のハワイの北側を飛行していたのであれば、アンカレッジに向かわず、そのままロサンゼルスまで飛び続けても飛行時間はさほど変わらないのではないだろうか。あるいは、常識的に考えれば、アメリカ本土とアジアの間にハワイがあり、その北側を飛行していたのなら、ハワイに着陸することだってできただろう。51ページ図3は、この出来事が起こったときに報道された内容を図にしたものである。

インターネットで調べたところ、2都市間の飛行時間は12時間から13時間だ。チャ

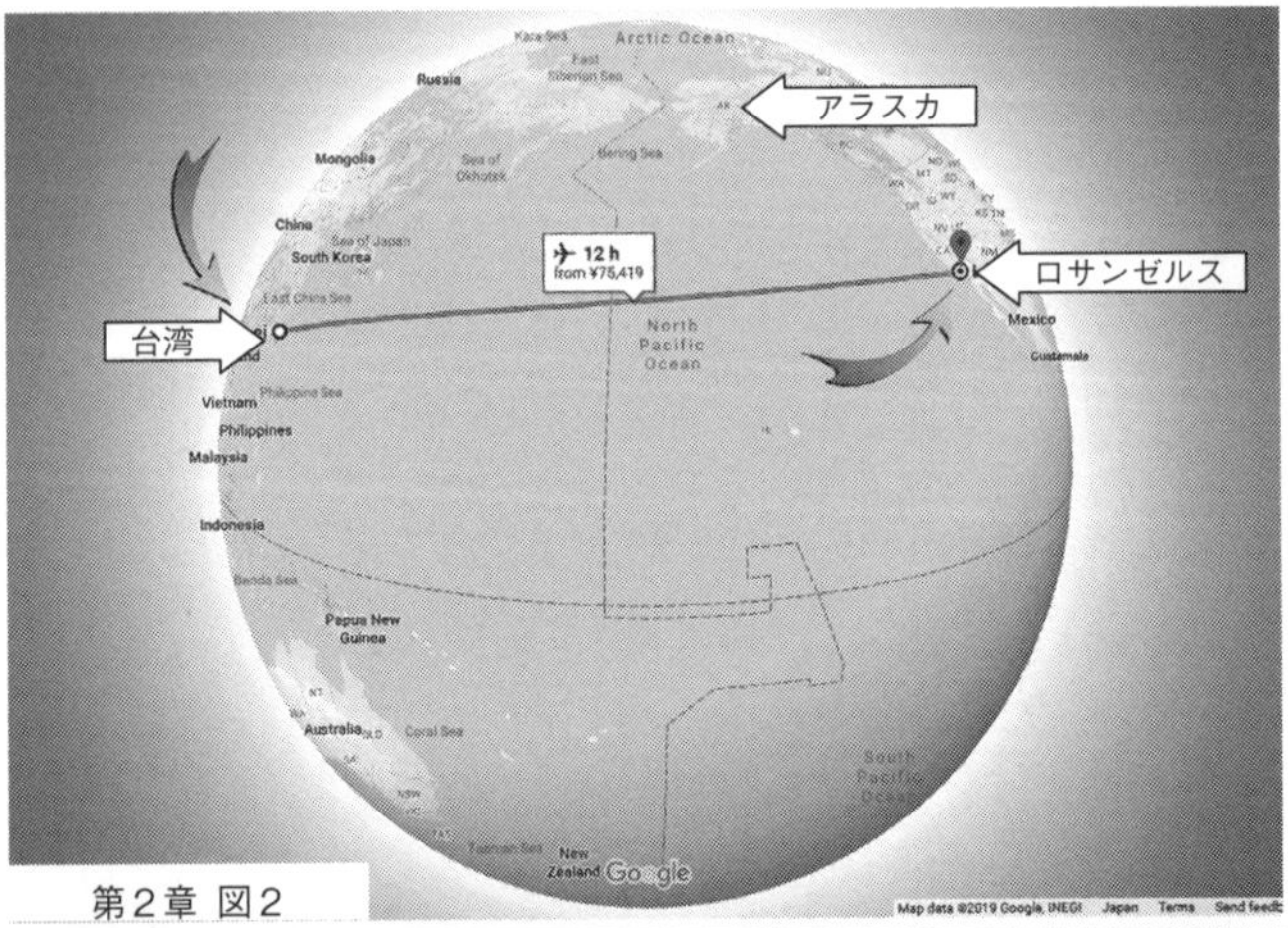

第2章 図2

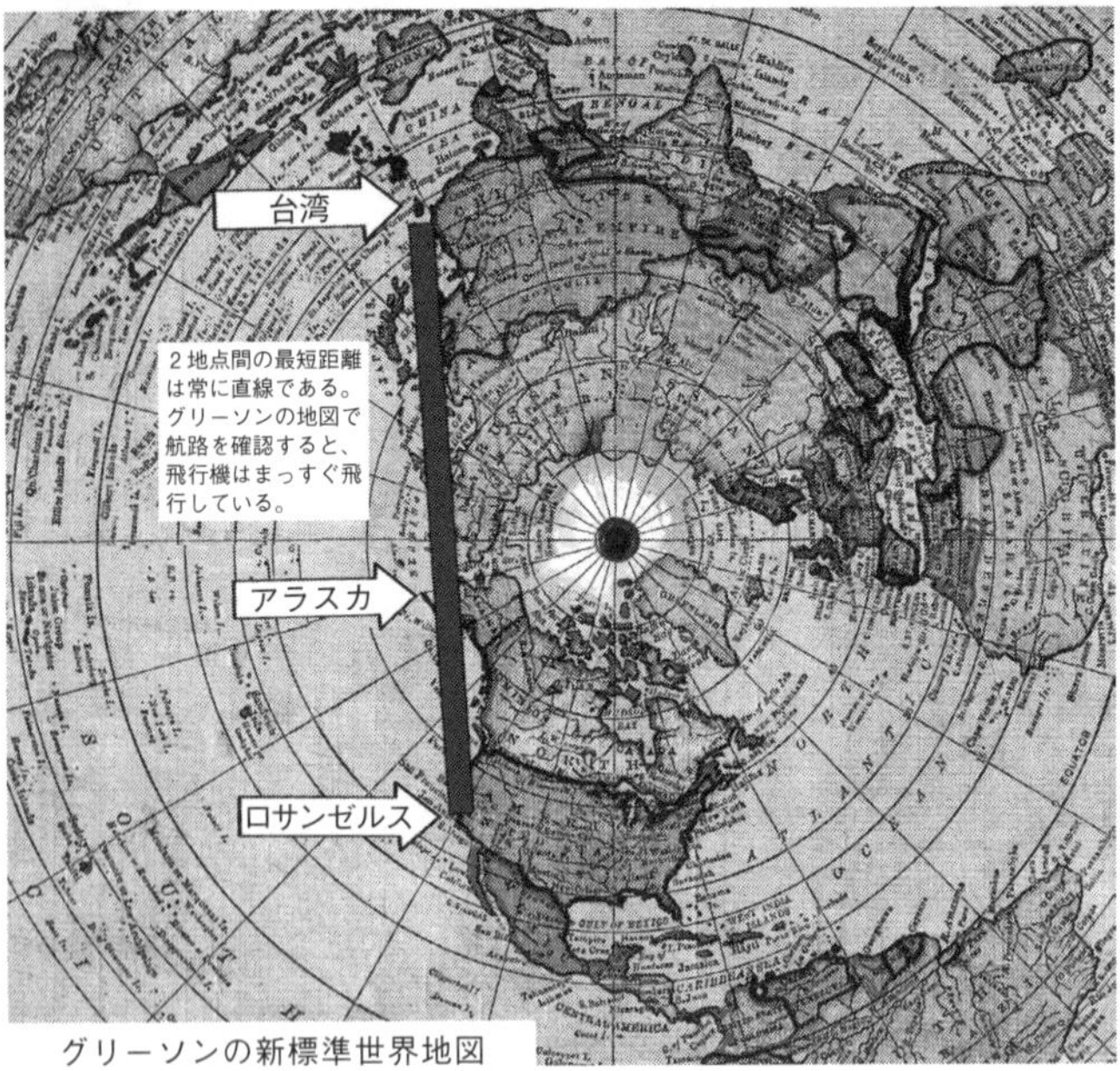

グリーソンの新標準世界地図

第2章 図3
「チャイナエアライン008便の緊急着陸」をインターネットで検索すると、このような画像が出てくる。太平洋上を飛行していた飛行機が、アラスカに向けて方向転換している。

イナエアラインは「この便は台北時間の水曜の午後11時50分に台北を出発し、翌日の午後12時35分（ロサンゼルス時間で水曜午後8時35分）にアメリカに着く予定だった」と述べている。つまり、12時間45分という長時間の飛行が予定されていた。

アンカレッジに緊急着陸したのは、台北時間の午前9時6分だ。これは、ロサンゼルス国際空港に到着する予定時刻よりも3時間29分も早く、ここまでの飛行時間は9時間16分であった。

しかし、これは不可解である。球体モデルで見たように、太平洋上を飛行していて北に進路を変更したのなら、時間と距離とのつじつまが合わない。つまり、飛行機を着陸させようとしたときには、すでにアラスカ州の上空を飛行していたのではないだろうか。そもそも飛行経路の変更などしておらず、太平洋はおろかハワイの近くさえも飛んでいなかったのではないのか。ハワイに緊急着陸しなかったのは、ハワイが球体モデルや座席スクリーンの映像で見るような位置にはないからではないのか。

そして私は気がついた。我々は地球が球体だというイメージを、どの飛行機に乗っても座席スクリーンで見せられ続け、何も考えずに信じ込んでしまっていたのではないか。しかし現実はまったく違うのではないか。つまり、座席スクリーンの映像は、太平洋のハワイ・ホノルルに近い場所を飛行していると乗客を信じ込ませるためだけの映像であり、実際の飛行機は、ハワイの近くではなく、寒帯ジェット気流に近い、アラスカ上空を飛行していたのではないのか。

そのように考えると、なぜチャイナエアライン008便が、ロサンゼルス到着予定時刻より3時間29分も早い、飛行時間9時間16分の地点で、アンカレッジに緊急着陸できたのか説明がつく。そして、パイロットがハワイに着陸しなかったのは、ハワイがロサンゼルスと台湾の間に位置していないからなのだ。さらに言うならハワイは、

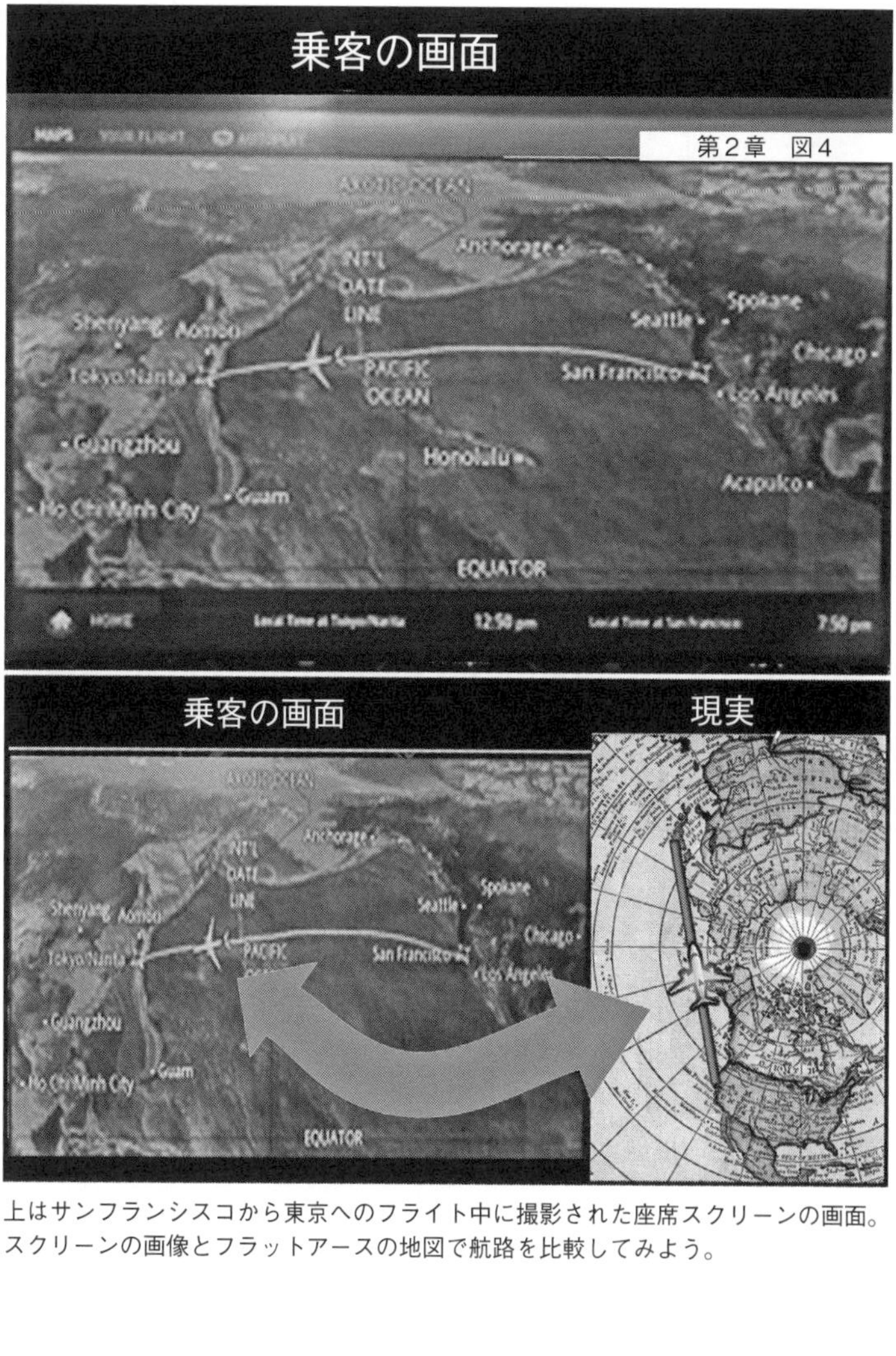

上はサンフランシスコから東京へのフライト中に撮影された座席スクリーンの画面。
スクリーンの画像とフラットアースの地図で航路を比較してみよう。

ロサンゼルスとフィリピン、ロサンゼルスと東京、ロサンゼルスとシンガポール、ロサンゼルスとインドネシア、ロサンゼルスとアジアや南アジアのどの国との間にも位置していないのだ。図5のフラットアースの地図を見てみると、ハワイは太平洋の中心から外れた場所にある。

これまでに、ロサンゼルスと日本、中国、韓国、シンガポール、タイ、インドネシア、マレーシア、フィリピンを結ぶ便が、ハワイに緊急着陸することが決してなかったのは、地球は球体ではないからであり、これらの飛行機は太平洋上ではなく、すべてアラスカ上空を飛行していたのだ。

地球の形が、これまで小学校や中学校、高校、大学、そして科学分野の修士課程で習ってきたような形ではなかったという証拠を私は目の前に突きつけられた。学校で学んできた地球の形はすべて完全な嘘だったのだ！

そう考えると、すべてが腑に落ちた。約30年間、私が疑問に思い続けてきた、なぜリオからシドニーに向かう便がロサンゼルスを経由しなければいけないかという謎も解明できた。オーストラリアは、かつての私が思っていたように、チリから太平洋を

グリーソンの新標準世界地図

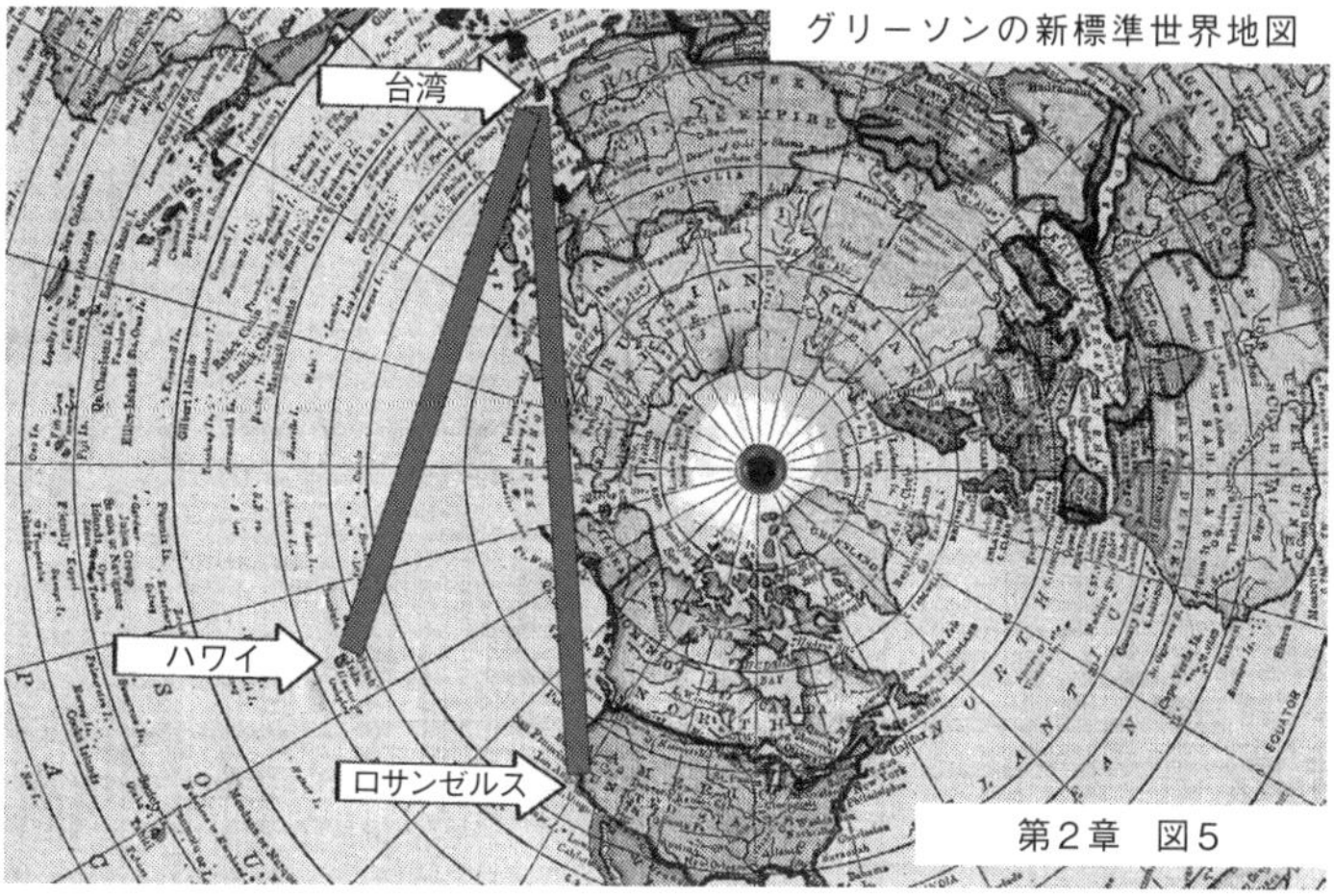

第2章　図5

横切って一直線で行ける場所にあるのではない。地球は広く平らな形をしており、オーストラリアは南アメリカ大陸の反対側に位置していることに気がついたのだ。

私の心は葛藤していた。家族や娘たち、学生たちとも話をした。私は娘が小学生のときに理科の課題を手伝ったことがある。ソーラーシステムを作ったのだが、その課題で娘は良い成績を取った。アラバマ州のハンツビルにあるＮＡＳＡのマーシャル宇宙飛行センターを家族旅行で訪れたこともある。娘は学校の遠足でもこの場所に来たことがあった。

こうした発見があるまで、私はＮＡＳＡのことをすっかり信じていたし、科学のドキュメンタリーや研究にも心から信頼を寄せていた。科学の本を読んだり、ドキュメンタリーを見たり、科学を教えたり学んだりして何時間も過ごしてきた。

しかし私は気づいたのだ。私が学んできたすべては、いわゆる「科学者」たちの頭で作り上げられた、立証されていない概念の上に成り立っている理論にすぎないのだと。まるでトランプで作った家のように頼りない理論なのだ。

もし基盤となっているカードの1枚が取り除かれたら、すべてのカードが崩《くず》れ落ちてしまう。地球が平らだとしたら、私が学び、学校で教えられてきたすべてが大がかりな嘘であり、人類が生きる真の目的を見つめ、理解する妨げになっていることになる。

手元にあるフラットアースの地図を見ると、なぜブラジルのサッカーチームが赤道の北を飛行してロサンゼルスに向かい、そこから赤道の南へと引き返してシドニーへ飛行したのか、この奇妙な航路についても理解できた。

それだけでなく、長いこと疑問に感じてきた歴史上の事実についても理解することができた。日本人の女性と結婚し、アメリカで子供たちを授かり育てた私は常に、子供たちに対して第2次世界大戦と2国間の紛争について学んでほしいと思っていた。

私自身、太平洋戦争の激戦のドキュメンタリーをいくつも見てきたし、30年ほど前にガダルカナルで日本人と闘った男性とも知り合いだった。私は彼からも戦争の話を聞いていた。

グリーソンの地図は、太平洋地域での日本軍の戦線の動きについても理解を助けてくれたし、多くの人が知らないであろう事実を知ることもできた。

多くのアメリカ人はアリューシャン列島のこと、そしてこの列島に日本軍が侵略してきたことを知らない。1942年6月3日、日本軍はアリューシャン列島を侵略した。アジアと東南アジアの大部分を支配した日本は、北アメリカ大陸に向かって侵略を続けていた。グリーソンの地図を見るとわかるが、フィリピンからカリフォルニア沿岸までは、まっすぐのルートである。ハワイが中間に位置している球体モデルのような、カーブしたルートではない。

アメリカのビリー・ミッチェル将軍は1935年にこのように述べている。「アラスカを支配する者が世界を制するだろう。この場所は世界で最も重要な戦略地なのだ」。ではここで、『1943年世界航空地図』と呼ばれている別の地図を見てみよう（58・59ページ図6）。

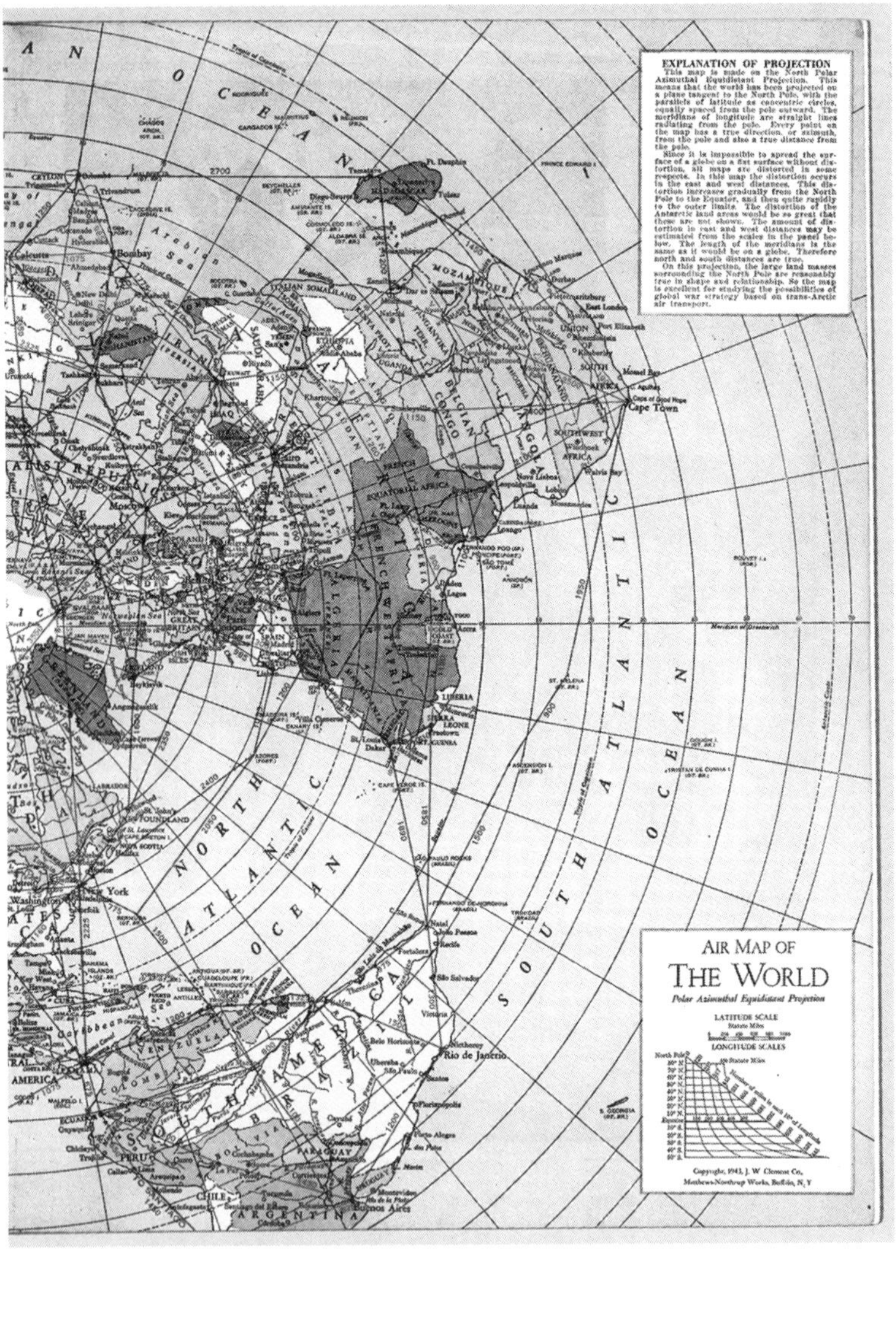
EXPLANATION OF PROJECTION
This map is made on the North Polar Azimuthal Equidistant Projection. This means that the world has been projected on a plane tangent to the North Pole, with the parallels of latitude as concentric circles, equally spaced from the pole outward. The meridians of longitude are straight lines radiating from the pole. Every point on the map has a true direction, or azimuth, from the pole and also a true distance from the pole.
Since it is impossible to spread the surface of a globe on a flat surface without distortion, all maps are distorted in some respects. In this map the distortion occurs in the east and west distances. This distortion increases gradually from the North Pole to the Equator, and then quite rapidly to the outer limits. The distortion of the Antarctic land areas would be so great that these are not shown. The amount of distortion in east and west distances may be estimated from the scales in the panel below. The length of the meridians is the same as it would be on a globe. Therefore north and south distances are true.
On this projection, the large land masses surrounding the North Pole are reasonably true in shape and relationship. So the map is excellent for studying the possibilities of global war strategy based on trans-Arctic air transport.
AIR MAP OF
THE WORLD
Polar Azimuthal Equidistant Projection
LATITUDE SCALE
Statute Miles
LONGITUDE SCALES
North Pole
Equator
Number of miles in each 10° of Longitude
Copyright, 1943, J. W. Clement Co.,
Matthews-Northrup Works, Buffalo, N. Y.
SOUTH ATLANTIC OCEAN
NORTH ATLANTIC OCEAN
Arabian Sea
MADAGASCAR
SAUDI ARABIA
ETHIOPIA
BELGIAN CONGO
ANGOLA
SOUTHWEST AFRICA
UNION OF SOUTH AFRICA
Cape Town
FRENCH EQUATORIAL AFRICA
FRENCH WEST AFRICA
ALGERIA
LIBERIA
Meridian of Greenwich
Bombay
Moscow
Paris
New York
Washington
NEWFOUNDLAND
Rio de Janeiro
Buenos Aires
BRAZIL
SOUTH AMERICA
PERU
PARAGUAY
ARGENTINA
CHILE

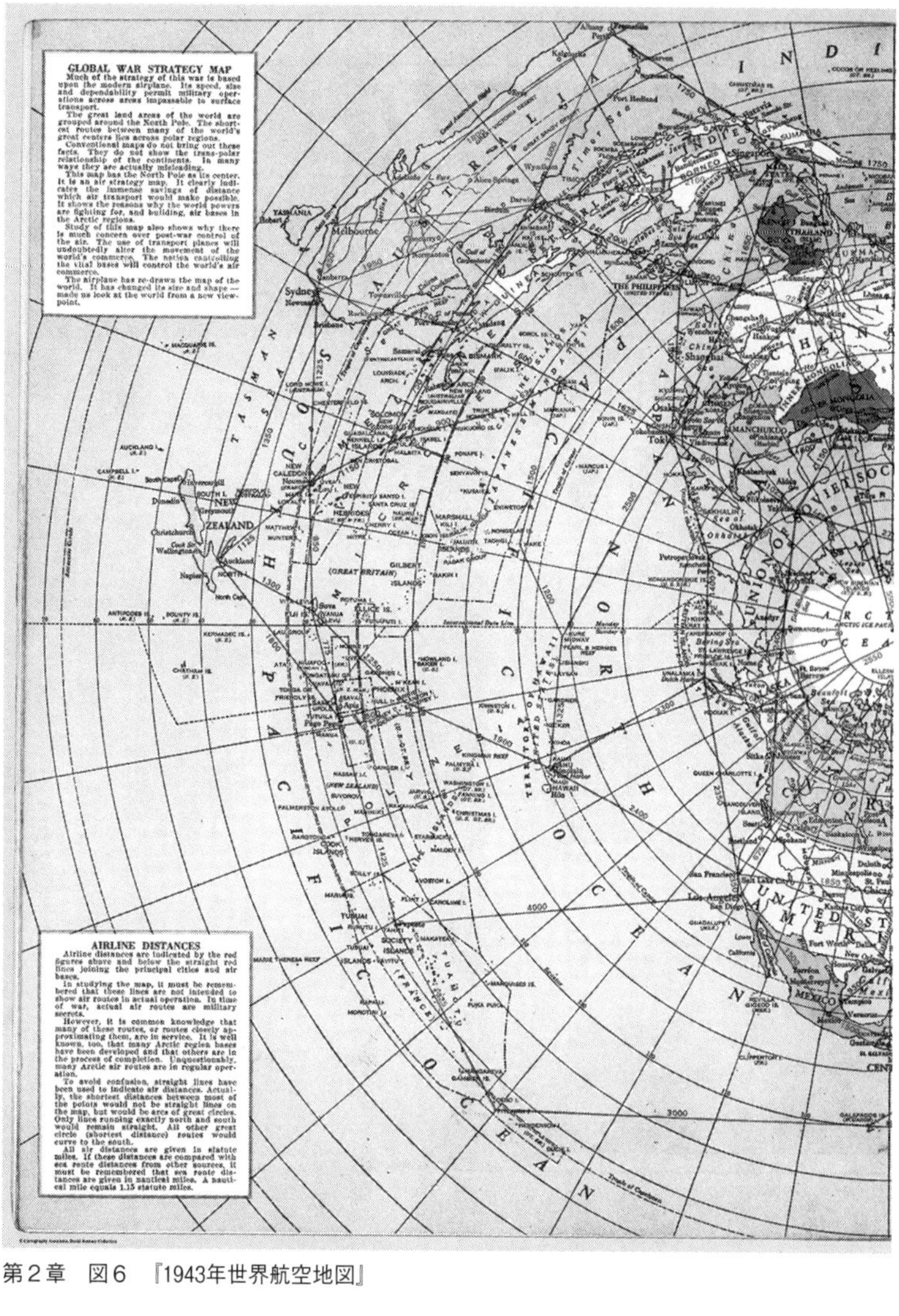

第2章　図6　『1943年世界航空地図』

この地図を見ると、アラスカが非常に重要な役割を果たすことがわかるし、なぜミッチェル将軍が「アラスカを支配する者が世界を制する」と言ったのかも理解できる。この地図では東京からロシアのペトロパブロフスク、そこからアラスカのダッチ・ハーバーまでの距離、そしてアラスカからロサンゼルスまでの距離が示されている。

アラスカは、第2次世界大戦中には戦略的に重要な地点であり、中間にあるハワイを含め、無視できない場所だった。アラスカが片隅に追いやられ、ハワイが真ん中に位置する球体モデルとは大違いである。

右上には、「この図は球体モデルを平面に投影したものである」という注意書きがあるのだが、むしろ逆である。フラットアースの地図は1000年以上も前に作られたが、現存する最古の地球儀が発表されたのは1492年である。この話については第21章で詳しく解説したいと思う。図7は2つの地図を横並びで比較したものである。

チャイナエアライン008便がアラスカに緊急着陸したのは、すばらしいタイミングだった。まさにフラットアースに関するあらゆる情報が解禁されようとしていたと

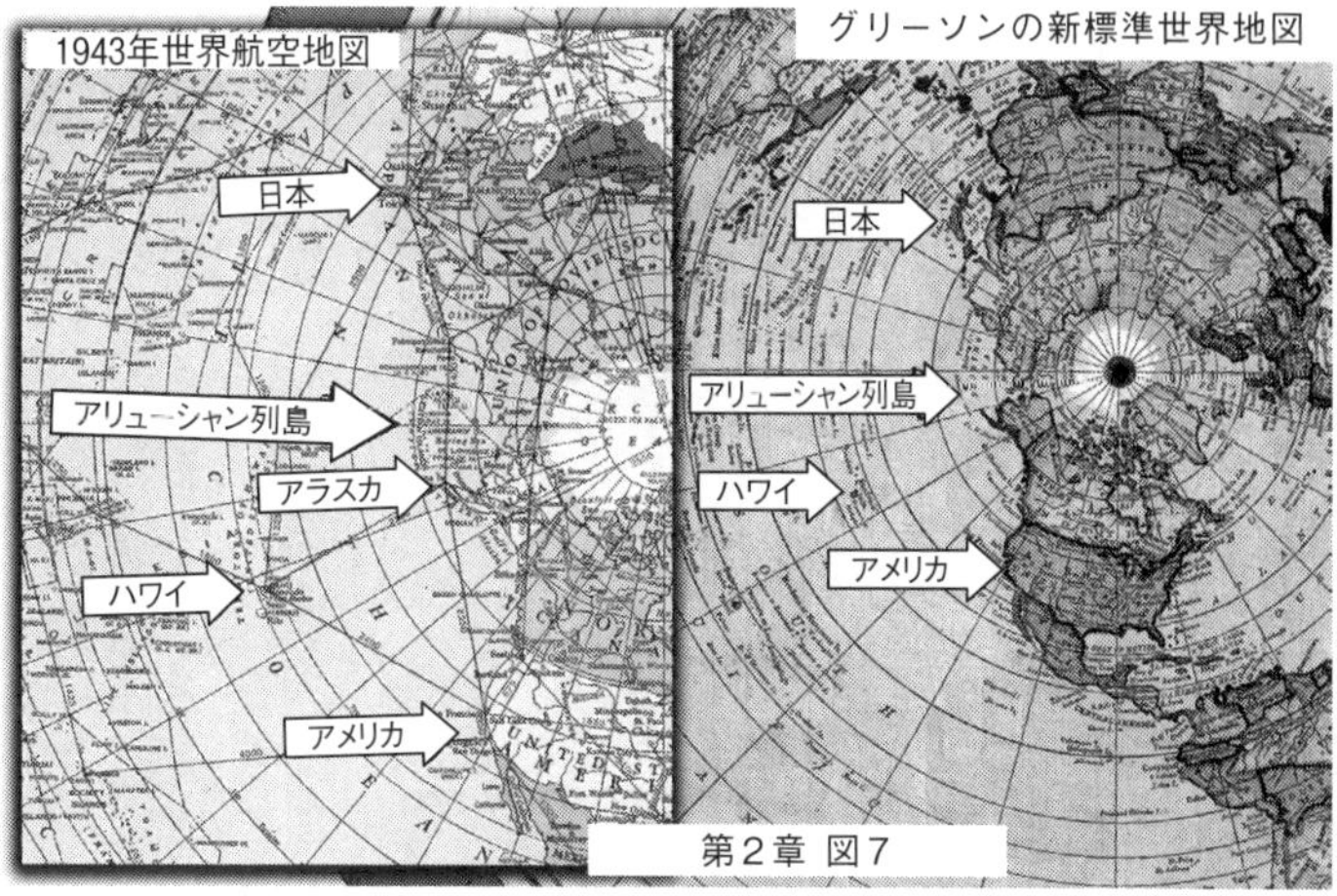

第２章 図７

きだったのだ。

その後、私は台湾人の母親が元気に過ごしていること、子供がアメリカ国籍を得ていること、適切なタイミングで適切な場所に医師がいたこと、パイロットが赤ん坊と母親の健康を考えて正しい判断を下したこと、乗客が不満をこぼさず、赤ん坊の泣き声がしたときには拍手さえ起きたことを知った。

しかし、何より重要なことは、私の目が覚めたこと、そして、しかるべきタイミングで起きたこの緊急着陸が、多くの人の目を覚まし、地球が平面だという真実を知らしめたことである。以来、私はその他の緊急着陸についても熱心に調査を行い、地球が球体でないというさらなる証拠を探した。そう、地球は球体の惑星ではなく、平面なのだ！

政治の影響も受けていた私は、2016年にYouTubeのチャンネルを開設した。チャンネル名は『Flat Earth, Banjo, USA, Japan & Brazil（フラットアース、バンジョー、アメリカ、日本&ブラジル）』にした。「どうしてこんなに長い名前にしたのか？」と尋ねられることがある。理由の1つは、アメリカ、ブラジル、ラテンアメリカ、そして日本人の妻と娘たちとともに暮らす日本の政治について議論したかったからだ。さらに2015年のクリスマスは、自分への贈り物としてバンジョーを買ったばかりで、バンジョーの旋律やバラードについて話したいとも思っていた。しかし、政治に関する興味が薄れてきているのに加えて、フラットアースに関する調査が今の生活のいちばんの関心事でもあることから、バンジョーはリビングの片隅に置かれ、ほとんど弾かれることはなかった。

2016年には、いくつかの緊急着陸の事例を調査し、『Six Emergency Landings that prove the earth is Flat（地球が平面であることを証明する6つの緊急着陸）』というタイトルで動画を作った。チャイナエアライン008便は、私がこの動画で話をしている事例の1つである。

2019年には補足として、『SIX MORE Emergency Landings Proving Earth is not a Globe（地球が球体でないことを証明する、6つのさらなる緊急着陸）』というタイトルの動画も作った。

本書ではこうした緊急着陸の16の事例を紹介する。チャイナエアライン008便についてはすでに書いたので、残りの15の事例を紹介しながら、地球が球体でないことを証明していこうと思う。

次は、同じく飛行中に出産した別の緊急着陸について見ていきたい。パイロットが緊急着陸したのは、地球が球体であれば、ありえないような場所であった。

第3章

ケース②　ルフトハンザドイツ航空　LH543便

ボゴタ（コロンビア）―フランクフルト（ドイツ）
緊急着陸地：マンチェスター（イギリス）

コロンビアという国名を聞いたときに皆さんは何を思い浮かべるだろうか？　悪名を馳せた麻薬王で、1993年に殺害されたパブロ・エスコバルを思い浮かべる人もいるかもしれない。他にも、2010年に南アフリカで開催されたFIFAワールドカップの公式ソング『Waka Waka』を歌ったことで有名な、コロンビア人シンガーのシャキーラを思い浮かべる人もいるかもしれないし、「コロンビアコーヒー」という人もいるかもしれない。

私の場合はコロンビア人のサッカー選手、アンドレス・エスコバルのことを思い出

アンドレス・エスコバル

シャキーラ

コロンビアは、コーヒー、美しい女性たち、麻薬密売組織、スキルの高いサッカー選手などで知られる。

す。彼は１９９４年にアメリカで開催されたワールドカップで、アメリカとの試合中にオウンゴールを入れてしまった。結果的にコロンビアチームは敗退し、その後、彼は殺害されてしまったのだ。

この他に、２０１７年の７月にもコロンビアがニュースで取り上げられた。コロンビアのボゴタからドイツのフランクフルトに向けて飛行していた便が緊急着陸したのだ。

１９１人の乗客と13人のクルーを乗せたＬＨ５４３便は、２０１７年７月26日にコロンビアのボゴタからドイツのフランクフルトに向けて出発した。

ルフトハンザドイツ航空ＬＨ５４３便は、ボゴタからフランクフルトに向けて、高度約３万９０００フィート（約１万２０００ｍ）を時速５２０マイル（約８４０㎞）で飛行する１日１便のフライトだ。ボゴタとフランクフルト間の距離は５６５０マイル（約９１００㎞）で、飛行時間は約11時間である。

１９１人の乗客の中には、妊娠中の女性もいた。この女性はブルガリア出身で、搭乗するときには大きな問題もなかった。しかし、大西洋を飛行中、13人のクルーは珍しい出来事に遭遇する。大西洋の上空で、女性が男の子を出産し、客室乗務員が介助をしたのだ。しかも、チャイナエアライン００８便のときと同じく、ＬＨ５４３便にも医師が乗っていたが、今回は１人ではなく、３人もの医師がいた。

報道によると、乗客は座席を移動させられ、飛行機の後方は分娩室へと様変わりした。そしてチャイナエアラインのときと同様に、母子の安全を考えた機長は緊急着陸を決断した。しかし、おかしな点は飛行機が着陸した都市である。なんとルフトハンザドイツ航空ＬＨ５４３便はイギリスのマンチェスターに着陸したのだ。

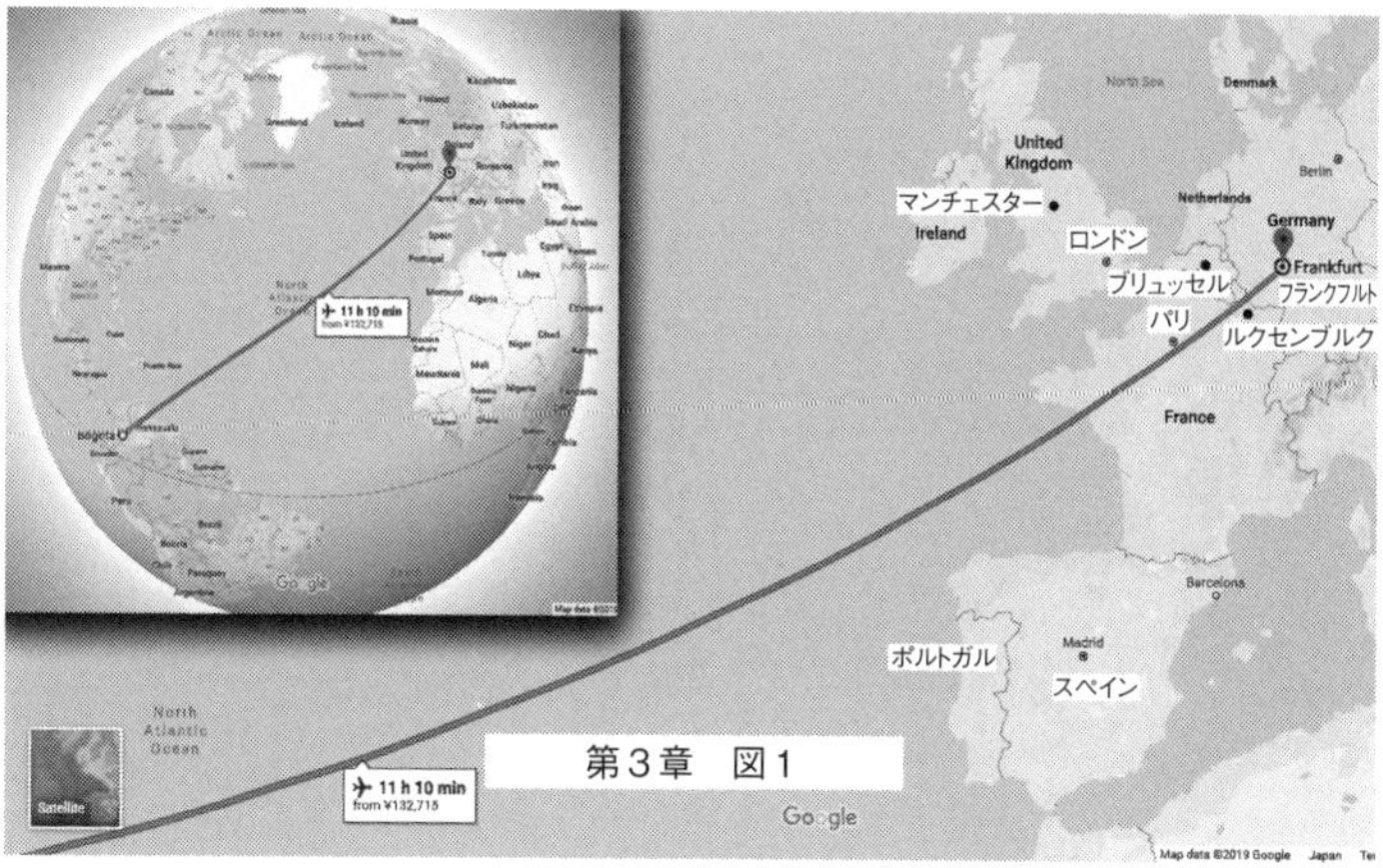

第3章　図1

ここで、ボゴタからフランクフルトまでの航路を球体モデルの世界地図で詳しく見ていこう。

図１のGoogleマップの航路を見ると、ルフトハンザドイツ航空ＬＨ５４３便はポルトガルとスペインの北を飛行している。そしてフランクフルトに到着する前には、パリの南、ブリュッセルの南、ルクセンブルクの北を飛行している。

この飛行機がもう少し北を飛行していて、ロンドンにストップオーバーすることになったのなら、まだ納得できる。しかし、飛行機はロンドンから２００マイル（約３２０㎞）北のマンチェスターに着陸している。地球が球体だと考えると、これはまったくおかしな話である。

マンチェスターはフランクフルトから６９４

マイル（約１１２０km）北西に位置している。この飛行機は赤道の北に位置する南アメリカ大陸から飛んできた。もし地球が球体だとしたら、ルフトハンザドイツ航空ＬＨ５４３便が目的地から７００マイル（約１１３０km）北西、ロンドンから２００マイル（約３２０km）北に位置する場所へと向かった説明がつかないのである。

ところが、フラットアースの地図を見ると、すべてがクリアに理解できる。読者の皆様も、ＬＨ５４３便の航路について、球体モデルとグリーソンの新標準世界地図を比較して、ご自身の目で確認してみてほしい（69ページ）。

グリーソンの地図を見ると、マンチェスターは、ルフトハンザドイツ航空ＬＨ５４３便の航路上に位置していることがわかる。チャイナエアライン００８便がアラスカ州を飛行していたときと同じような現象がルフトハンザドイツ航空ＬＨ５４３便でも起きていた。イギリスのマンチェスターは、ボゴタとフランクフルトを結ぶ、この便の航路上に位置しているのだ。

メディアは繰り返し「航路の変更」という言葉を使い、大衆に球体説を信じ込ませ洗脳している。地球は自転しながら宇宙空間をものすごいスピードで移動している惑

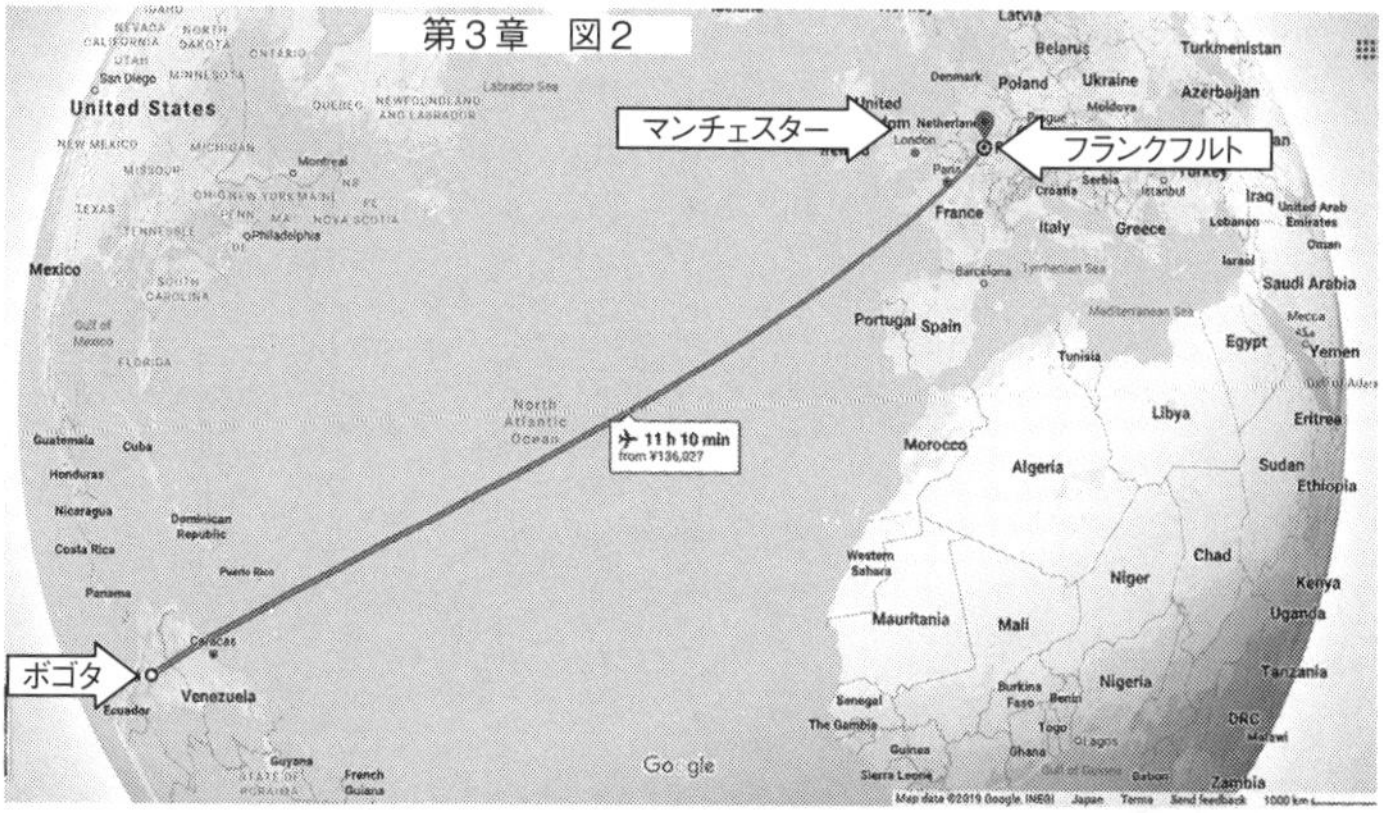
第３章　図２
マンチェスター
フランクフルト
ボゴタ
11 h 10 min
from ¥136,027
United States
Mexico
Venezuela
France
Spain
Portugal
Italy
Greece
Morocco
Algeria
Libya
Egypt
Niger
Mali
Chad
Nigeria
Sudan
Ethiopia
Saudi Arabia
North Atlantic Ocean

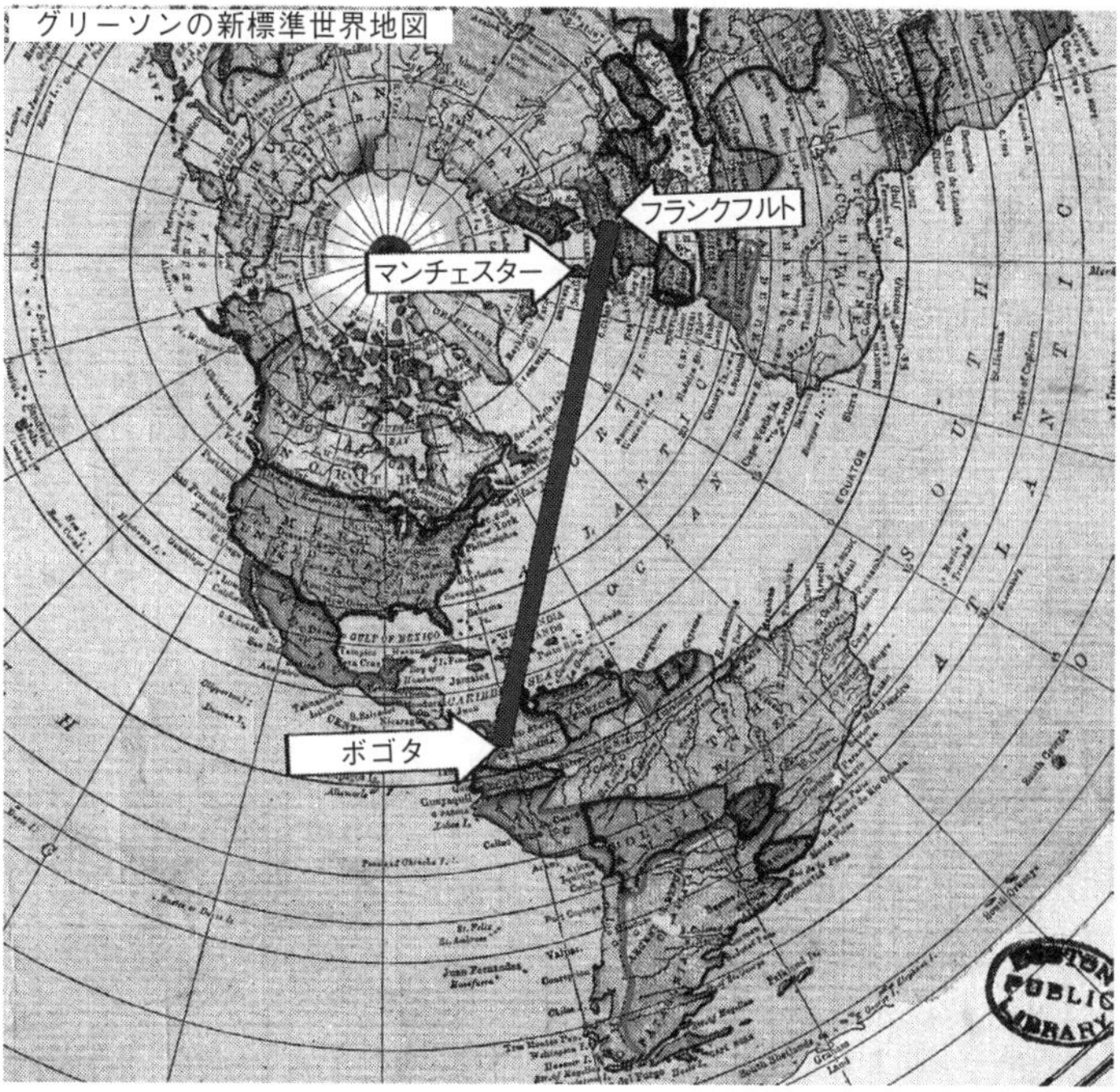
グリーソンの新標準世界地図
フランクフルト
マンチェスター
ボゴタ

星であると信じさせようとしているのだ。
しかし、実際の地球は平らで、自転しているわけでも、太陽の周りを公転しているわけでもない。飛行経路は、平らで自転していない地球の証拠であり、緊急着陸がまさにこれを証明しているのだ！

私のYouTubeチャンネルでは、視聴者がダウンロードできる高解像度のグリーソンの地図のリンクを提供している。大きなサイズで印刷することもできるし、コンピューター上で詳細を見ることもできる。読者の皆さんも、フラットアースの地図と球体モデルを比較し、地球の形について自分なりの結論を出してみてほしい。本書の324ページにも、グリーソンの地図をダウンロードできるリンクを掲載しておく。高解像度の画像をダウンロードして、じっくりと調べてみてほしい。

次の事例は、「空での出産」とは無関係だ。医師も赤ん坊の泣き声も、乗客たちの拍手も、助産師の役割を果たす客室乗務員もいない。それにもかかわらず、その航路はチャイナエアライン008便と似通っている。

今度は香港から飛び立つ、キャセイパシフィック航空ＣＸ８８４便について見ていこう。このときの緊急着陸地は……またしてもアラスカだった！

第4章

ケース③　キャセイパシフィック航空　CX884便

香港（中国）―ロサンゼルス（カリフォルニア）
緊急着陸地：アンカレッジ（アラスカ）

２０１５年7月29日、キャセイパシフィック航空ＣＸ８８４便は、香港からロサンゼルスに向かって飛行していた。すべてが順調に思えた。しかし、客室乗務員が不穏な顔つきで通路を慌ただしく行ったり来たりしていることに気づいた乗客たちもいた。

キャセイパシフィック航空には、香港発－ロサンゼルス着の1日1便のフライトがある。FlightStats（フライト情報サイト）によると、この便の飛行時間は13時間40分である。航空機の機種はボーイング７７７－３００ＥＲ。香港を午後1時5分に出発し、ロサンゼルスへの到着は太平洋夏時間で午前11時35分を予定していた。

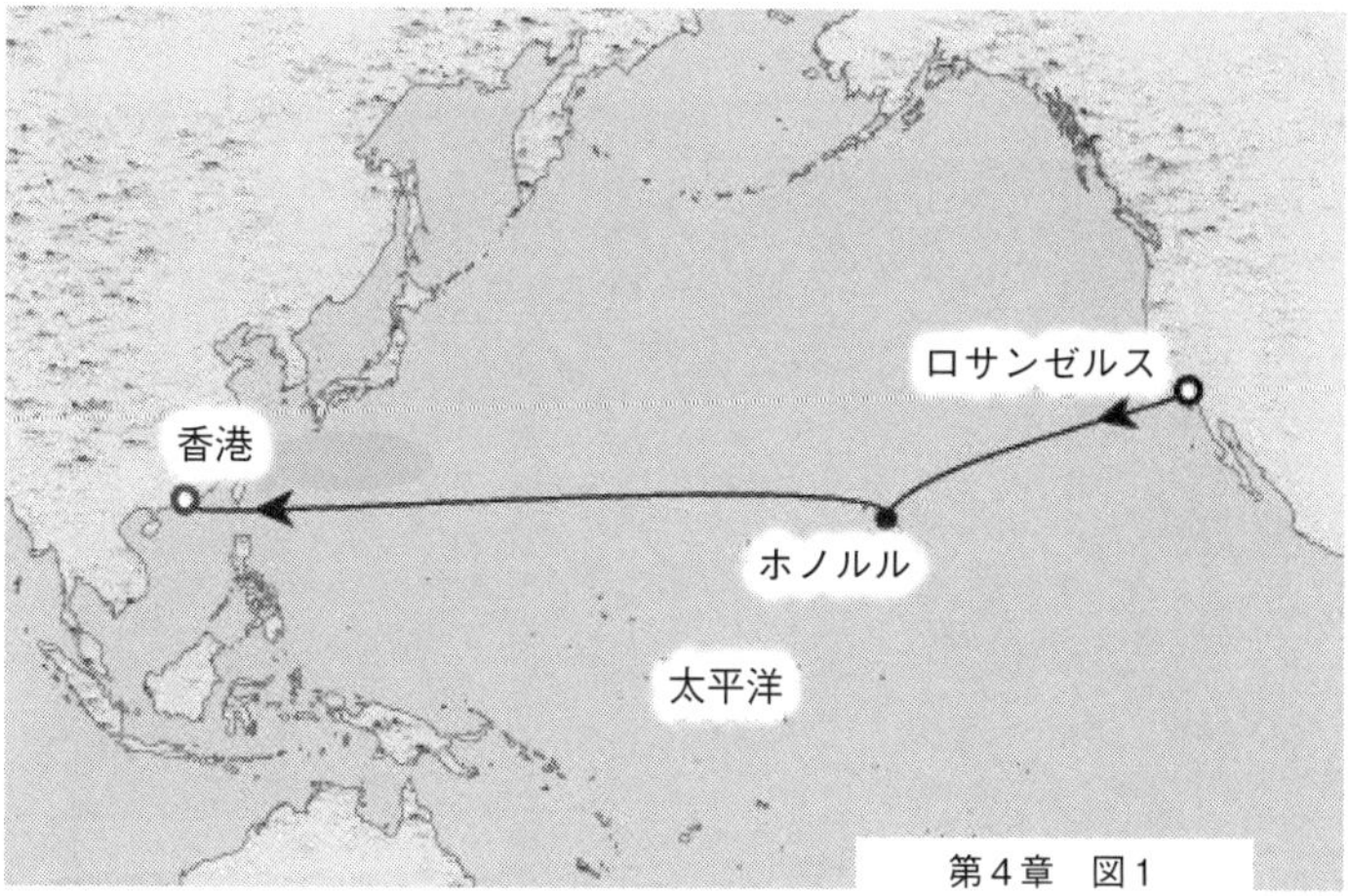

第4章　図1

この航路図はクルーズ客船のウェブサイトから引用。

イギリス人の旅行客、イーサン・ウィリアムズは携帯電話を手に取り、機内の様子を動画に記録し始めた。「何が起きているのかはわからないが、何かが起こっている」と緊迫した面持ちで語っている。この動画は、彼自身のYouTubeチャンネルにアップロードされている。約4分間の映像には、緊急着陸がアナウンスされ、客室乗務員が乗客に救命胴衣を着用するように指示している様子が映し出されている。本書の325ページにリンク先を掲載しておくので、ぜひご覧いただきたい！

第2章のチャイナエアライン008便と同じく、この便も太平洋上を飛行しているはずだった。しかし、緊急着陸したのは

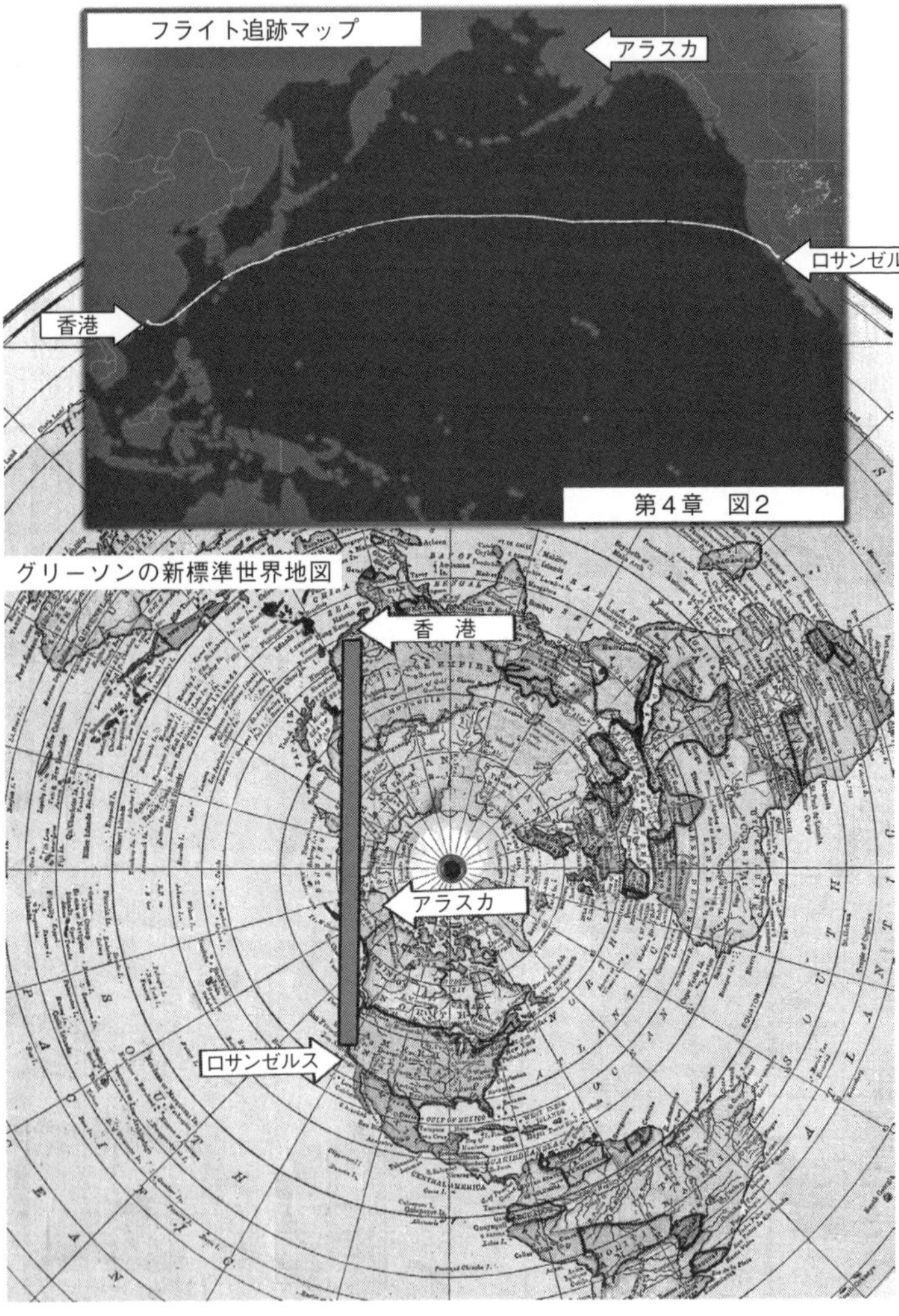
フライト追跡マップ
アラスカ
ロサンゼルス
香港
第4章　図2
グリーソンの新標準世界地図
香　港
アラスカ
ロサンゼルス

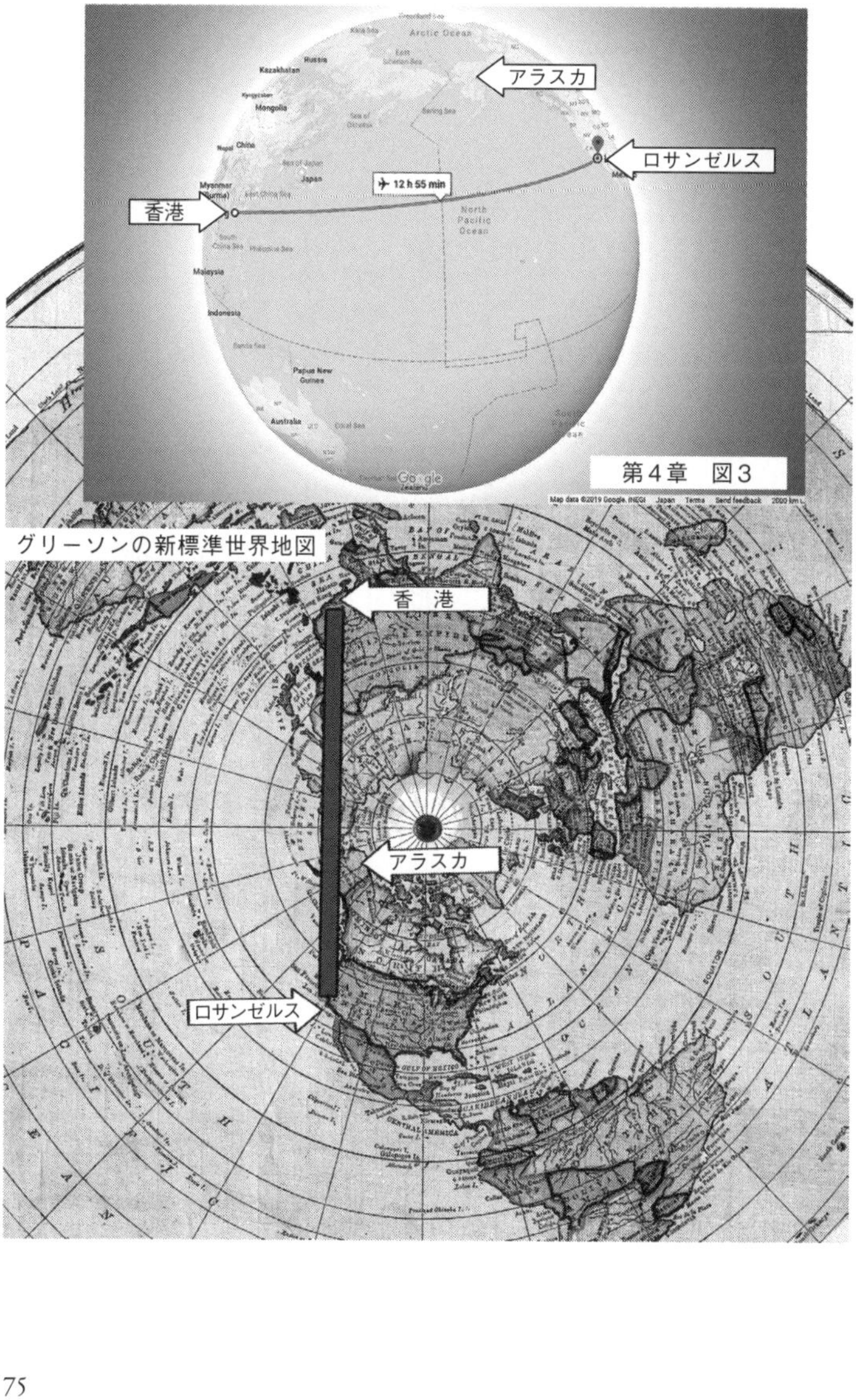
Arctic Ocean
Russia
Kazakhstan
Mongolia
China
Japan
アラスカ
ロサンゼルス
12 h 55 min
香港
North Pacific Ocean
Malaysia
Indonesia
Papua New Guinea
Australia
第４章　図３
Map data ©2019 Google, INEGI
グリーソンの新標準世界地図
香 港
アラスカ
ロサンゼルス

……またしてもアラスカだった！　飛行機はアラスカ州アリューシャン列島のシェミア島にある軍用空港に無事着陸したのだ。

球体モデルだと、図1（73ページ）のように、ハワイはアメリカ西海岸とアジアの間に位置している。香港発－ロサンゼルス着のフライトの座席スクリーンに表示される図2（74ページ）も同様である。74・75ページは、キャセイパシフィック航空CX884便の航路を球体モデルとグリーソンの新標準世界地図で比較したものである。

ご覧のように、この緊急着陸は、グリーソンの地図で都市と飛行経路を確認すると、より納得がいく。香港からロサンゼルスまでは直線的な飛行経路であり、その途中にはアラスカのアリューシャン列島がある。もし、球体モデルが示すように、本当に太平洋上を飛行していたのであれば、航路を変更してアラスカの僻地に到達するのに何時間もかかっていただろう。だが、すぐに乗客に救命胴衣を着せるなどして水際での着地の準備をしていたことから、機長が島への着陸を決断したときには、ロシアの空域を出て、ベーリング海上の米国の空域に入ろうとしていたと考えるのが自然である。

図4は、サンフランシスコから東京へ向かう飛行機の想定ルートを球体モデル上で

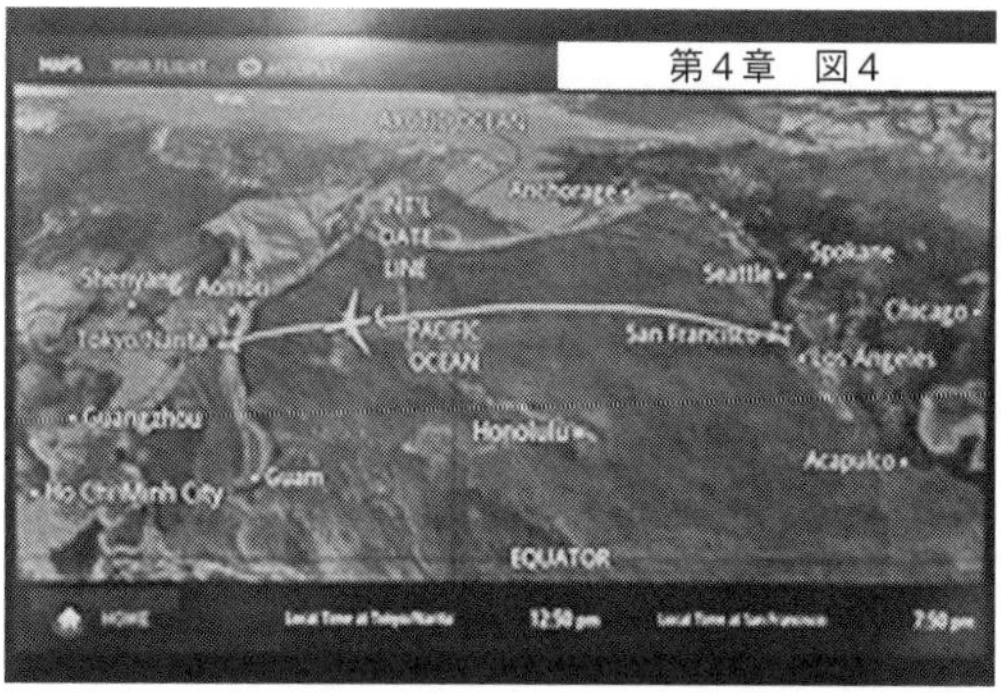

サンフランシスコ発東京着の便の球体モデルでの航路。

グリーソンの地図

CX884便の航路。

示したものである。右のグリーソンの地図には、キャセイパシフィック航空ＣＸ８８４便の航路が太線で示されている。これを見ると、ロシアとアメリカの空域を隔てるベーリング海上を飛んでいるのがわかる。

２０１５年７月29日に起きたこの緊急着陸に関する騒動は、それだけでは終わらなかった。当時の機長は、１９９８年に入社し、２００７年に社内初の女性機長として注目されたアナベル・コクラン＝ロレンソォン。彼女が２０１８年７月、キャセイパシフィック航空を訴えたのだ。サウスチャイナ・モーニング・ポストによると、当時フライト中に機内で煙が発生し、アラスカへの緊急着陸を余儀なくされたことで、負傷したと告発。キャセイパシフィック航空の過失と安全配慮義務違反により事故が引き起こされたとして提訴したとのことであった。

アラスカに着陸するというアナウンスを聞いたとき、ウィリアムズは動画でこのように語っている。「それは良い知らせだ。だけど、なんでこんなことになっているのかはわからない。ともあれ無事に着陸することが何より重要だ」。今、彼がフラットアースの地図を見たら、なぜアラスカに着陸することになったのか、はっきりと理解できるのではないかと思う。

第5章

ケース④　カタール航空　QR725便

シカゴ（アメリカ）―ドーハ（カタール）
緊急着陸地：モスクワ（ロシア）

緊急着陸の研究を3年以上続けてきたが、記事を書いたり動画を作ったりしたフライトのいくつかが「行方不明」になっていることに気がついた。というのは、これまでに調査の中で利用し、今後も使おうと思って保存しておいたリンクが機能しなくなってしまったのだ。

しかし、偶然にも(!?)、航路を追跡したときに、フラットアースの地図で見る飛行経路と矛盾しないフライトは、動画も記事もまだ閲覧可能である。今でも多くの情報にアクセスできる事例の1つが、ドーハからバリに向かうカタール航空QR972

便の緊急着陸だ。

２０１７年11月のこと、ある夫婦とその子供がドーハからバリに向かうＱＲ９７２便に乗っていた。その飛行機の中で、妻は夫が浮気をしていたことを知ってしまった。彼女は怒り狂い、空の上で夫に暴力を振るった。そのため機長は飛行機をインドのチェンナイに緊急着陸させることにした。

この飛行経路をフラットアースの地図や球体モデルに記すと、どちらも一直線になる。しかし、これはおかしな話だ。球体説を支持する人の多くが、球体モデルの飛行ルートは弧を描くと主張しているからだ。球体説支持者の中には、私がGoogle EarthではなくGoogleマップを使っていると批判する人たちもいる。しかし面白いことに、GoogleマップからGoogle Earthへと切り替えても、この航路は少しも変わらないのだ。

YouTubeの『IMMUNE2BS』というチャンネルには、『The Azimuthal Equidistant

Map is the Flat Earth（正距方位図法の地図はフラットアースだ）』というすばらしい動画がある。この動画では、Googleマップ上で2地点間を結ぶ測定線が、縦線（経線）や赤道上にある場合には直線となり、そこから離れるとカーブを描くことを実証している。実際に測定線を赤道上から離し、東から西、西から東への線が曲線に変化する様子をわかりやすく見せてくれているのだ。これはつまり、Googleマップは丸い地球を表示しているが、測定値はフラットアースの地図から得ているという事実を表している。

Googleマップ、Google Earth、ＱＲ９７２便については後半の第20章でも取り上げる。この章ではカタール航空ＱＲ９７２便についてではなく、２０１６年の7月に緊急着陸したカタール航空ＱＲ７２５便について解説していく。

サウジアラビア出身の10代の若者が、シカゴからカタールのドーハに向かうカタール航空ＱＲ７２５便で昏睡状態に陥った。イギリスのデイリー・エクスプレスのウェブサイトでは、「カタール航空ＱＲ７２５便に搭乗していたサウジアラビア出身の10代の若者が毒素性ショック症候群で異常発熱を起こした」と報じられた。

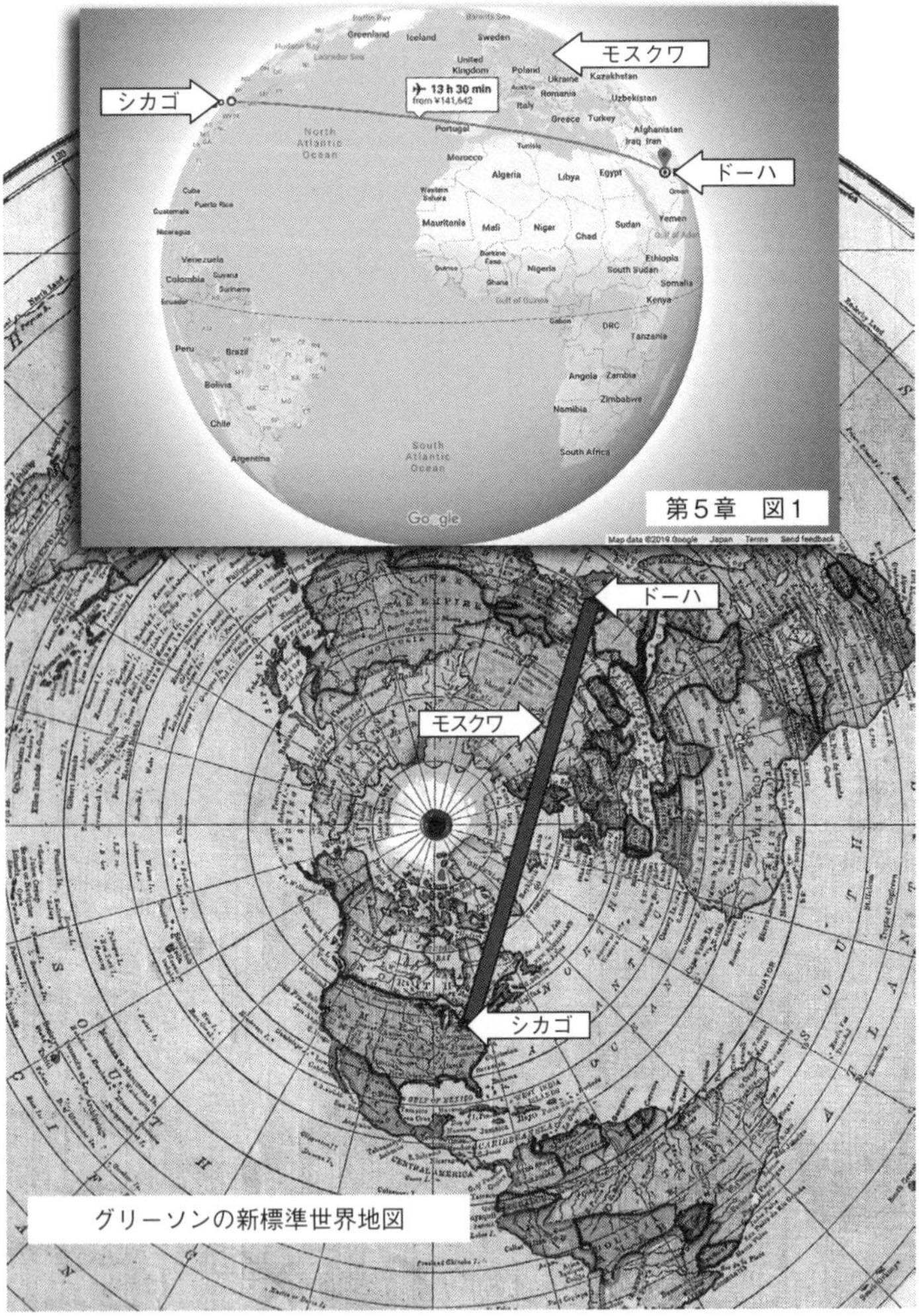
シカゴ
モスクワ
ドーハ
13 h 30 min
from ¥141,642
第5章　図1
ドーハ
モスクワ
シカゴ
グリーソンの新標準世界地図

この若者が昏睡状態になり、機長は緊急着陸を決断した。このとき飛行機が着陸した場所は、フラットアースの支持者と球体説の支持者が議論を交わすきっかけにもなった。飛行機はロシアのモスクワに着陸したのだ。82ページの2つの地図を見てほしい。

図1のGoogleマップを見ると、この便は北アメリカ大陸の南東部シカゴから中東に向かって、ポルトガル、スペイン、地中海上空を通り、まっすぐに飛行している。その後はイスラエル、ヨルダン、サウジアラビアを通過して、最終的にカタールのドーハに到着する予定だった。

シカゴは北緯41度87分81秒に位置しており、ドーハは北緯25度28分54秒に位置している。もしもGoogleマップの航路が正しくて、地球が球体であるなら、これは、緯線を北緯41度87分81秒から、ドーハの位置する北緯25度28分54秒まで降下する便ということになる。

しかし、この便は北緯55度75分58秒のモスクワに着陸している。すなわち、球体説が正しいのであれば、この飛行機は北に飛んで（機首を〝上〟に向けて）、その後、南に飛行していたということだ。まったく不可解としか言いようがない。

ところが、フラットアースの地図で航路を見ていくと、このフライトのことがよく理解できる。というのも、モスクワはグリーソンの地図を見るとわかるように、シカゴとドーハの間に位置しているからだ。


本書を読み進め、リストアップされているフライトについて詳しく見ていくと、これらのフライトはどれも、フラットアースの地図で見たほうが理にかなっているとおわかりになるだろう。グリーソンの地図にせよ、正距方位図法の地図にせよ、こうしたフライトの出発地と目的地、そして緊急着陸した地点は、すべて直線の航路上に位置しており、「地球が球体でない」という結論にたどり着かざるを得ないであろう。

丸い地球は何かおかしいと、もうお気づきの読者もいるかもしれないが、これはまだ始まりにすぎない。国連旗にフラットアースの地図が使われているのも単なるデザイン上の理由ではないのだ。この世界のリーダーたちは地球が本当は平らだということを知っている。彼らは私たちを洗脳し、支配するために、この情報を秘密にしているのだ。

１８００年代にフラットアースを強く主張し、それを裏づける証拠について書いた本が出版されると、世界中の政府が法を制定するようになり、公立学校での教育を義務化した。こうして、教室では地球球体説が教えられるようになり、子供たちは洗脳される。６歳のときから「宇宙には何億もの銀河、何兆もの星、何千兆ものブラックホール、数え切れないほどの太陽や月、ありとあらゆる隕石や彗星が存在しているし、地球は球体で、45億年間、前方の障害物に一度もぶつかることなく宇宙を猛スピードで移動し続けている」と教え込まれるのだ。

読者の皆さんにも理解してほしい。なぜ、我々には最低9年間の無償の義務教育が提供されているのか。それは、この荒唐無稽な理論を完全に信じ込ませるためなのである。

第6章

ケース⑤　エールフランス航空　ＡＦ116便

パリ（フランス）―上海（中国）
緊急着陸地：イルクーツク（ロシア）

エールフランス航空ＡＦ116便がパリから中国の上海に向かう飛行中にトラブルに見舞われ、シベリアに緊急着陸したというニュースを聞いて、10代の頃に聞いた話がすぐに頭に浮かんだ。

消滅したソビエト連邦、そして、とりわけ悪名高き指導者であるウラジーミル・レーニンとヨシフ・スターリンについて聞いたことがある方ならば、ソビエト全土、主にシベリアに広がっていた強制労働収容所「グラグ」についてもご存じだろう。

アレクサンドル・ソルジェニーツィンは、1958年から1968年の10年間に執筆した著書『収容所群島』の中で、グラグの制度について書いている。彼自身もシベリアに投獄され、8年間を強制労働収容所で過ごした経験がある。

ウラジーミル・レーニンとヨシフ・スターリンは500万人以上の正教徒を殺害した。その大部分はウクライナ人だったが、ロシア民族も含まれていた。また、何千人もの宗教的・政治的反体制派を、刑罰の一環としてシベリアに送り、グラグで働かせた。

若い頃からこうした歴史を知っていた私は、エールフランス航空AF116便がシベリアのイルクーツクに着陸したと聞いたとき、ソビエトがもはや存在しないことを忘れ、乗客たちが強制労働収容所に送られる情景をすぐに思い浮かべた。

果たして、イルクーツクの空港に緊急着陸し、代わりの飛行機を待っていた乗客たちは自由とは言えなかった。ニュースでは、ビザのない乗客たちが空港に留め置かれ、重装備の警官に監視されている映像が流されていた。さらに不運なことに、代替機にも問題が発生し、乗客たちは3日ほど空港に足止めされることになった。タイム誌のオンライン版の見出しには「2機の航空機の不調で、エールフランスの乗客たちがシベリアに3日間足止め」と掲載された。

エールフランス航空AF116便は毎日運航されている。飛行時間は約11時間20分で、パリから上海までの距離は5800マイル（約9300㎞）だ。

では、この便の航路を球体モデルとフラットアースの地図で比較してみよう。

読者の皆さんもお気づきだと思うが、シベリアのイルクーツクへの緊急着陸は、球体モデルで見ると非常に不可解である。その一方で、地球が平面だとすると、完全に理解できる。図を見るほうがわかりやすいと思うので、89ページをご覧いただきたい。

グリーソンの新標準世界地図を見ると、パリと上海を結ぶ航路が、シベリアのイルクーツクを通っていることがわかる。グリーソンの地図は、地球が平らであること、そして、この便がグリーソンの地図上に描かれているルートに沿って飛行していたことを納得のいく形で示してくれる。

一方で、Googleマップで示されている航路を見ると、この飛行機が球体モデルに描かれたルートに沿って飛んでいないことがわかる。球体モデルだと、このフライトは、オーストリアのウィーンのすぐ北側を飛行し、ウクライナ、カザフスタンの南側

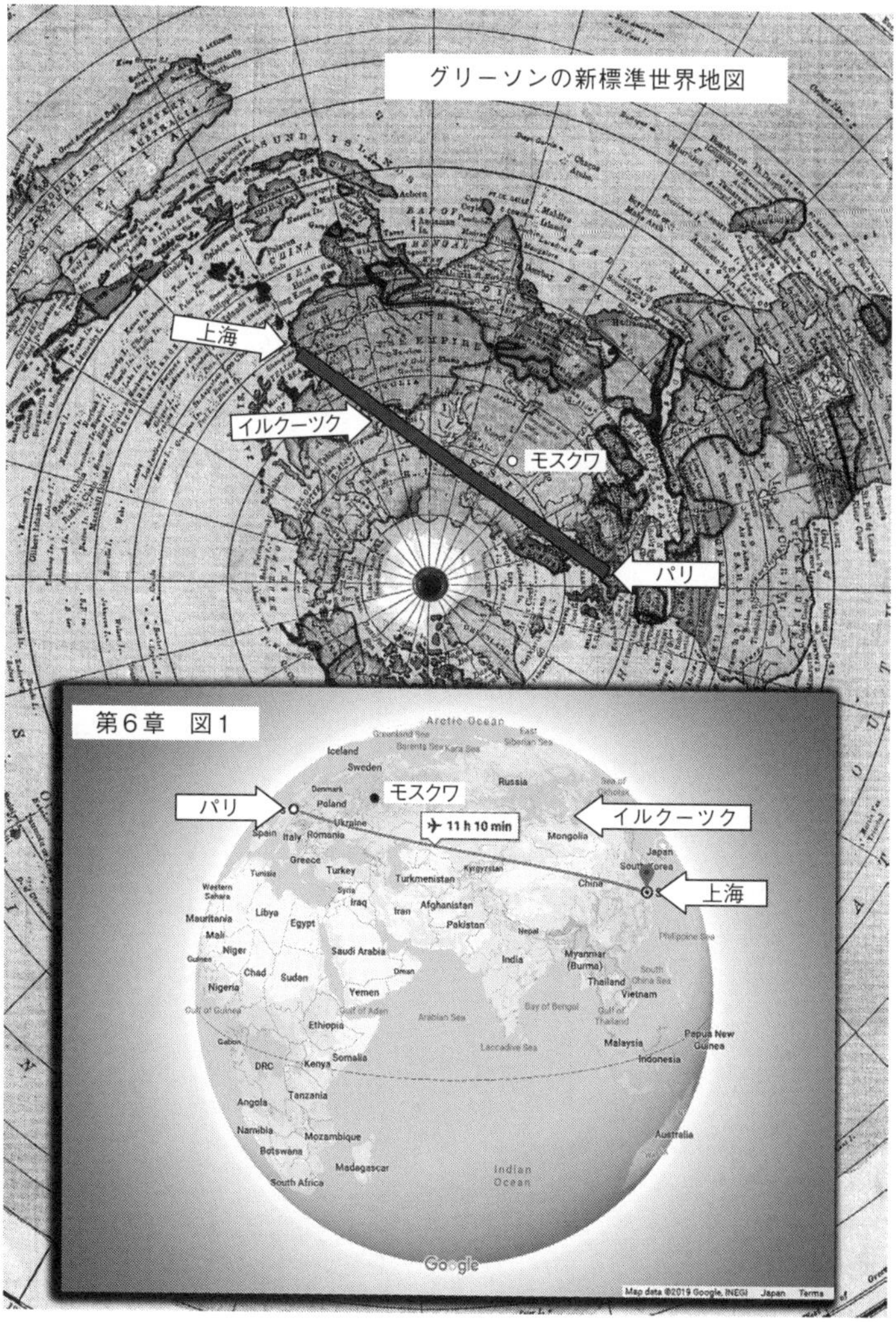
グリーソンの新標準世界地図
上海
イルクーツク
モスクワ
パリ
第６章　図１
Arctic Ocean
Iceland
Sweden
Russia
Poland
Ukraine
Spain
Italy
Romania
Mongolia
Greece
Turkey
Turkmenistan
China
Japan
South Korea
Libya
Egypt
Iraq
Iran
Afghanistan
Pakistan
Mauritania
Mali
Niger
Chad
Sudan
Nigeria
Saudi Arabia
Yemen
India
Myanmar (Burma)
Thailand
Vietnam
Ethiopia
Somalia
Kenya
DRC
Malaysia
Indonesia
Papua New Guinea
Tanzania
Angola
Namibia
Mozambique
Botswana
South Africa
Madagascar
Australia
Indian Ocean
11 h 10 min
Google
Map data ©2019 Google, INEGI　Japan　Terms

を経て、中国の北西部を通過し、最終的に上海に到着することになっている。

　また、エールフランス航空ＡＦ１１６便は、球体モデルだとモスクワの南を飛行しているが、フラットアースの地図だとモスクワの北を飛行している事実も考慮しなければいけない。イルクーツクは、シベリアとモンゴルの国境近くに位置している。もしエールフランス航空ＡＦ１１６便が球体の地球を飛行していたとしたら、この緊急着陸は中国北西部から中国南東部にかけてのどこかで起きたはずだ。この便がシベリアのイルクーツクに着陸したという事実は、地球が球体でないという十分な証拠である。

　これまで取り上げてきた緊急着陸の事例が示すように、地球は実際には平らなのだ。繰り返しになるが、球体モデルとフラットアースの地図を比較すると、フラットアースの地図のほうが正しく、球体モデルは間違っているということがわかる。

　１９４６年12月7日、世界のリーダーたちが集まり、国連旗を採用した。奇遇なことに、この旗にはフラットアースの地図が描かれており、その周りをオリーブの枝が囲んでいる。果たしてこれはただの偶然なのか、それとも何かしらの真実があるのだ

国連のシンボルにはフラットアースの地図がデザインされている。

ろうか？
　そう本当は、地球は球体ではないのだ！　どれほど多くの人々が反対のことを言おうとも、嘘は嘘なのだ！

　次に紹介するのは、球体モデルの航路でモスクワ近辺を飛行していないにもかかわらず、モスクワに緊急着陸したフライトである。では、エミレーツ航空のＥＫ２２５便を見ていこう。

第7章

ケース⑥　エミレーツ航空 EK225便

サンフランシスコ（カリフォルニア）―ドバイ（アラブ首長国連邦）
緊急着陸地：モスクワ（ロシア）

エミレーツ航空ＥＫ２２５便は、サンフランシスコ発―ドバイ着の１日１便の直行便だ。機体は、最新型のエアバスＡ３８０型機。飛行時間は約15時間50分で、エミレーツ航空が運航する中でも長時間のフライトである。

２０１６年11月20日、エミレーツ航空ＥＫ２２５便は、飛行中に体調が悪くなった乗客がいたため、緊急着陸することになった。ロシアのイタルタス通信は「70歳のインド人女性の乗客が体調不良となり、飛行機はモスクワ時間の16時33分にモスクワのドモジェドヴォ空港へと着陸した。女性は病院に搬送される予定だ」と報じていた。

サンフランシスコは、北緯37度77分49秒、ドバイは北緯25度20分48秒に位置している。私はこのフライトについて調べ、『Six Emergency Landings that prove the earth is Flat（地球が平らであることを証明する6つの緊急着陸）』という動画の中で、東から西に向かう航路と、西から東に向かう航路の線を地球儀に引いて検証を行った。

95ページ図1は、東に向かってアメリカを渡り、緯度を下げながら大西洋を横断し、ポルトガルとスペインの上空を飛行している球体モデルの航路である。このGoogleマップだと、EK225便は地中海を飛行し、その後、イスラエル、ヨルダン、サウジアラビアの上空を飛行し、ドバイに到着することになっている。

もしこの便が太平洋を渡って西方向に飛行していたなら、日本、韓国、中国、パキスタン上空を通り、ドバイへとたどり着いたことになる。

しかし、西回り、東回り、どちら回りだったとしても、エミレーツ航空EK225便は、右記で挙げたような国ではなく、ロシアのモスクワに緊急着陸している。

もし地球が球体で、Googleマップが東に向かう正確なルートを示しているとしたら、いったいどうしてこのようなことが起きるのだろうか？　答えは、地球が球体でないからである！

読者の皆さんも、グリーソンの新標準世界地図とGoogleマップを比較してみてほしい（95ページ）。

グリーソンの地図では、サンフランシスコを出発し、カナダ、ロシア上空を飛行してドバイに到着する航路が直線で示されており、これを見ると、モスクワが緊急着陸の地として最良の選択肢の1つだったことも納得いくと思う。

球体説の信者は、Googleマップが最短のルートを示していないと主張するが、Googleマップは航路を正しく示していないだけでなく、15時間50分という飛行時間も正しく計算していないと言うのだろうか？

Googleマップが、東方面に大西洋、南ヨーロッパ、地中海、中東を飛行してドバイにたどり着くまでの飛行時間を約15時間50分と正確に提示しているのならば、球体説の支持者たちが、GoogleマップではなくGoogle Earthを使うべきだと主張するのはおかしい。Googleマップも Google Earthも飛行時間は同じなのだ。飛行時間が同じだというのに、なぜGoogleマップは最短のルートを示していないと言うのだろう

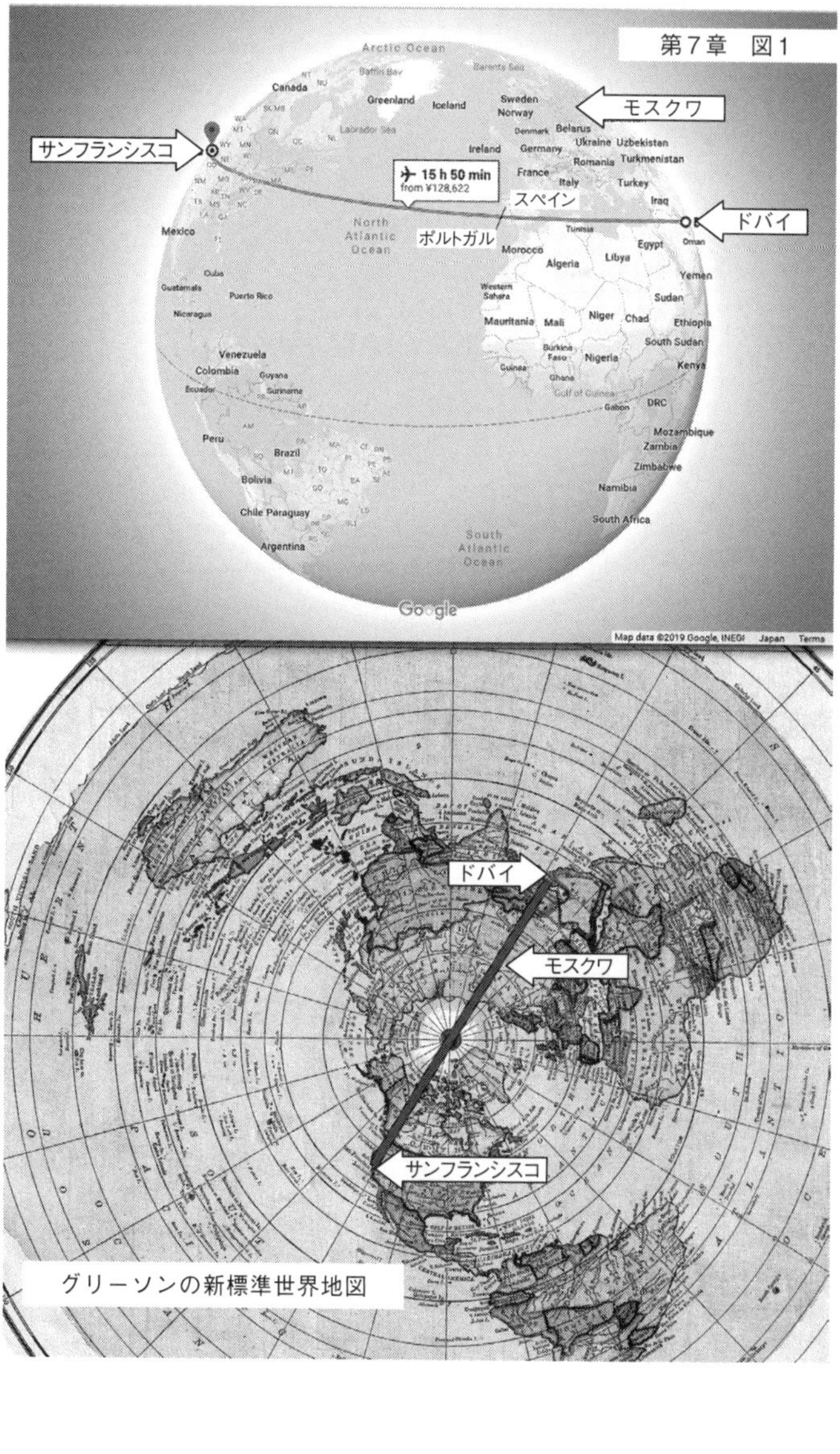
第7章　図1
サンフランシスコ
モスクワ
ドバイ
スペイン
ポルトガル
15 h 50 min
from ¥128,622
Arctic Ocean
Canada
Greenland
Iceland
Sweden
Norway
Denmark
Belarus
Ukraine
Uzbekistan
Ireland
Germany
Romania
Turkmenistan
France
Italy
Turkey
Iraq
North Atlantic Ocean
Mexico
Morocco
Tunisia
Algeria
Libya
Egypt
Oman
Yemen
Cuba
Guatemala
Puerto Rico
Nicaragua
Western Sahara
Mauritania
Mali
Niger
Chad
Sudan
Ethiopia
South Sudan
Burkina Faso
Nigeria
Guinea
Ghana
Kenya
Venezuela
Colombia
Guyana
Suriname
Ecuador
Gulf of Guinea
Gabon
DRC
Peru
Brazil
Mozambique
Zambia
Bolivia
Zimbabwe
Namibia
Chile
Paraguay
South Africa
Argentina
South Atlantic Ocean
Google
Map data ©2019 Google, INEGI
Japan
Terms
ドバイ
モスクワ
サンフランシスコ
グリーソンの新標準世界地図

か？

Googleマップは球体の地球上で飛行経路を示し、飛行時間を計算するために最善を尽くしている。しかし、地球は球体でないのだから、Googleマップの航路は現実と一致しないのだ！

緊急着陸が起きて初めて、私たちはこうしたフライトの本当の航路について知ることができる。これはGoogleマップだけの問題ではない。実際、インターネット上にある、ありとあらゆるフライト追跡システムはＮＡＳＡが作った、ある主要なプログラムと連携している。このプログラムは、フラットアースのデータを球体のデータへと変換し、地動説とつじつまが合うようにしている。

球体の地球は、学説の中だけに存在していて、さまざまな画像、テレビ番組、ハリウッド映画、学校の義務教育、高度なソフトウェアプログラム、雇われた協力者たちに支えられることで成り立っている。しかし、フラットアースの真実は、読者の皆さんが日常生活の中でも観察できるほど明らかなものである。

地平線は常に平らで、飛行機や熱気球で上から見ることもできる。地球が実際に動いているという証拠はこれまで見つかっていないし、動いていることを突き止めようとした過去のあらゆる実験は、いずれも失敗に終わっている。読者の皆さんも「マイケルソン・モーリーの実験」などの過去の実験について調べてみるとよいだろう。

Googleは非常に高度なソフトウェアとハードウェアを使用しており、彼らの技術は政府を含むさまざまな機関よりも先を行っている。地図の作成、距離の計算や測定、成層圏への気球の打ち上げ、集めた情報をオンラインで活用できるようにする技術も優れているし、航路も間違った手法で線を引いているわけではない。彼らはとても優秀なソフトウェアエンジニア、数学者、技術者たちを採用し、皆さんもご存じのように、球体説に基づいた画像を公開している。

しかし、地球は球体でないのだから、彼らの情報は、緊急着陸や航路に関しては現実にそぐわなくなる。球体の地球というのは仮想世界の話で、現実は誰もが観察できるフラットアースなのだ。

子供たちでさえも、赤道付近の自転速度が時速1000マイル（約1600㎞）でないことをわかっている。地球は自転していて、曲率があると考え始めるのは学校教育で洗脳されてからだ。しかし、自転も曲率も正しくはないのだ！

第8章

ケース⑦　パキスタン国際航空　ＰＫ７８５便

イスラマバード（パキスタン）―ロンドン（イギリス）
緊急着陸地：モスクワ（ロシア）

パキスタンのイスラマバードにあるベナジル・ブット国際空港は、２００８年の選挙運動中に暗殺された有名な政治家にちなんで名づけられた。ベナジル・ブットは、１９８０年代に２年間パキスタンの首相を務め、その後、１９９０年代初頭に返り咲き、３年間首相の座に就いていた。

彼女の死が発表されたとき、対立が生じた。パキスタン政府は、彼女が選挙運動をしていた場所で爆弾が爆発して死亡したと主張し、彼女の支持者たちは、爆発の前に、銃で2発、頭を撃たれたと主張した。

第８章　図１　［FlightRadar24.com］の画面。

パキスタン国際航空ＰＫ７８５便は、２０１５年３月15日にベナジル・ブット国際空港をロンドンに向けて飛び立った。ところが、飛行中に乗客の１人が胸の痛みを訴え、機長は即座に緊急着陸する決断を下した。そして飛行機はモスクワに着陸した！

このフライトを『Six Emergency Landings that prove the Earth is Flat（地球が平面であることを証明する６つの緊急着陸）』で初めて紹介したとき、私は地球儀に油性マーカーで線を引いた。図１の［FlightRadar24.com］で示されたＰＫ７８５便の航路は、私が動画で描いた線と同じようなルートを示している。だとしたら、パイロットが緊急着陸するのは、ポーランドやドイツや西ウクライナが妥当ではないだろうか。

そうではなく、飛行機が着陸したのはモスクワで、乗客はそこで治療を受けた。地球が球体だとすると、なぜこの飛行機がモスクワに着陸したのか説明がつかない。しかし、この航路をグリーソンの新標準世界地図で見てみると明確に理解できる（102ページ）。


図2のGoogleマップで示されているパキスタン国際航空ＰＫ785便の航路は、図1のFlightRadar24で示されている航路とよく似ている。どちらの画像でも、この便がポーランドとドイツ上空を飛行していることがわかる。出発地のイスラマバードは、北緯33度68分44秒に位置しているが、ＰＫ785の最終目的地のロンドンは北緯51度50分74秒に位置している。一方で、モスクワは北緯55度75分58秒である。このルートは球体モデルで見ると、まったく意味がわからない。

しかし、この航路をグリーソンの地図で示すと、パキスタン国際航空ＰＫ785便がモスクワに緊急着陸した理由が明確になる。グリーソンの地図で見ると、モスクワはロンドンからイスラマバードへ飛行するルート上に位置しているのだ。

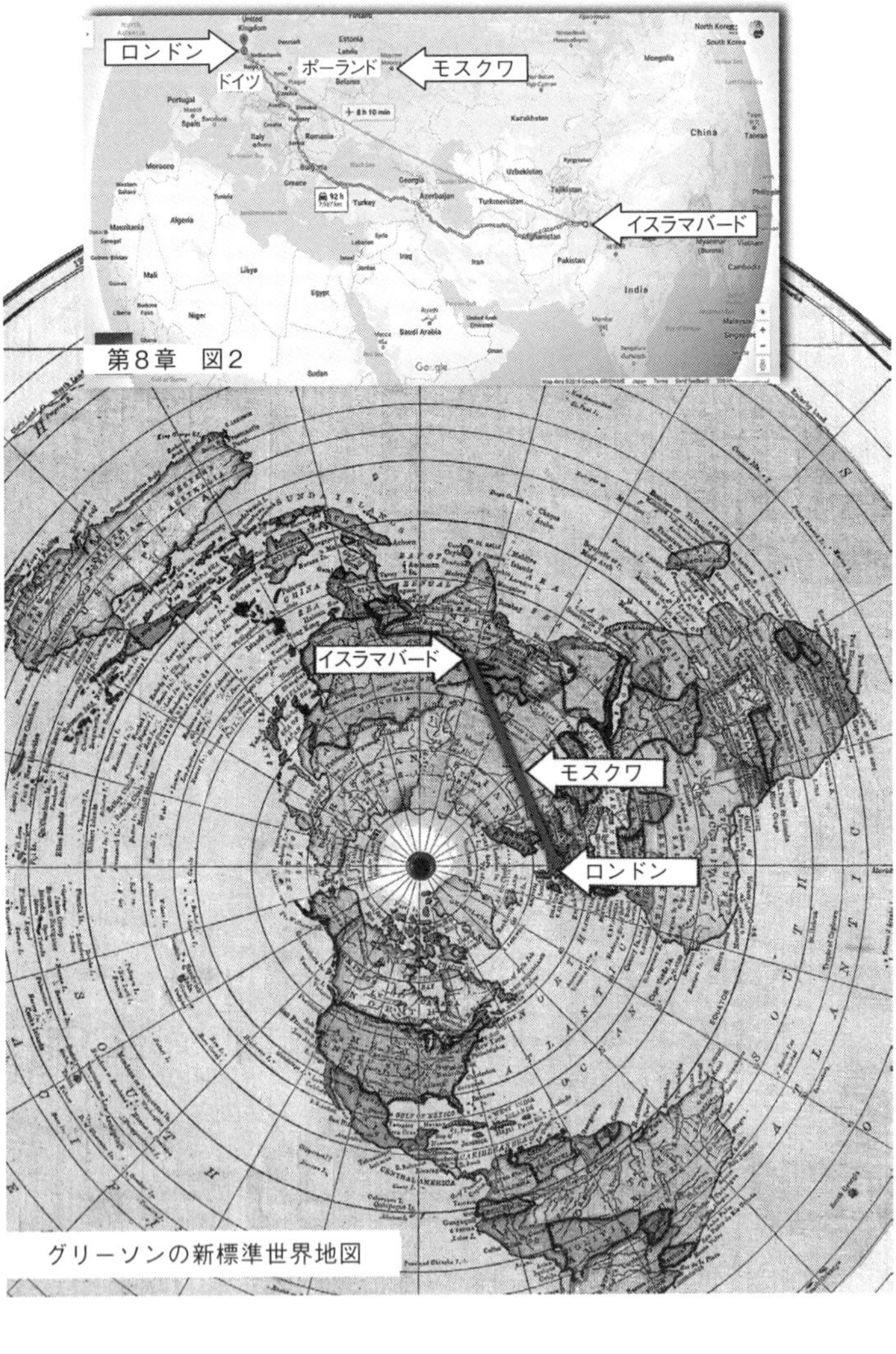

第8章　図2

グリーソンの新標準世界地図

この便だけが特殊だったわけではない。実際２０１３年にも、パキスタン国際航空ＰＫ７８５便がイスラマバードからロンドンに飛行している途中、乗客の１人に急激な体調の異変があり、同じことが起きた。機長はモスクワに緊急着陸したのだ。残念なことに、そのときの乗客は心臓発作が原因で亡くなった。さらに２０１６年にもＰＫ７８５便はモスクワに緊急着陸している。このときは機械的な問題が原因だった。

２０１３年、２０１５年、２０１６年の３度にわたり、パキスタン国際航空ＰＫ７８５便はモスクワに緊急着陸したが、いずれの場合も、何百マイルも離れた場所から航路を変えてモスクワに向かったのではないとわかる。飛行機はイスラマバードからロンドンへとまっすぐ向かい、モスクワは航路上にあり、地球は球体ではないのだ。ここまで紹介してきた事例と同様に、こうした緊急着陸は地球が本当は平らだということを明確に証明しているのだ！

Google マップや FlightRadar24で示されている球体モデルの航路は明らかに間違っており、パキスタン国際航空ＰＫ７８５便の正しい航路は、グリーソンの地図に示されているとおりである。

航路と緊急着陸は、地球が丸くないという紛れもない証拠の1つだ。あらゆるフラットをフラットアースの地図と照らし合わせて見てみると、自転している球体の地図で見るよりも理にかなっていることがわかる。

地球が西から東へと回転しているなか、南から北へ飛行する飛行機を緊急着陸させることが難しいのは言うまでもない。そんなことになったら、我々は毎日毎晩、いたるところで飛行機が不時着するニュースを聞くことになるだろう。

第9章

ケース⑧　ルフトハンザドイツ航空　LH727便

上海（中国）―ミュンヘン（ドイツ）
緊急着陸地：クラスノヤルスク（ロシア）

1968年、アメリカはスカイマーシャルプログラムを導入したが、このプログラムが広く一般に知られるようになったのは2001年の9月11日以降のことである。このプログラムはテロ対策として導入されたもので、覆面捜査官が国内線や国際線に乗り込み、ハイジャックや乱暴な乗客が起こす騒ぎなどを阻止している。

長距離フライト中の出産や乗客が体調不良になるケースもとても多いため、「スカイドクター」が搭乗する同様のプログラムがあればいいのにと思う。緊急着陸したルフトハンザドイツ航空LH727便では、中国の上海からドイツのミュンヘンに向かう飛行機の中で幼い女の子が亡くなった。このとき飛行機はクラスノヤルスク（ロシア）のイェメリャノヴォ空港に着陸した。

ルフトハンザドイツ航空LH727便は、上海とミュンヘンを結ぶ1日1便のフライトだ。2都市間の距離はおよそ5500マイル（約8900㎞）。平均時速470マイル（約760㎞）のエアバスA340−600は、上海からミュンヘンまで約12時間5分かけて飛行する。

図1（107ページ）で見るとわかるように、上海からミュンヘンに向かうこの便は、上海を発ち、中国北西、カザフスタン上空を飛行し、ロシアの最南端からウクライナ、スロバキア、オーストリアを通って、ドイツのミュンヘンに到着するというルートをたどる。これは、球体モデルの航路である。

上海は北緯31度23分04秒、ミュンヘンは北緯48度13分51秒に位置している。しかし、このフライトは、北緯56度17分21秒に位置するロシアのイェメリャノヴォ空港に緊急着陸した。これを球体モデルや地球儀で見ると、緯度の低いところから緯度の高いと

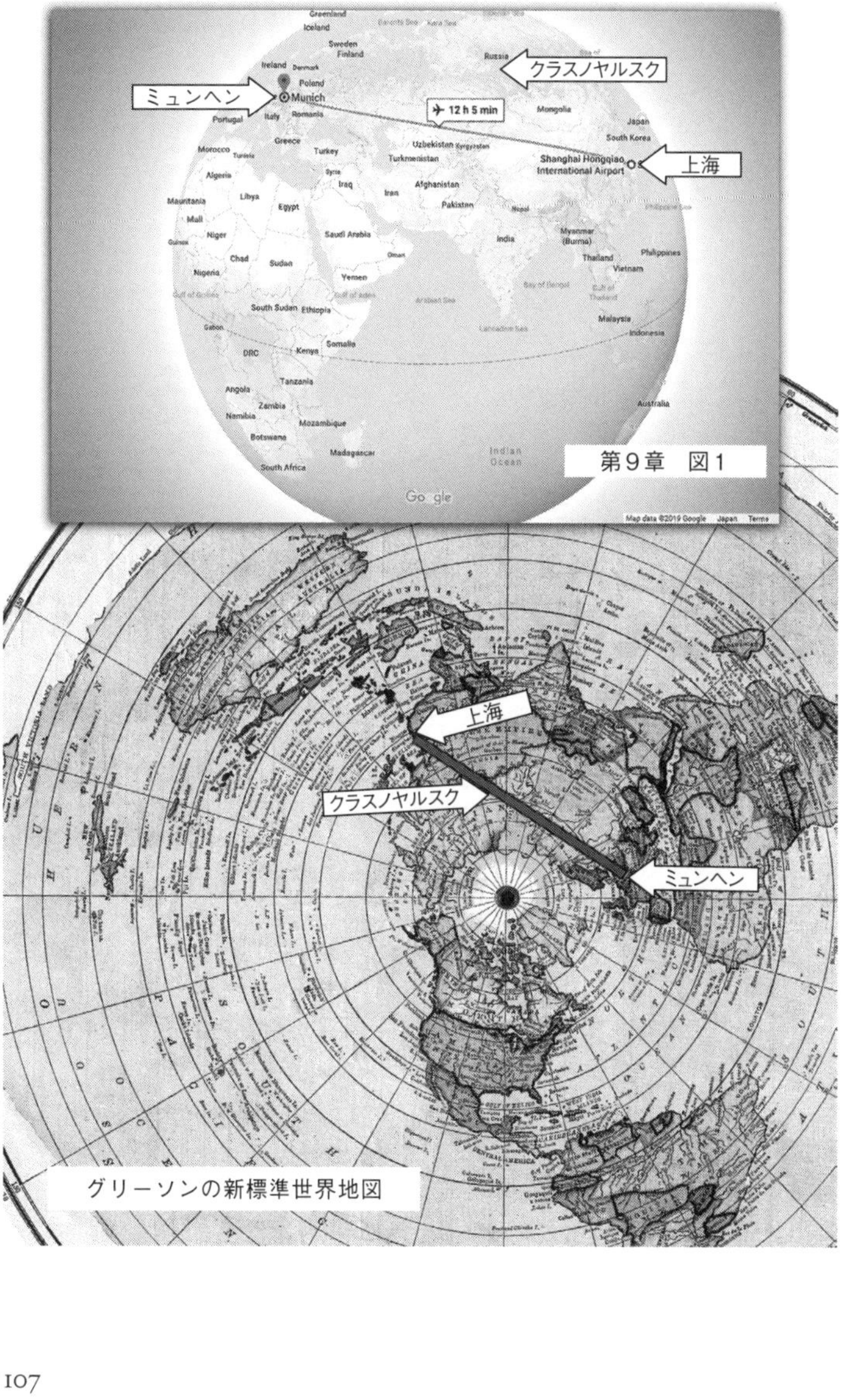

第9章　図1

グリーソンの新標準世界地図

ころにわざわざ向かい、再び緯度の低い目的地へと飛行していることになり、理由がまったくわからない。2つの地点をつなぐ最短のルートは、直線に決まっているではないか。

しかし、107ページ下のグリーソンの地図で見てみると、飛行機がイェメリャノヴォ空港に緊急着陸した理由がよく理解できる。この便の航路の90％は、中国とロシアの上空を飛行しているのだ。

中国とロシアの国境線を越えた直後に、機長はロシアのイェメリャノヴォ空港に飛行機を緊急着陸させている。グリーソンの地図は、なぜルフトハンザ航空LH727便がこの空港に緊急着陸したかを明確に物語っている。この場所は、まさに上海とミュンヘンの飛行経路上に位置しているのだ。

ルフトハンザ航空LH727便は、本書で扱う8番目の緊急着陸の事例だ。もし読者の皆さんが、これまでの事例を読んでも、球体説に何の疑問も感じないのであれば、引き続き、その他の事例についても比較検討をしているので読み進めてほしい。こうした緊急着陸の事例は、フラットアースの地図で見たほうが理にかなっているし、球体モデルでは説明がつかないということを証明していきたいと思う。

長い年月をかけてプログラミングされてきた人々が、ここで書かれている現実を受け入れられないことも理解している。しかし、読者の皆さんが真実を突き止めようとする姿勢こそが重要なのだ。嘘に甘んじていてはいけない。

地球が平らだと知ったところで、短期的には何のメリットもないかもしれない。ところが、すべての真実が語られたとき、今日の私たちが見ている多くのものは一変するだろう。

確かに言えるのは、お金と権力を持った人々のために、戦争が行われなくなるということだ。こうした人々は私たちを戦争に駆り立てることを望んでやまないのだ。そして、まさにその裕福な人々が教育システムを作り、洗脳が行われ、我々は宇宙の１つの機能でしかなく、我々の命など重要でないのだということが刷り込まれている。

我々は皆、唯一無二の存在で、すべては我々のために存在しているというのが真実である。私たち一人ひとりが必要な存在で、一部のリーダーや君主のために世界が存在しているわけではない。地球が平らであるという発見は、すべてとは言わないまでも、多くのリーダーが邪悪な人々であることを裏づけているのだ。

なぜ、我々から真実を隠そうとするのだろう？　私たちが本当はどこから生まれ、どこに向かうかということをどうして知られないようにしているのだろうか？　なぜ私たちを盲目にし、今ある生活こそがすべてだということを教えているのだろうか？

次は北アメリカ大陸の緊急着陸の事例で比較検討をしていきたい。今度もフラットアースの地図が、我々は惑星に住んでいるのではないということを証明してくれるだろう。

私たちは平らな地球に住んでいるのだ。飛行機をair-planeと呼んでいるのにも理由がある。飛行機（airplane）は平面（plane）を飛行しているのだ！

第10章

ケース⑨　アメリカン航空　ＡＡ263便

ダラス（アメリカ）—北京（中国）
緊急着陸地：カルガリー（カナダ）

またしても、飛行中に乗客が体調不良を起こし、緊急着陸した事例を取り上げたい。今回に関しては、ダラスから北京に向かう途中にカナダへと着陸している。当初は、カナダのエドモントンに着陸するということがアナウンスされていたが、機体に問題が見つかり、機長は進路を変えて、カルガリーへと向かった。この空港は滑走路が長く、荒々しい着陸にも耐えられる設備が整っていたのだ。

Heavy.com（ニュースサイト）によると、ＡＡ２６３便はフラップに問題が見つかったため、滑走路の長いカルガリーに方向転換し、着陸に向けて機体を軽くするために燃料を放出しながら飛行していた。緊迫した飛行となったが、機長、クルー、航空管制官の冷静な対応によって、飛行機は無事に着陸した。Heavy.comはリアルタイムで、このフライトの状況を報告していた。この緊急着陸が起きたのは２０１８年10月11日のことだった。

この便の機種はボーイング７８７－8で、飛行距離は６９６５マイル（約１万１２００㎞）。飛行速度は時速５６８マイル（約９１５㎞）でフライト時間は14時間５分を予定していた。

北アメリカ大陸からアジアに向かって飛行するとしたら、カリフォルニアから西に、太平洋を渡って中国に向かうと皆さんは考えるだろう。ダラスは北緯32度77分67秒、北京は北緯39度90分42秒に位置しているため、この便は西に向かい、北京へと少しずつ近づいていくと考えるのが妥当である。多くの人がこの行き方が正しいと考えているが、Googleマップもそのように考えている。というのも、これら2つの都市名を入力すると、まさにこの航路が出てくるからだ。

この便や、北アメリカ大陸からアジアに向かうその他すべての便では、アメリカ南西部のサンディエゴからの出発を含め（サンディエゴからは、日本や韓国の基地に向かう軍用機が出ている）、座席スクリーンには海の上を飛行している画像が表示される。だが、実際はカナダやアラスカ上空を飛行しているのだ！

私はこの章を執筆しながら、成田発ーメキシコシティ着のＡＭＸ57便について、FlightAware（航空情報サイト）で調べていたが、この便でもハワイ北の太平洋上を横断する航路が示されていた。このフライトが緊急着陸することになれば、元からアラスカ上空を飛行していたにもかかわらず、太平洋上からアラスカに「方向転換」したという報道を見ることになるだろう！

それでは、ＡＡ２６３便を球体モデルとフラットアースの地図で比較してみよう。

１１４ページ図１を見るとわかるように、ＡＡ２６３便は、球体モデルだとカリフォルニア上空から太平洋を渡り、中国に向かって西方面へ飛行しながら、北緯32度77分67秒に位置するダラスから北緯39度90分42秒に位置する北京へと向かっていく。

しかし、実際のアメリカン航空ＡＡ２６３便は、この経路ではなく、北へまっすぐ、グリーソンの新標準世界地図で示されているように、カナダ、ロシアを経由して中国

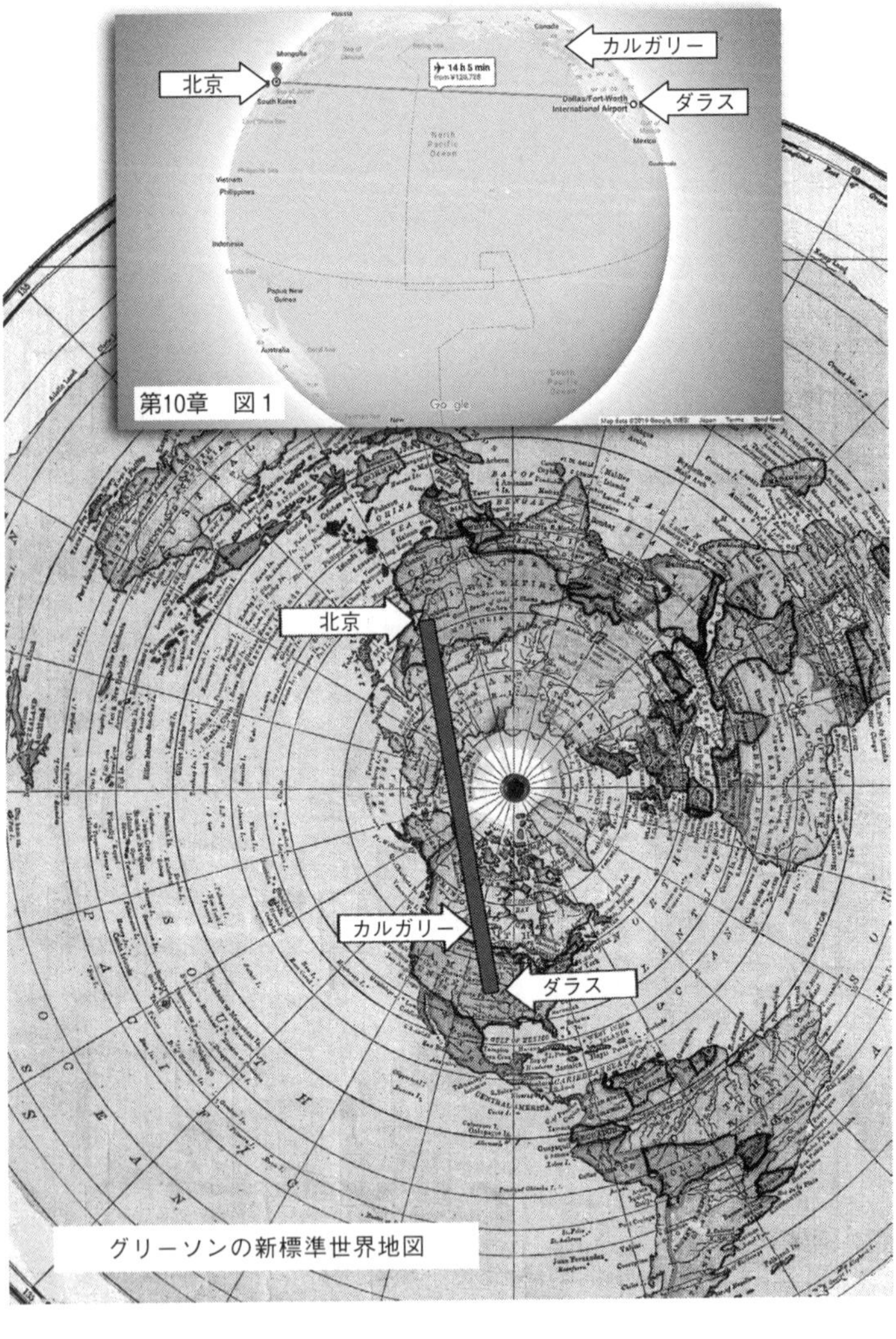

第10章　図1

グリーソンの新標準世界地図

へと飛行しているのだ。

フラットアースの地図は実際の航路と正確に一致している。緊急着陸が起きた都市をもう一度、フラットアースの地図で確認してみてほしい。

読者の皆さんはすでにお気づきだろうが、緯度線というのは、「宇宙」に浮かびながら、時速1000マイル（約1600㎞）で地軸を中心に自転し、時速6万7000マイル（約10万8000㎞）で太陽の周りを公転している、架空の球体の上下を表す線ではない。緯度線は、0度の赤道から極点（いわゆる北極）までの距離を表しているのだ。同じように、赤道から南の未知の地域に向かう距離も、緯度線で示すことができる。

『アビザイド・フラット・アース・マップ』として知られる地図は、ボストン出身のジョン・ジョージ・アビザイド教授によって1920年11月に制作された。この地図は1920年12月8日にアメリカ議会図書館の蔵書に追加された。

地図の公式名は『New Correct Map of the Flat Surface, Stationary Earth（平面で

静止している地球の正しい新地図)』という。この地図を本書では多く利用していないが、緊急着陸や航路について調べる際に、とてもわかりやすく有用なので、ここで紹介したいと思う。

117ページ図2をご覧いただこう。ブルズアイ(射撃やダーツの的の中心円)のようなこのフラットアース地図は、赤道を起点に、北極に向かう緯度線と南極に向かう緯度線が示されている。この地図は、緊急着陸と航路を理解するのにとても役立つのだ。

たとえば飛行機が北緯45度の北アメリカから、北西へ45度のロシアに向かっていくとする。この場合、飛行機は北極に近い60度から75度の上空を飛行するだろう。なぜなら、地球は平らで、2地点の最短

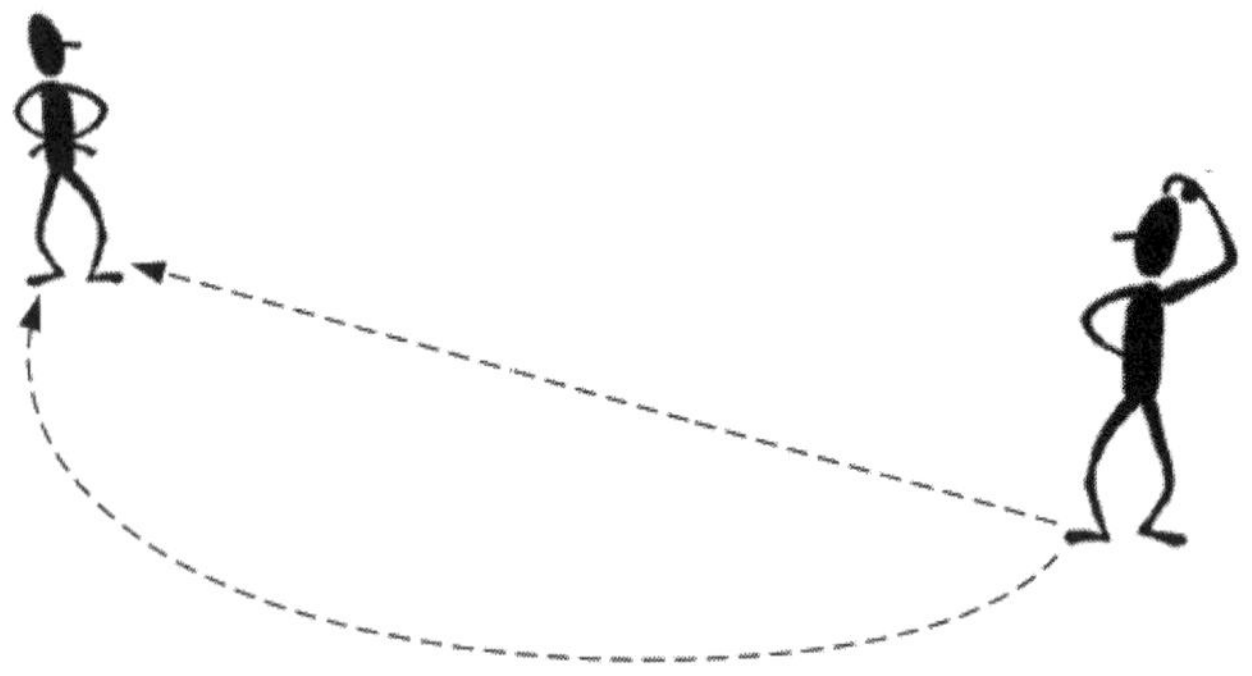

2地点間の最短距離は直線になる!

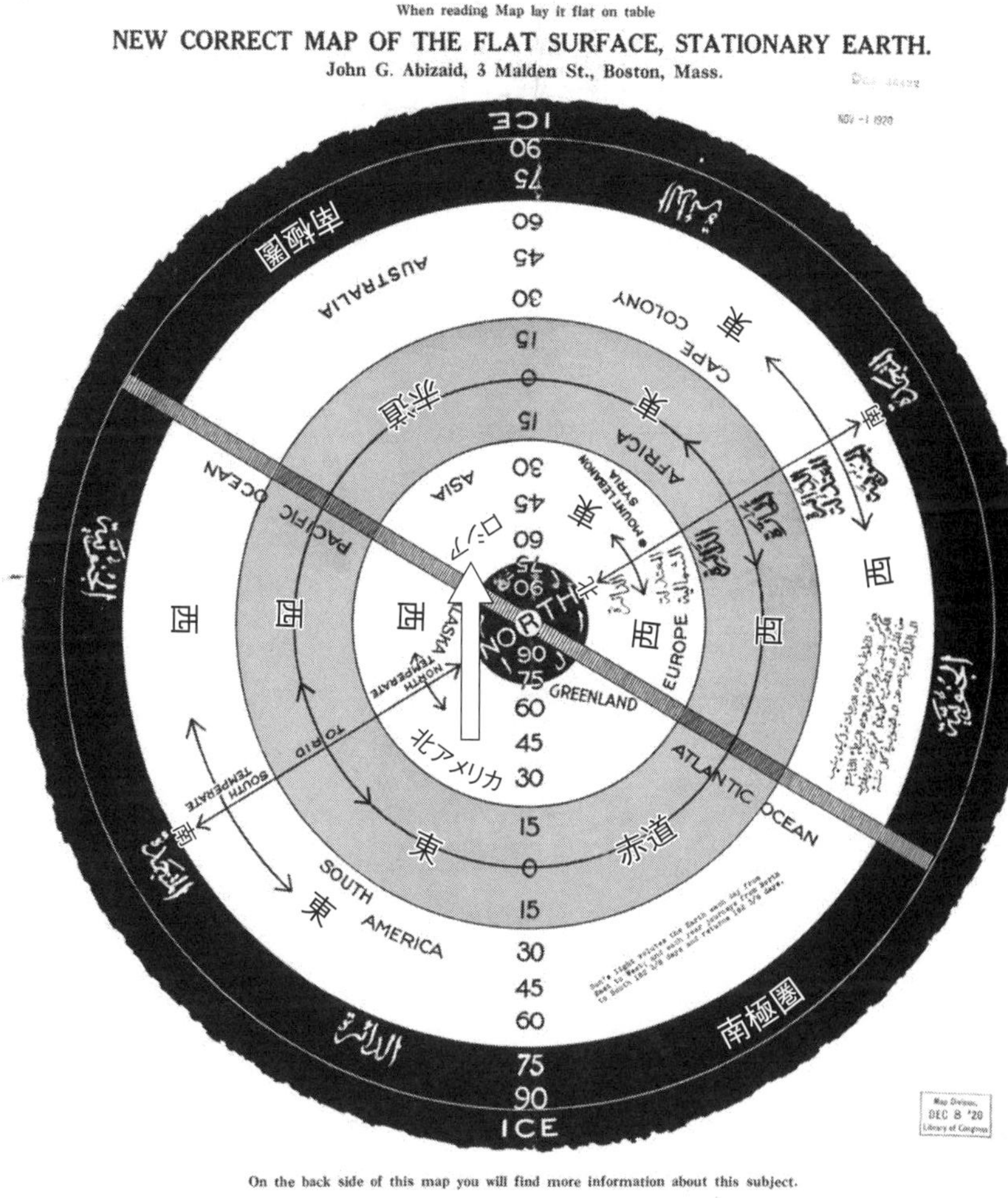

第10章　図2
『New Correct Map of the Flat Surface, Stationary Earth（平面で静止している地球の正しい新地図）』

距離は直線になるからだ。

これについては本書で取り上げているすべての緊急着陸の事例が証明している。それぞれの事例での2都市の位置を見て、この2都市を直線で結ぶと、緊急着陸した地点は常にその直線上に位置しているのだ！

地球は平らなので、悪天候や紛争中の地域を避けて飛行するというケースを除けば、2つの都市は常に直線で結ぶことができるのである。

ここで紹介した『アビザイド・フラット・アース・マップ』のダウンロードリンクは328ページに掲載している。ぜひご自身で確かめてみてほしい。

第11章

ケース⑩　大韓航空　ＫＥ38便

シカゴ（アメリカ）―ソウル（韓国）
緊急着陸地：アナディル（ロシア）

２０１３年7月2日、アビエーションヘラルド（航空ニュースサイト。avherald.com）は、以下のように報じた。

「大韓航空のボーイング７７７－３００、機体記号ＨＬ８２７５のＫＥ38便（7月１日発）は、イリノイ州シカゴからソウルに向かって、２７３人の乗客を乗せて飛行していたが、アナディル（ロシア）の南方約３００海里（約５６０㎞）の飛行高度・Ｆ※Ｌ３４０に達したところで、左側エンジン（ＧＥ90）を停止する必要が生じた。パイ

２点間の
最短距離は
直線である。
アルキメデス

ロットは飛行機をFL270まで下降させた後、北に向きを変え、燃料を放出させながらアナディルに向かった。1時間後、この飛行機は19番滑走路に無事着陸した」

※FL＝フライト・レベル。航空で用いられる飛行高度の1つ。真高度を表すわけではない。

北アメリカ大陸とアジアを結ぶ飛行機が、アラスカやロシアの上空を飛行していることは、これまでの解説で明らかにしてきたので、もう何の秘密もない。冒頭から繰り返し述べているが、「2点間の最短距離は常に直線となる」。これは、西洋の多くの国で古くから引用されてきた言葉である。

大韓航空の事件は、これだけではない。他にも本書では掲載できなかった事例がいくつかある。たとえば20

01年には、ニューヨークに向かっていた大韓航空機が、アラスカに直ちに着陸するよう命じられたが、誤ったコードを入力してしまったため、アラスカへの着陸が禁止され、アラスカに隣接するカナダのユーコン準州に緊急着陸した。また、冷戦時代にソビエトのジェット機に攻撃され、フィンランドに緊急着陸した便もあった。

これらのフライトの航路をフラットアースの地図で見てみると、1つのことがわかる。A地点からB地点まで、すべて直線的に飛んでいるのだ。

122ページの2つの地図を見てほしい。シカゴを出発し、ソウルへと向かっていた大韓航空KE38便がロシア上空で緊急着陸しなければならなくなったとき、飛行機は平らな地球を直線ルートで飛行していたのだ。このフライトを球体モデルの図1で見ると、まったく意味不明なルートだが、下のグリーソンの新標準世界地図で見てみると、見事につじつまが合う。ロシアのアナディルは、シカゴとソウルの2都市間を結ぶ直線の航路上に位置しているのだ。

読者の皆さんは、すでにお気づきだと思うが、航路にはパターンがある。このよう

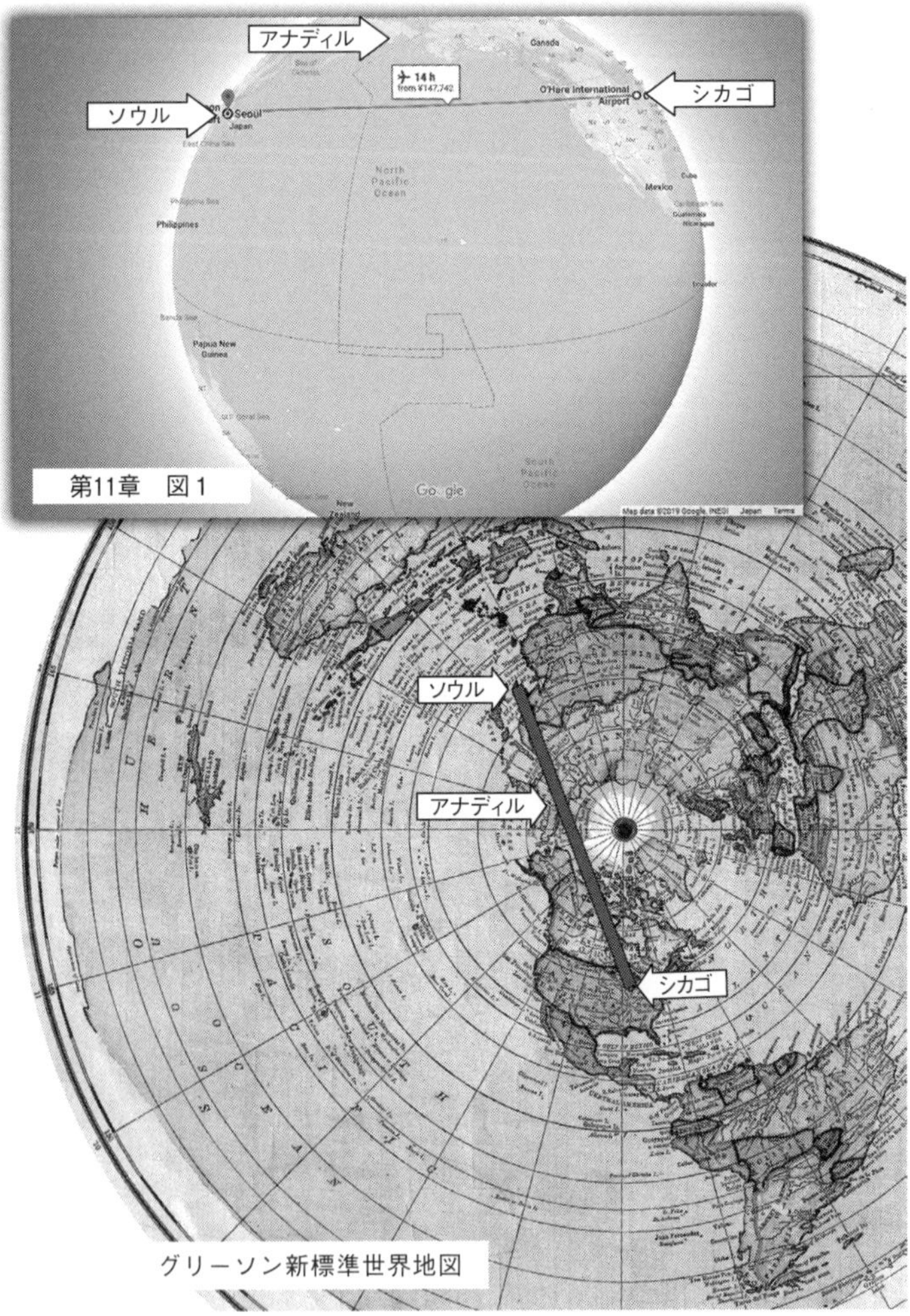

第11章　図1

グリーソン新標準世界地図

な飛行経路のフライトは1つや2つだけではないのだ。しかし、北アメリカ大陸とアジアを結ぶすべてのフライトがこのような経路で飛行しているにもかかわらず、フライト追跡サイトはまったく違うルートを示す。

第10章でもお伝えしたが、成田発－メキシコシティ着のフライトを追跡していたときに、フライト追跡サイトでは、この飛行機がハワイのすぐ北側の太平洋を横断してメキシコに向かっているように表示されていた。しかし実際には、アジアから北アメリカ大陸に向かうすべてのフライトは、ロシアやアラスカ、カナダ、西海岸のカナダ領空などを通って飛行しているのだ。

このことに対する説明は1つだ。地球は平らなのだ！

扁平楕円体と言う人もいれば、極地だけが平らだと言う人もいるが、一方でNASAが公開している写真は完全な球体である。いったいどういうことなのだろうか？

第11章　図2　「ブルー・マーブル」

図2（123ページ）はNASAが提供している「ブルー・マーブル」と呼ばれる完全な球体の地球の画像である。この画像で皆を洗脳するために、アップル社がiPhoneをリリースしたとき、世界中で販売されたすべてのiPhoneの壁紙にこの画像が採用された。

この先の第20章では、球体の地球に関する多くの矛盾やおかしな点を紹介する。地動説や球体説の矛盾点について知れば、おのずと地球が平らであると理解してもらえるだろう。

それでは、さらに緊急着陸の事例を見ていこう。次のフライトはヨーロッパからアメリカに向かって大西洋を横断する航路だ。しかし、果たして本当にそうなのだろうか？

第12章

ケース⑪ スイスインターナショナルエアラインズ LX040便

チューリッヒ（スイス）─ロサンゼルス（カリフォルニア）
緊急着陸地：イカルイト（カナダ）

スイスは、世界で最も優れた国の1つと言われている。スイスのチーズは世界的に有名であり、富裕層の多くはスイスの銀行に口座を持ち、スイスの時計も世界最高峰だと称されている。しかし、良いニュースばかりでもないようだ。英国のインディペンデント紙は2019年5月21日「スイスは性犯罪の発生率が著しく高く、ずさんな法律により性犯罪が野放しになっている」と報じた。

2017年2月4日にも、スイスに関する悪いニュースが大きく報じられた。スイスインターナショナルエアラインズＬＸ０４０便が、カナダの遠隔地にある空港に緊急着陸することになったのだ。この飛行機は、チューリッヒからロサンゼルスに向かう途中にエンジンの１つが動かなくなった。その結果、ＬＸ０４０便は、人口８０００人未満のカナダの辺境の町、イカルイトに緊急着陸したのだ。

このフライトの情報は次のとおりである。機体はボーイング７７７－３００、高度３万４０００フィート（約１万ｍ）を時速５０９マイル（約８２０㎞）で飛行。チューリッヒからロサンゼルスまでの距離は約５９３０マイル（約９５００㎞）で、飛行時間は12時間10分を予定していた。

北アメリカ大陸に暮らす多くの人々、とりわけ東海岸に暮らす人々は、東に向かえばヨーロッパに着くと考えている。なぜなら、球体説だと、大西洋を東方向に横断すればポルトガルやスペインにたどり着くからだ。

しかし実際は、ニューヨークから船や飛行機で出航し、東にまっすぐ向かうと、赤道を渡ったり、西アフリカのシエラレオネにたどり着いたりするだろう。なぜなら、地球は球体ではないからだ。地球は実際には平らで、フラットアースの地図を見れば、

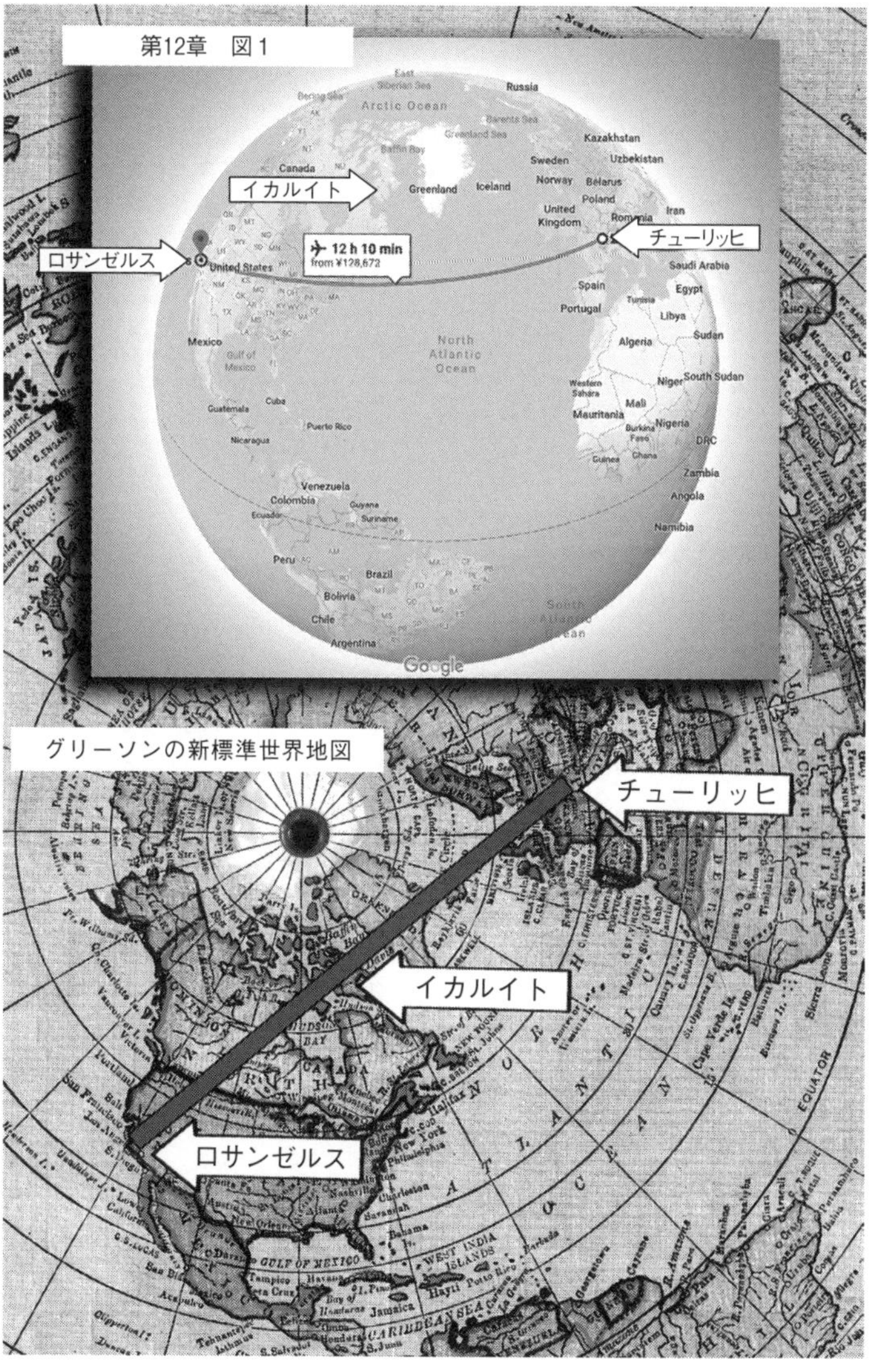
第12章　図1
Russia
Arctic Ocean
Kazakhstan
Canada
Uzbekistan
Sweden
Norway
Belarus
イカルイト
Greenland
Iceland
Poland
United Kingdom
Romania
Iran
12 h 10 min
from ¥128,672
チューリッヒ
ロサンゼルス
United States
Saudi Arabia
Spain
Egypt
Portugal
Libya
Mexico
Algeria
Sudan
North Atlantic Ocean
South Sudan
Niger
Cuba
Mali
Mauritania
Nigeria
Puerto Rico
DRC
Venezuela
Zambia
Colombia
Angola
Namibia
Peru
Brazil
Bolivia
Chile
Argentina
Google
グリーソンの新標準世界地図
チューリッヒ
イカルイト
ロサンゼルス
GULF OF MEXICO
WEST INDIA ISLANDS
EQUATOR

皆さんも私が言わんとしていることがはっきりとわかるだろう。130ページ図2の地図で確認してみてほしい。

ニューヨークからヨーロッパに飛行する場合は、東にまっすぐ向かうのではなく、北や北東に向かい、カナダやグリーランド上空を通ってヨーロッパまでたどり着く。繰り返しになるが、これは地球が平らで、球体ではないためである。

スイスインターナショナルエアラインズLX040便の航路を、127ページの2つの地図で比較してみても、このことは明確である。そして、この他のあらゆる便も丸い地球の上を飛行しているのではないのだ。

もう一度、詳しく見てみよう。127ページ図1のGoogleマップに表示されているルートは、球体の地球での航路である。しかし、このフライトは表示どおりには飛行していない。なぜなら実際には丸い地球上を飛んでいるのではないからだ。球体の地球は実体を伴わず、紙やソフトウェアやコンピューターの中でのみ存在しているのだ。このフライトの航路をグリーソンの新標準世界地図で見てみよう。ご覧のように、発着地を結ぶ直線と緊急着陸地がぴったり一致していることがわかる。

もしも、スイスインターナショナルエアラインズＬＸ０４０便が、Google マップのような丸い地球を飛行していたのなら、スイスのチューリッヒを発った後は、フランスのパリの南を飛行し、その後は大西洋上空を横切り、さらにノバスコシア州（カナダ）、メイン州、バーモント州、北アメリカ全土を飛行し、最終的にカリフォルニア到着を目指していたであろう。そして、もし大西洋上を飛行しているときにエンジントラブルが起きていたら、安全な緊急着陸はできていなかったはずだ。しかし地球は球体ではなく、実際はカナダを通る別のルート上を飛行していたため、イカルイト空港に無事に緊急着陸することができたのだ。

「チューリッヒからアメリカ西海岸に向かうフライトは、カナダ上空を飛行するのはあたりまえだ」と言う人もいるだろう。ではなぜ、グリーンランド上空までも飛行する必要があるのだろうか？　しかも、ヨーロッパから西海岸に向かうフライト、あるいは西海岸からヨーロッパに向かうフライトだけがカナダ上空を通るわけではない。アメリカ東海岸とヨーロッパを結ぶフライトでも、カナダの上空を飛行するのだ。ニューヨークからフランスに向かうフライトを例に紹介しよう。

グリーソンの新標準世界地図

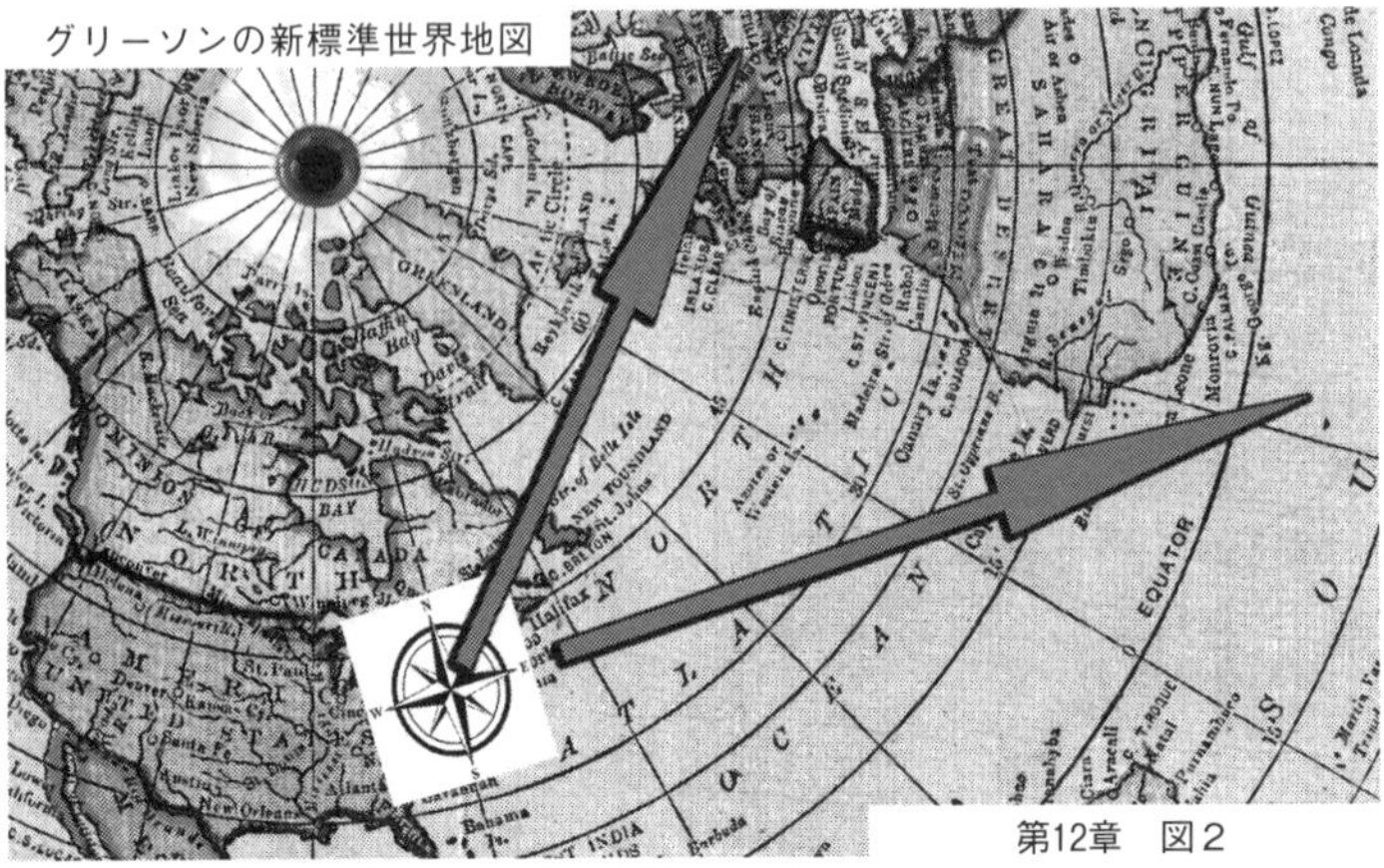

第12章　図2

１９２７年、飛行家のチャールズ・リンドバーグは、ニューヨークからパリまでの飛行に成功した。彼の飛行ルートを、１３１ページの２つの地図で比較してみてほしい。それから、図２のフラットアース地図で、東や北東の真の方向を確認してみよう。

図２のフラットアース地図で見られるように、ニューヨークからヨーロッパに到達するためには、北東に向かって飛ぶ必要がある。リンドバーグがカナダ上空を通過したのは、一部の人々が主張するような弧を描くルート※「大圏コース」を飛行していたからではない。地球は球体ではないのだから、２都市間を直線で結ぶカナ

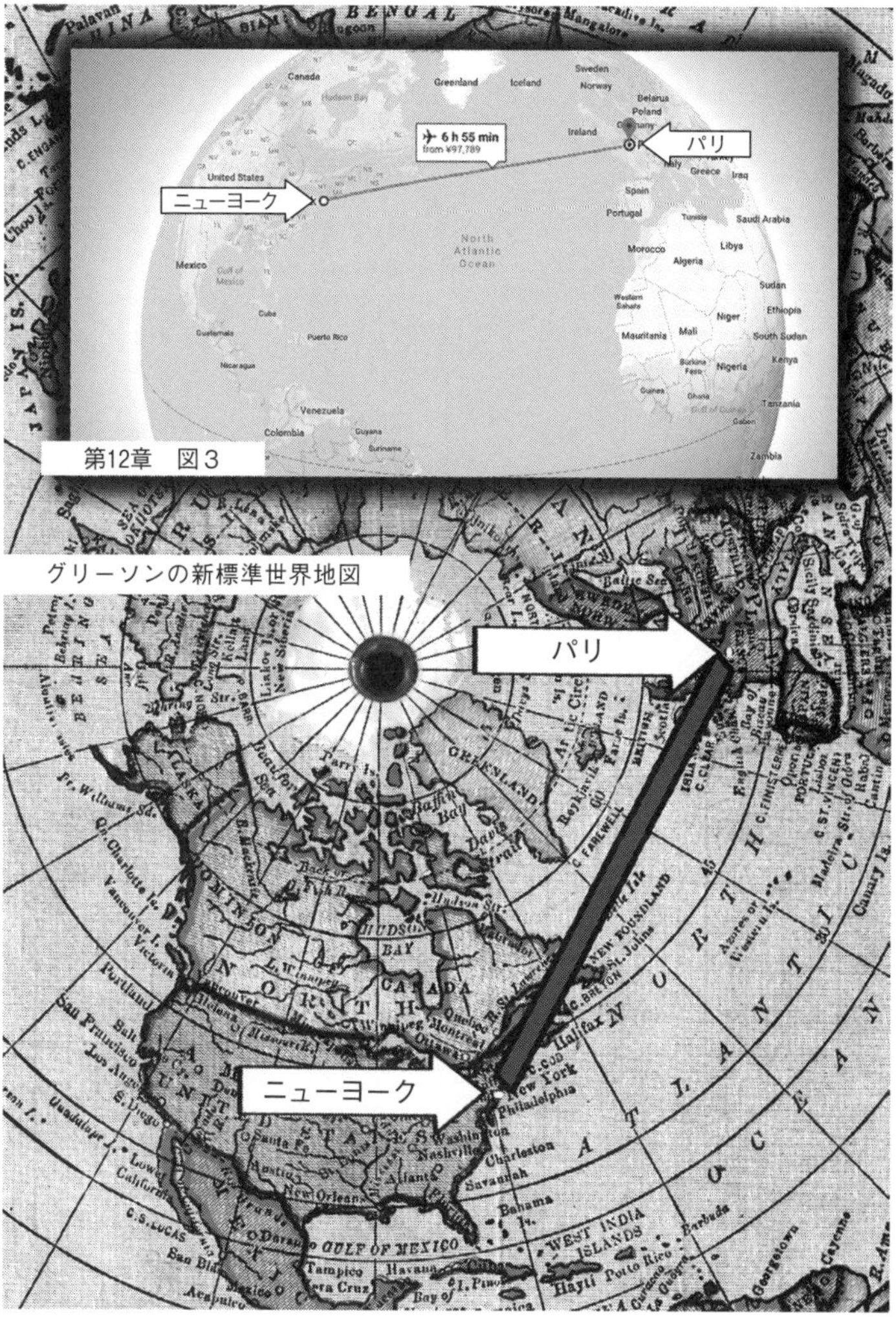
6 h 55 min
from ¥97,789
パリ
ニューヨーク
North Atlantic Ocean
第12章　図3
グリーソンの新標準世界地図
パリ
ニューヨーク

ダ上空を通過する航路が唯一のルートなのだ。

※大圏コースとは、丸い地球上の2地点を弧で結んだルートのことである。大圏航路、大円コースと呼ばれる場合もある。最短距離のルートと言われ、航空機や船舶の航路に利用される。

もし地球が本当に球体なのであれば、ニューヨークから東に向かって船を出したり、飛行機で飛んだりすれば、誰でもヨーロッパにたどり着くことができるはずである。リンドバーグのニューヨークからパリへの飛行は、特別なルートではなく、「大圏コース」を飛んだわけでもない。単にニューヨークからパリへとまっすぐ飛行しただけなのだ。

ここまでに繰り返し述べていることを思い出してほしい。2地点を結ぶ最短距離は常に直線である。ニューヨークとパリを結ぶ最短ルートは、フラットアースの地図で示されている直線であって、架空の球体の地球上に描かれた曲線ではないのだ。

もう一度130ページの図2を見ると、ニューヨークから東方面に向かう航海や航空のルートは、赤道を通り、西アフリカの海岸にたどり着くことが確認できる。この図はニューヨークの西経75度の平行線の真上にコンパスを置き、コンパスが指す東と北東の矢印をたどったものだ。

リンドバーグは、ニューヨークからパリへ飛んだとき、ありえないようなルートを飛行していたわけでも、「大圏コース」を飛んでいたわけでもない。もしニューヨークから東に向かって飛んでいたら、彼はアフリカにたどり着いていただろう。

スイスインターナショナルエアラインズＬＸ０４０便が、カナダのイカルイトに緊急着陸したことは、飛行機が球体の地球を飛行しているのではないということを再確認させてくれた。飛行機は平らな大地の上を飛行しているのだ！　飛行回数が増えるほど、そして、多くの緊急着陸が起きるほど、私たちは地球が平面だという反論しようのない証拠を突きつけられているのだ。

この後の章では、さらに６つのフライトの事例を詳しく見ていこう。比較してみると、こうしたフライトの航路は常にフラットアースの地図と一致しており、私たちが真実だと信じ込まされてきた地動説や、自転する球体説と矛盾していることがわかる。
今こそ読者の皆さんも、心をオープンにして、地球の本当の姿に気づいてほしい。
そう、地球は球体ではないのだ！

第13章

ケース⑫　チャイナエアライン CI006便

台北（台湾）―ロサンゼルス（カリフォルニア）
緊急着陸地：サンフランシスコ（カリフォルニア）

パイロットは賢い人しかなれない職業であるというのは世界の共通認識だ。しかし、飛行機に関する事故の60～80％はパイロットのミスが原因で起きている。

aviationknowledge.wikidot.com（航空関連情報のウェブサイト）によると、以下はパイロットとクルーが引き起こす事故の中でも、特に多い原因と言われている。

・省略　　クルーが必要なタスクを誤って省いてしまう
・実行エラー　クルーがタスクを間違えたり、不必要なことを行ってしまったりした

・誤作動　　結果、起きるエラー
・注意散漫　些細《ささい》な操作ミスの結果として発生
　　　　　　パイロットが注意散漫になり、完了しないタスクや、省かれた業務が
　　　　　　あった
・間違い　　準備不足のまま行動した結果、起きた間違い
・違反　　　故意にせよ過失にせよ、安全な方法、基準、ルールから逸脱した行為
　　　　　　が行われた

問題が発生したボーイング747SPの第4エンジンについてはさまざまな情報が錯綜していた。この飛行機は251人の乗客と23人の乗務員を乗せ、台北からロサンゼルスに向かって高度4万1000フィート（約1万2500m）を飛行していたが、カリフォルニア沿岸まであと350マイル（約560㎞）というところで、エンジンが止まったのだ。

激しい乱気流に遭遇したという報道もあれば、この飛行機が火山灰の中を飛行していたため、第4エンジンが停止したという報道もあった。しかし火山灰が原因だとす

る場合は、太平洋の上には火山がないという疑問が残る。しかし、もしこの飛行機が、私たちが信じ込まされているように太平洋を飛行していたのではなく、火山地帯を飛行していたとしたらどうであろうか？

この事故に関する番組もいくつか制作され、番組内では乗務員、乗客、航空管制官、航空機事故の専門家にインタビューが行われていた。事件の再現映像や、コンピューターアニメーションで作られた航路、機長が機体をコントロールしようと苦戦している様子に私は興味を引かれた。

テレビのドキュメンタリー番組によると、この飛行機は西から太平洋を越えてロサンゼルスに近づいていた。まずは、再現映像の中で登場した球体モデルの航路とグリーソンの新標準世界地図の航路を比較してみてほしい（138ページ）。

チャイナエアライン006便の航路は、第2章で取り上げたチャイナエアライン008便と同じようなルートをたどる。どちらも台北から出発し、カリフォルニア州のロサンゼルス国際空港に向かっている。

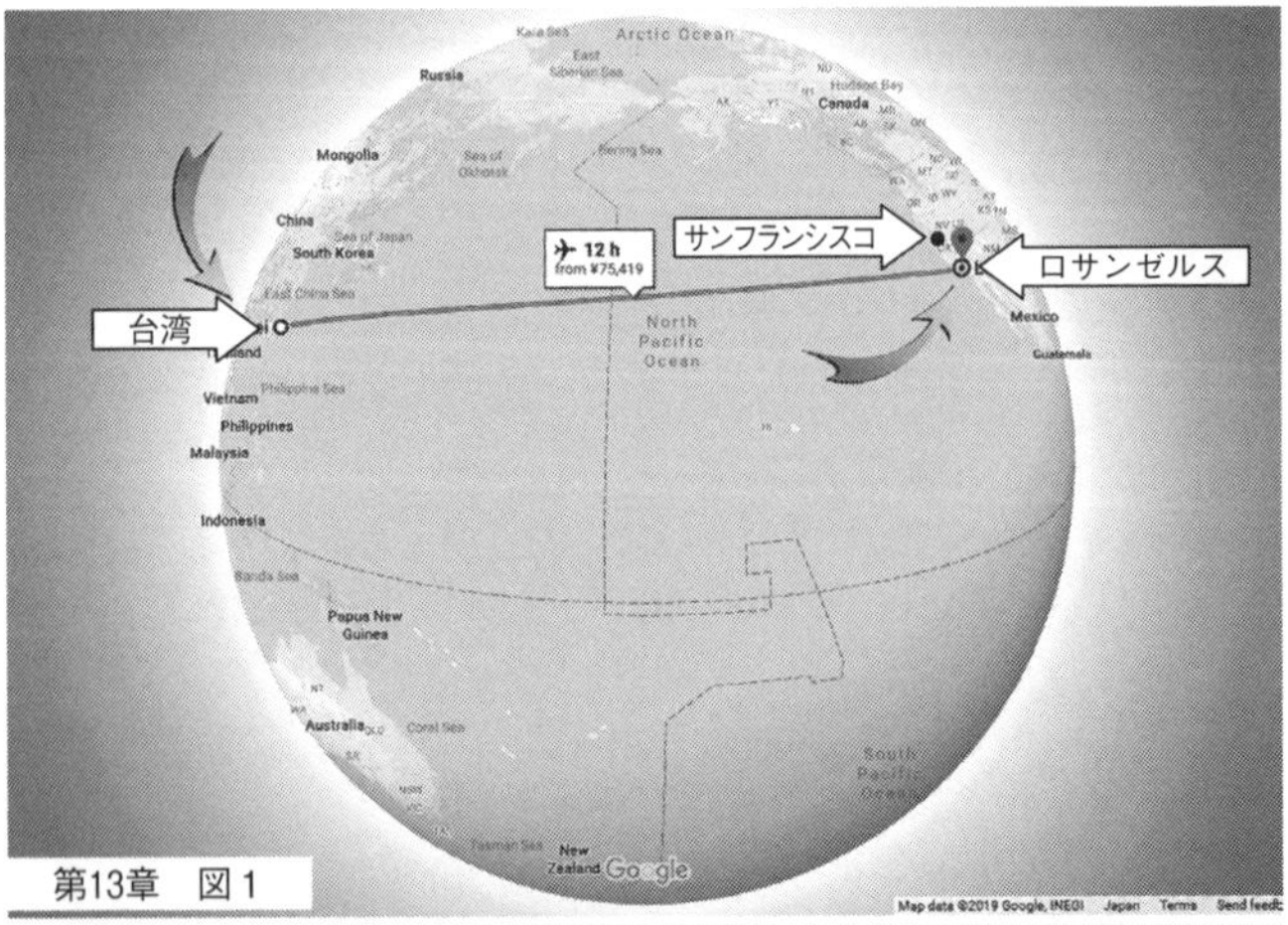
Arctic Ocean
Russia
Mongolia
China
South Korea
Sea of Japan
Bering Sea
Canada
Hudson Bay
12 h
from ¥75,419
サンフランシスコ
ロサンゼルス
台湾
North Pacific Ocean
Mexico
Guatemala
Vietnam
Philippine Sea
Philippines
Malaysia
Indonesia
Papua New Guinea
Australia
Coral Sea
South Pacific Ocean
Tasman Sea
New Zealand
Google
Map data ©2019 Google, INEGI　Japan　Terms
第13章　図1

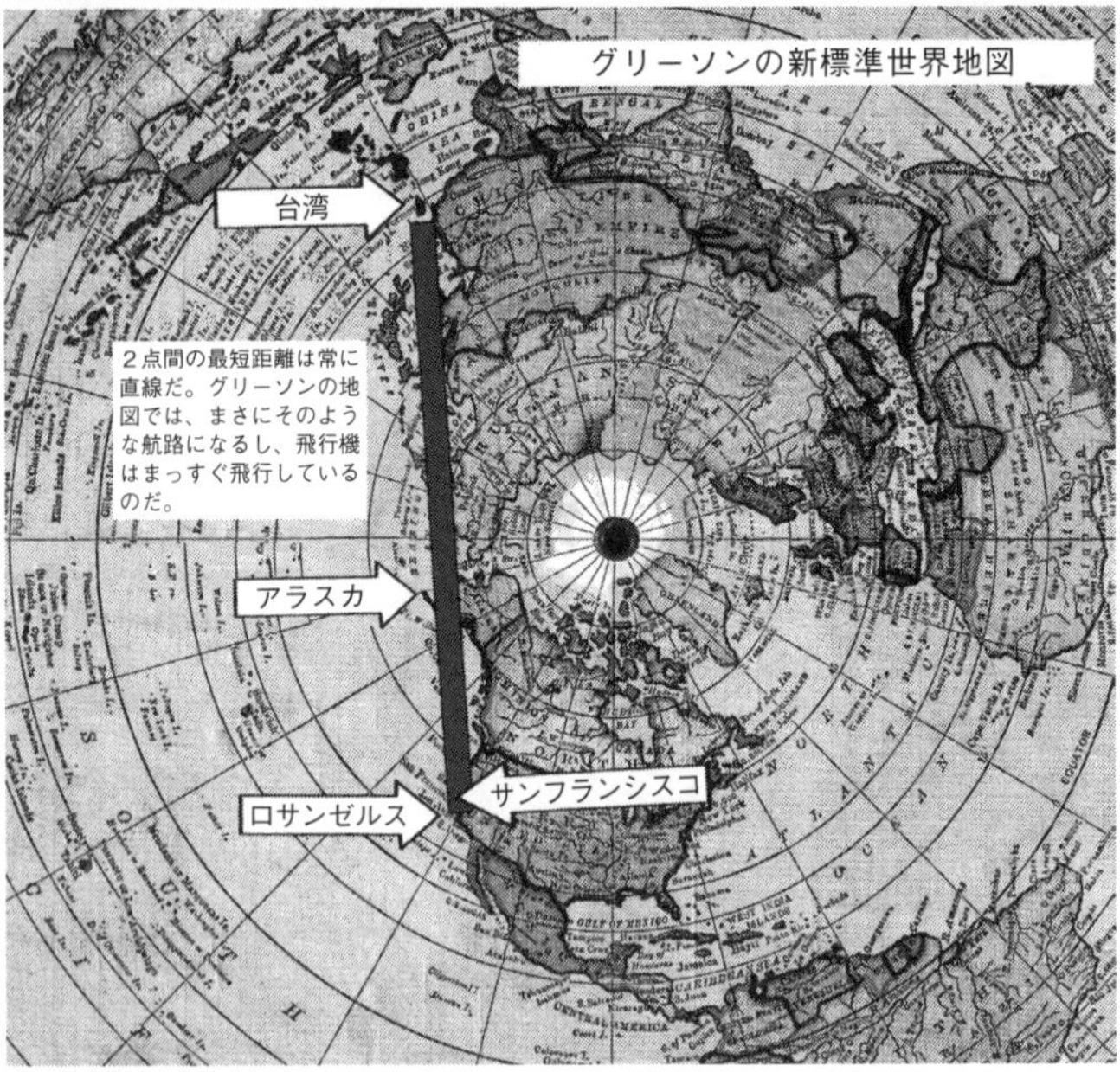
グリーソンの新標準世界地図
台湾
２点間の最短距離は常に直線だ。グリーソンの地図では、まさにそのような航路になるし、飛行機はまっすぐ飛行しているのだ。
アラスカ
サンフランシスコ
ロサンゼルス

チャイナエアライン006便の航路は、球体モデルだと、図1のGoogleマップのように、西から太平洋を渡ってロサンゼルスに向かうルートとなる。乗務員や乗客や航空分野の専門家にインタビューを行っていたドキュメンタリー番組では、Googleマップとまったく同じようにチャイナエアライン006便がカリフォルニア沿岸に近づいていく様子が再現されていた。

しかし問題は、この飛行機がロサンゼルスから380マイル（約610㎞）北に位置するサンフランシスコに着陸したことだ。ロサンゼルスに向かっていたはずの飛行機が北東に向きを変え、サンフランシスコに緊急着陸するというのは意味がわからない。

この飛行機が本当に球体の地球を飛行し、Googleマップで示されているように西方向から来たのだとしたら、正しい選択はまっすぐロサンゼルスまで飛び続け、安全にそこに着陸することではないだろうか？　しかし、実際に着陸した場所は、サンフランシスコだった。

第13章　図2

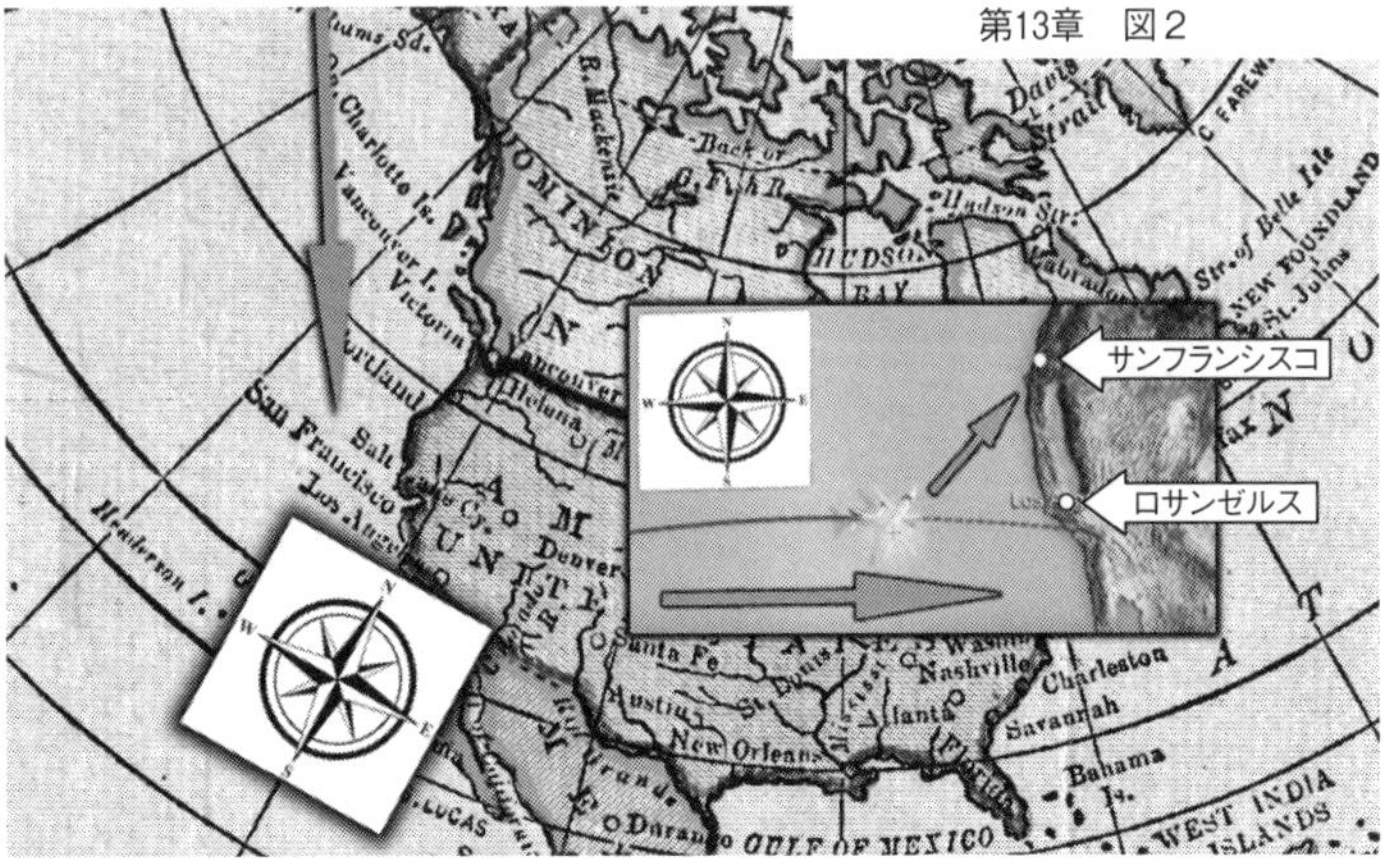

図2のフラットアース地図の中央に重ねられている画像は、西の方角からカリフォルニアに向かう飛行機の調査レポートのスクリーンショットである。そこにコンパスと航路を示す2つの矢印を付け加えた。さらにフラットアースの地図上にも、西経１２０度の平行線にコンパスを配置し、北西を示す矢印を加え、このフライトの真の航路を示した。

テレビのドキュメンタリー番組や図2中央の航路を見ると、飛行機は西から太平洋を渡ってロサンゼルスに向かっている。報道によると、飛行機は飛行中に起きた問題によって燃料切れを起こしかけていたそうだ。それゆえ、すぐにでも着陸する必要があったのだ。

球体モデルの航路であれば、ロサンゼルス国際空港までまっすぐ飛び続けたほうが簡単なはずだ。そうではなく、飛行機はロサンゼルスから380マイル（約610㎞）北のサンフランシスコに着陸している。これはどういうことだろうか？

しかし、138ページのグリーソンの地図を見ると、カリフォルニアの北や北西から、サンフランシスコ、その後ロサンゼルスに向かっていることが一目瞭然だ。このことは、国家運輸安全委員会（NTSB）の公式報告によっても裏づけられている。この報告書では、飛行機が北西からカリフォルニアに向かっていたと述べられているのだ。報告書と照らし合わせてみても、グリーソンの地図は正しいことがわかるし、球体モデルが不可解であることに気がつくだろう。

公的な報告書にもこの飛行機が北西から来たと明確に述べられているのだが、長く続いてきた洗脳や球体説を支持するためだけに、飛行機が太平洋を渡って西から飛んできたかのような画像が残されている。

もし再現番組で、実際のように、フラットアースの地図の航路が示されていたなら、より真実に近い内容となっていただろう。そうではなく、部分的には真実を見せながらも、フラットアースの地図に基づいた航路のことは隠しているのだ。

フラットアースの真実が、隠蔽《いんぺい》されたり抑圧されたり、あざ笑われたりしたのは過去だけの話ではない。現在でも、政府や民間企業は、大衆に地球の本当の形を知られないようにしている。かつてearth.nullschool.net（気象情報サイト）では、フラットアースの地図でも天候パターンの変化、風や海流の動きをリアルタイムに知ることができた。しかし、今では正距方位図法（フラットアース）の地図を選択できなくなってしまっている！　あまりにもあからさまだが、彼らは我々から真実を隠す必要があるのだ。

しかし、彼らの行為を気にすることはない。人々はそれぞれ調査を続けるうちに気がつくだろう。地球は、主要メディアが主張しているような「球体」ではないのだ！

第14章

ケース⑬　カンタス航空　QF64便

ヨハネスブルグ（南アフリカ）─シドニー（オーストラリア）
緊急着陸地：パース（オーストラリア）

数ヵ月前、ロリーという男性の YouTube を見て、コメントを残した。すると、彼は以下のようなリクエストとともに返信をくれた。「他にもあなたに分析してもらいたい緊急着陸の事例があります。ヨハネスブルグからシドニーに向かうQＦ64便がパースに緊急着陸したのです（２０１７年）」。

そこで私は彼のリクエストに応え、この緊急着陸についての動画を作成した。この動画は私の YouTube チャンネルから見ることができる。動画には『Emergency Landing in Perth, Australia better explained on the FLAT EARTH（オーストラリアのパースへの緊急着陸が、フラットアースの存在を明確に物語っている）』というタイトルをつけた。

私は通常、特定の1つのフライトだけの動画を制作することはない。しかし、2017年、フライト中に女性が意識を失い、パースに緊急着陸したカンタス航空QF64便だけは例外だ。この件については、時間を割いて説明する必要があると思っていた。カンタス航空QF64便は、南アフリカのヨハネスブルグからオーストラリアのシドニーに向かう1日1便のフライトである。機体はボーイング747－400、高度3万3000フィート（約1万m）を時速570マイル（約920㎞）で飛行。この時速についても後ほど解説していこう。

多くの人は、地球を取り巻くジェット気流によって、飛行機が時速250マイル（約400㎞）加速することを知らない。ジェット気流には、寒帯ジェット気流と亜熱帯ジェット気流がある。パイロットはこのことを知っていて、こうしたジェット気流に乗ることで、機体を傷つけることなく、スピードを上げているのだ。ジェット気流は、空港やショッピングモールや街中で見かけるベルトコンベアーみたいなものである。

ベルトコンベアーに乗って立っていれば、普通に歩くスピードと同じ速さで進むことができる。さらに、コンベアーに乗って歩けば、疲れることなく一気にスピードアップできる。

ベルトコンベアーで加速して歩ける。

地球を取り巻くジェット気流は、歩くスピードを時速7〜15マイル（約11〜24㎞）加速させるベルトコンベアーのようなものである。パイロットはジェット気流の位置を知ることができるマップやソフトウェアを使用し、ジェット気流に乗りながら飛行しているのだ。

図1（146ページ）では、フラットアースを取り巻き、あらゆる方角に流れているジェット気

グリーソンの
新標準世界地図

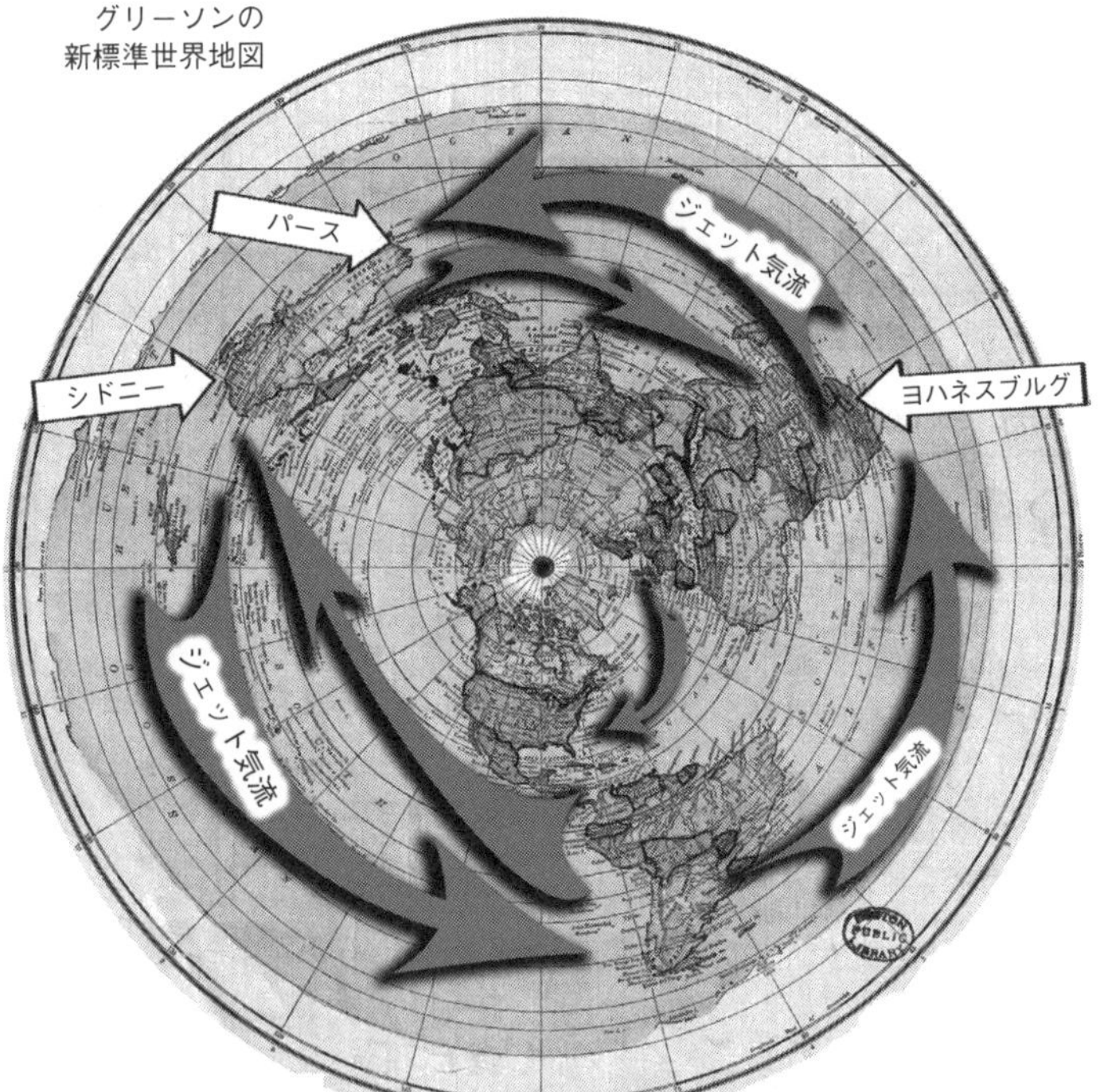

第14章　図1

流の動きが矢印で示されている。この図はearth.nullschool.net（気象情報サイト）のジェット気流と風の動きに基づいて作成した。ちなみに同サイトでは、正距方位図法（フラットアース）の地図が投影法の選択肢から除外されている。

カンタス航空ＱＦ64便は南回帰線に沿って、グリーソンの地図でいう南洋上空をヨハネスブルグからオーストラリアに向かい飛行している。復路のフライトも同様にジェット気流に乗って、反対の方角に飛行する。図1を見ると、なぜパイロットがパースに緊急着陸したのかも理解できるだろう。南アフリカのヨハネスブルグからオーストラリアのパースまでは、ジェット気流に乗って飛行すればいいだけなのだ。

今度は、カンタス航空ＱＦ64便の速度についても論じていこう。この飛行機の速度は時速５６０マイル（約９００㎞）だったと言われている。実際にそうだったとして見ていこう。ジェット気流によって時速２５０マイル（約４００㎞）加速していたとしたら、最終的な速度は時速８１０マイル（約１３００㎞）に等しかったはずだ。

ちなみにこの予測は、この便が時速560マイル（約900㎞）でしか飛行していなかったことを前提にしている。ドイツの航空情報サイト flugzeuginfo.net によると、この便の機種は583ノット、すなわち時速610マイル（約980㎞）で飛行すると述べられている。もしジェット気流に乗って飛行したのであれば、最終的な速度は時速860マイル（約1380㎞）である。飛行機がジェット気流と逆行して飛行していたのではなく、ジェット気流に乗って飛行し機体に何も摩擦が起きていないのであれば、時速はこのようになるはずだ。

民間航空機がこのようなスピードになるのは異常なことではない。実際、よくあることだし、報道されているよりも多くの事例があると思われる。ニュースでは報じられなかった時速800マイル（約1280㎞）前後の別のフライトについても見ていきたい。

149ページの2つの便は、ジェット気流に乗って、異常な速さで飛行していたにもかかわらず、ニュースにはならなかった。私にはその理由がわからない。私たちが

flightradar24で表示された、オーランド発ニューヨーク着のジェットブルー航空 B6 1198便。アメリカの国内便で、時速778マイル（1252km）だ。

エジプト航空 MS648便の機体記号 SU-GCK は、時速803マイル（1293km）で飛行している。このボーイング787-9は、サウジアラビアのリヤドからエジプトのカイロに向かっているところだ。

知っていたり、認識したりしているよりも速い速度で飛行しているフライトがあるが、これらはまさにその例である。

次の4つのフライトは、ジェット気流に乗って驚異的なスピードで飛行し、どのニュース番組においても前代未聞の出来事として報じられた。

・ブリティッシュ・エアウェイズＢＡ１１４便
　ニューヨーク発－ロンドン着、２０１５年
・ノルウェー・エアシャトルＤＹ７０１４便
　ニューヨーク発－ロンドン着、２０１８年
・ノルウェー・エアシャトルＤＹ７０１４便
　ニューヨーク発－ロンドン着、同じく２０１８年
・ヴァージン・アトランティック航空ＶＳ８便
　ロサンゼルス発－ロンドン着、２０１９年2月

右記のフライトはいずれも、北アメリカ大陸からヨーロッパまでを時速800マイル（約1280㎞）前後で飛行し、ニュースになった。

地球のあちこちにジェット気流があって、とりわけ、南アフリカからオーストラリア、オーストラリアから南アフリカに向かう南回帰線沿いに、こうしたジェット気流が多く発生しているのは、誰もが知ることである。しかし問題は、ヨーロッパや北アメリカ大陸、その周辺における速度の速いフライトのみが話題になることである。一方で南回帰線沿いを飛行する、速度の速いフライトについては報道されない。速いスピードで飛行していないというのか？　いや、そんなことはなく、人々は何十年もこの気流を活用して飛行しているのだ。

もう1つの考えるべきポイントは距離である。カンタス航空QF64便の概要については本章の冒頭で解説したが、距離については言及せず、機体の種類と高度だけ述べた。その後、ジェット気流について少し説明した後に、速度についても解説してきたが、今度は距離についても見ていこう。

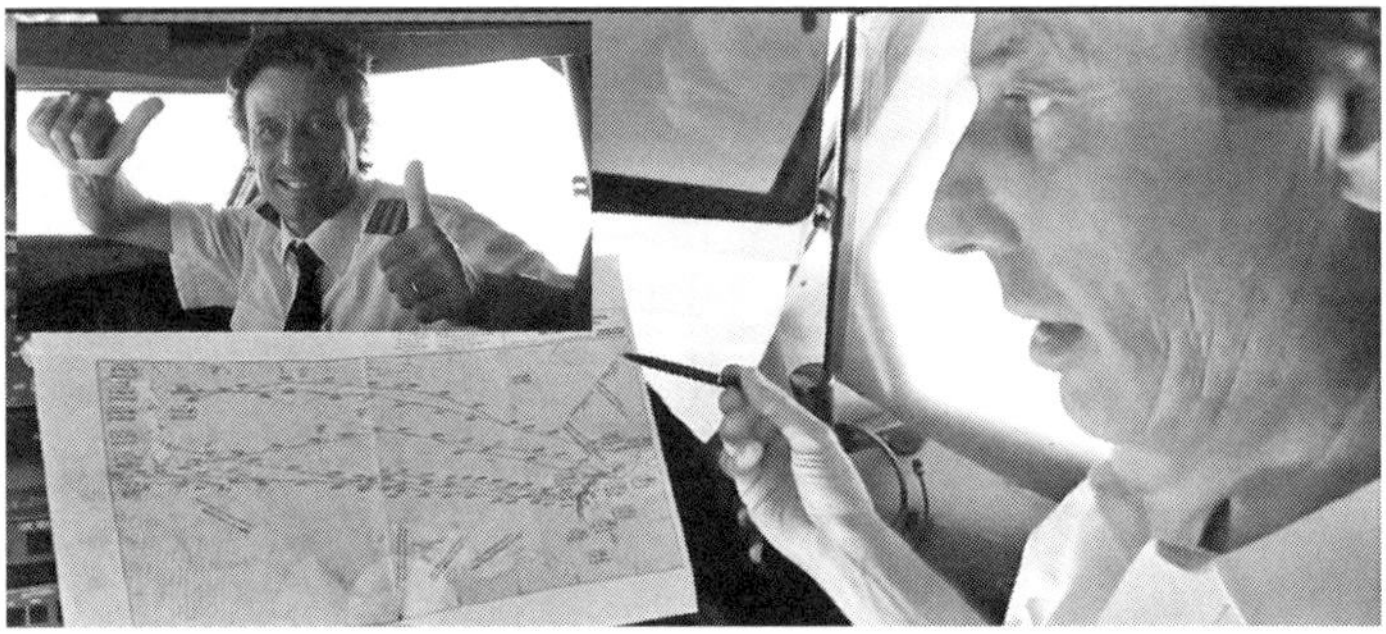
機長のマルセロＲが飛行ルートと気流について説明している。

シドニー発－ブエノスアイレス着のフライトで、機長のマルセロＲが、アマチュアのリポーターをコックピットに呼んで行ったインタビューがある。このインタビューで機長は、シドニーからブエノスアイレスまでの飛行時間は16時間45分の予定であり、ジェット気流に乗って飛行していることも語っている。機長は気流が描かれた地図を見せたが、シドニーからサンティアゴに向かう航路は、曲線の大圏コースと思われるものではなく、直線のルートだった。

上図は機長のマルセロＲが、南極大陸に沿った直線の航路が描かれている球体の投影法と思われる地図を見せている写真である。「大圏コース」の曲線はどこにも見当たらない。

球体モデルだと、シドニーからブエノスアイレスまでの距離は7328マイル（約1万2000㎞）である。アルゼンチン航空AR1181便は、今は運航していないが、当時の飛行時間は14時間25分だった。機体はエアバスA340－200で、最高速度はマッハ0・86。これは時速659マイル（約1060㎞）に相当する。

しかし、14時間25分かけて、7328マイル（約1万2000㎞）の距離を飛行するというのは、かなり時間がかかっている。これはすなわち、時速510マイル（約820㎞）でしか飛行していないのと同じである。ジェット気流によって加速した250マイル（約400㎞）を差し引くと、時速260マイル（約420㎞）でしか飛行していないことになる。何かしらの間違いがあることは明らかである。

152ページの写真で機長が示している地図は、南回帰線上の大陸間の距離が間違っている。球体モデルは距離を縮めなければいけないため、南回帰線上の大陸間の距離を正確に示していないのだ。

それでは、今度は正しい数値を当てはめてみよう。動画内のラタム航空のエアバス320はシドニーからブエノスアイレスまで、時速528マイル（約850㎞）で飛行している。気流やジェット気流に乗った250マイル（約400㎞）の速度を足すと、このフライトの最高時速は778マイル（約1250㎞）に到達する。機長のマルセロRはインタビューで、シドニーからブエノスアイレスまでの飛行時間を16時間45分と言っていたが、いったんはアルゼンチン航空AR1181便の当時の飛行時間である14時間25分のままで見ていこう。

時速778マイル（約1250㎞）×14時間25分
≒1万1200マイル（約1万8000㎞）

今度は、シドニーからブエノスアイレスまで、時速778マイル（約1250㎞）で14時間25分飛行した距離である1万1200マイル（約1万8000㎞）から、球体モデルでシドニーからブエノスアイレスまでの距離とされている7328マイル（約1万2000㎞）を差し引こう。

1万1200マイル（約1万8000㎞）－7328マイル（約1万2000㎞）

＝３８７２マイル（約６０００㎞）

すると、球体モデルで計算されたシドニーからブエノスアイレスまでの距離と、飛行時間と機体の時速から計算した実際の飛行距離の間におよそ４０００マイル（約６０００㎞）の差があることがわかった。明らかに球体モデルには何かしらの間違いがある。

この距離の差と、明らかに何かしらの間違いがあるのではないかという認識は、アレックス・グリーソンの著書『Is the Bible from Heaven? Is the Earth a Globe?（聖書は天からもたらされたのか？　地球は丸いのか？）』（未邦訳）でも説明されている。図２（１５６ページ）を見てほしい。

アレックス・グリーソンは、自らの資金を使って、球体説に意義を唱え、１８９０年に著書を執筆した。彼は、南アフリカの先端にある喜望峰から南アメリカ大陸の先端にあるホーン岬までの海上航海の記録を入手することができた。

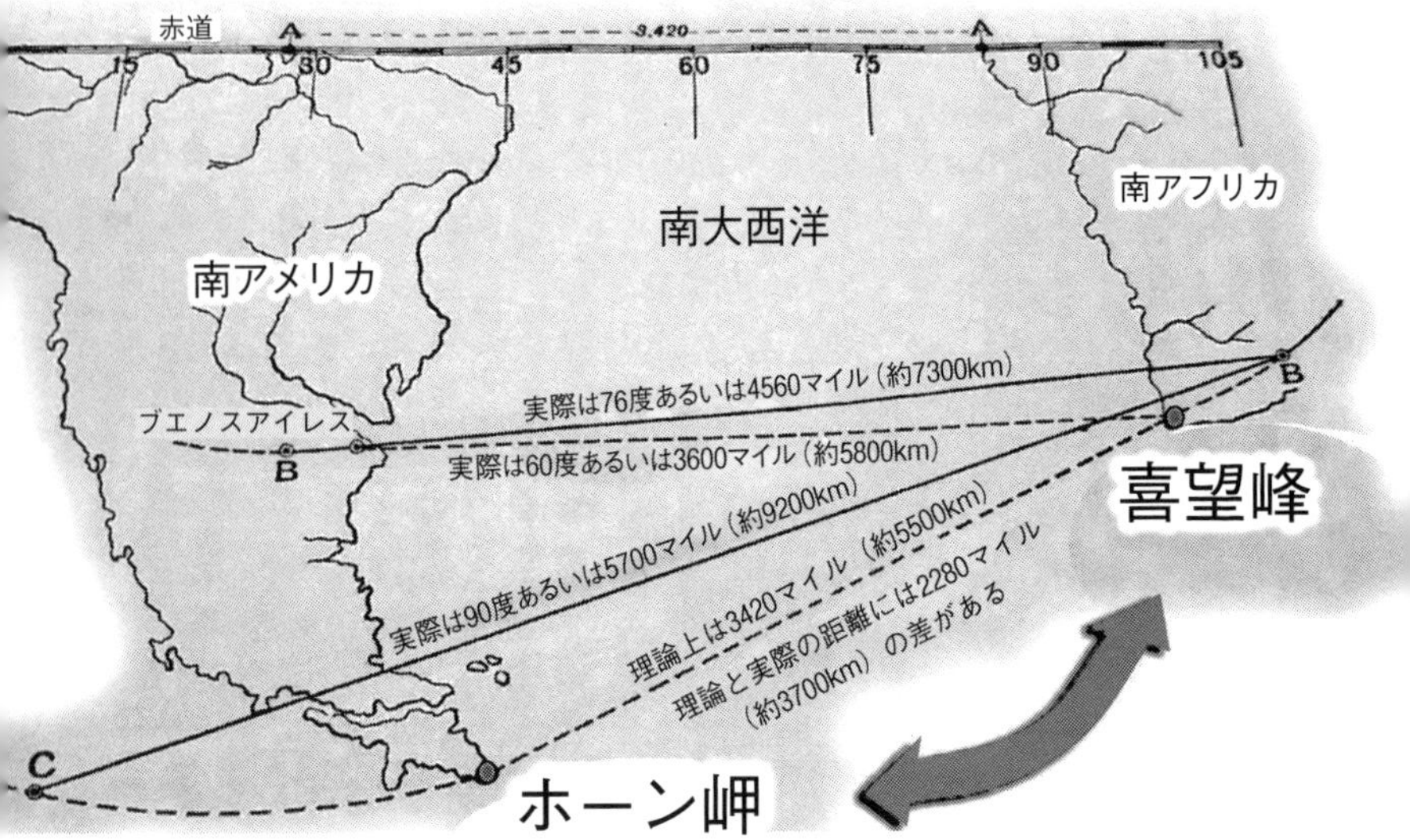

南アメリカのホーン岬と南アフリカの喜望峰の実際の距離は
5700マイル（約9200km）である。

アレックス・グリーソン著『Is the Bible from Heaven? Is the Earth a Globe?』371ページより引用。

第14章　図2

理論上はこれら2地点間の距離は3420マイル（約5500㎞）しかないはずなのに、実際の距離は5700マイル（約9200㎞）だった。結果として2280マイル（約3700㎞）もの誤差が生じている。

こうした距離の違いについて、船員と船長たちがロンドン王立天文学会のメンバーの出席している討論会や公聴会で証言していたと作家クリスティン・ガーウッドの著書『Flat Earth: The History of an Infamous Idea（フラットアース：悪名高き思想の歴史』（未邦訳）でも指摘されている。

南アフリカのヨハネスブルグからオーストラリアのパースまでの飛行時間は10時間45分だ。ジェット気流に乗れば、機体に摩擦が生じたり、乗客を危険な目に遭わせたりすることなく、すでに飛行している速度から、時速250マイル（約400㎞）加速できるということは、これまで述べてきたとおりである。

南アフリカのヨハネスブルグからオーストラリアのパースまでの距離を球体モデルのGoogleマップで計測すると5163マイル（約8300㎞）となる。パースに緊急着陸したボーイング747－400が、10時間45分かけてこの距離を進んだとしたら、飛行機はわずか時速500マイル（約800㎞）でしか飛行していなかったことになる。しかし、これはありえない話だ。なぜなら、ジェット気流によって加速した時速250マイル（約400㎞）を引いたなら、カンタス航空QF64便は時速250マイル（約400㎞）でしか飛行していなかったことになるからだ。

ボーイング747－400の最低速度である時速550マイル（約900㎞）にジェット気流の加速を足すと、飛行機は少なくとも時速800マイル（約1300㎞）で10時間45分飛行していることになり、このときの飛行距離は8600マイル（約1万3800㎞）となる。

800マイル（約1300㎞）×10時間45分
＝8600マイル（約1万3800㎞）

8600マイル（約1万3800㎞）－5163マイル（約8300㎞）

＝3437マイル（約5500㎞）

読者の皆さんも、球体モデルには矛盾点があると確信できたと思う。ヨハネスブルグからパースまでの距離は約8600マイル（約1万3800㎞）、喜望峰からホーン岬までの距離は5700マイル（約9200㎞）、オーストラリアのシドニーからアルゼンチンのブエノスアイレスまでの距離は1万1200マイル（約1万8000㎞）であり、この事実は、地球が、私たちが長年教わってきたような形でないことを物語る重大な手がかりである。これからさらに4つのフライトについても解説していくが、すでに地球が球体でないということは十分に証明されていると言えるだろう！

今回、オーストラリアのシドニーから北アメリカ大陸やハワイに向かう航路について触れていないが、これらについては第18章で解説する。

この章を閉じる前に、もう1つ紹介しておきたい。160ページ図3の地図をご覧いただこう。機長のマルセロRがインタビューを受けていた動画では、10時間にわた

第14章　図3　グリーソンの新標準世界地図

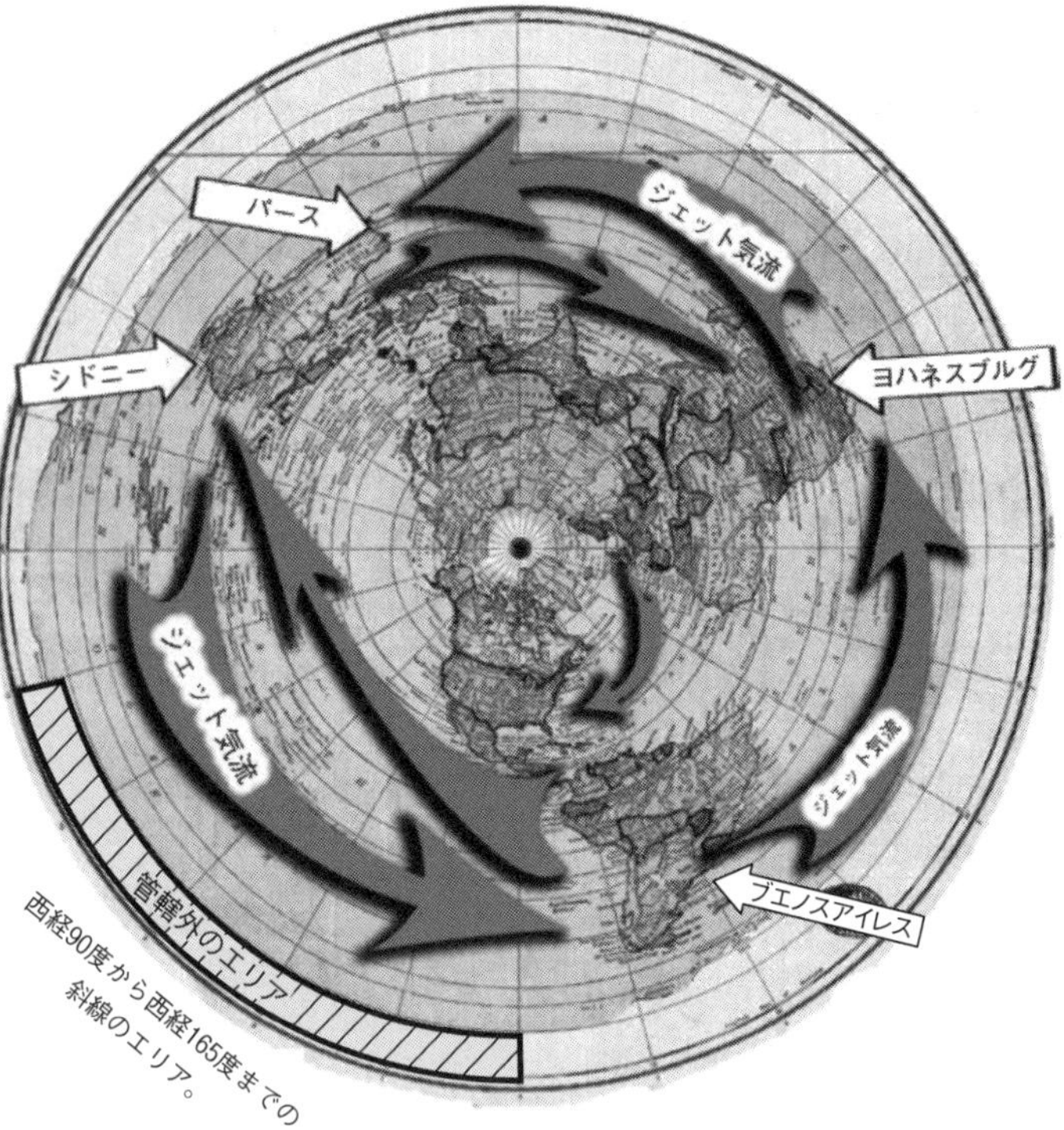

機長マルセロＲはジェット気流に乗って管轄外エリア附近を飛行していたと思われる。

って「暗闇を飛行していた」ことが語られていた。どういうことかというと、彼らは南アメリカ大陸やオセアニアの航空管制官と通信が不可能な地域を飛行していたのだ。偶然にも、この地域は図3のグリーソンの新標準世界地図に斜線で示されている管轄外のエリアに近い。斜線の地域はどの国の管轄でもない。

第15章

ケース⑭　ハワイアン航空　HA50便

ホノルル（ハワイ）―ニューヨーク（アメリカ）
緊急着陸地：サンフランシスコ（カリフォルニア）

第15章、第16章、第17章は、我々の研究にとって非常に重要な内容となるだろう。もともとは、これから扱う3つのフライトを1つの章でまとめて解説するつもりだった。これらはすべて同じ航空会社、ハワイアン航空が運行している国内線である。しかしながら、読者の皆さんの混乱を避けるため、それぞれを別の章で扱うことにしよう。

真実は見えるところにさりげなく隠されているものだ！　たとえば、国際連合の旗

第15章　図1

に描かれているシンボルはフラットアースの地図だ（図1中央）。それに、（1）世界気象機関、（2）国際民間航空機関、（3）国際海事機関、（4）世界保健機関のシンボルもすべてフラットアースの地図である。これ以上あからさまな証拠があるだろうか！

さらに探究を深め、点と点をつなぎ合わせていくことで、真実が学校で教わってきたものとは違うということを知ることができるだろう。

第15～17章で紹介する3つのフライトには、同じパターンや類似点、同じような傾向がある。これらのフライトはいずれもアメリカの同地域、アメリカ北西部の北カリフォルニア、ワシントン州に緊急着陸しているのだ。
南西行きのフライト、あるいは南西からアメリカに向かうフライトでは実に不思議なことが起きている。

まずは、ホノルルからニューヨークのジョン・F・ケネディ国際空港に向かうハワイアン航空HA50便について見ていこう。ハワイアン航空HA51／HAL51便については第17章でも取り上げるが、こちらはニューヨークからホノルルに向かう便であるので、混同しないようご注意いただきたい。

2019年1月24日、ハワイアン航空HA50便は万事順調に、ホノルルを現地時間の午後4時13分に出発した。ジョン・F・ケネディ国際空港への到着時刻は、東部標準時間で午前6時55分を予定していた。飛行時間はおよそ9時間35分で、機体はエアバスA330。253人の乗客と12人の乗務員を乗せていた。
ベテラン乗務員のエミール・グリフィスは、フライト中に体調不良を感じていた。グリフィスはハワイアン航空に30年以上勤務しており、同僚からも慕われていた。グリフィスに異変が起きたのは、離陸から3時間ほど経過したときで、機長は現地時間の午後11時頃に飛行機をサンフランシスコ国際空港へと緊急着陸させることを決めた。乗務員たちや医療関係者たちは手を尽くしたが、グリフィスは心臓発作で亡くなった。享年60であった。

この事例を調査するため、まずは航路から見ていこう。ホノルルは北緯21度30分69秒、西経157度85分83秒に位置しており、ニューヨークは北緯40度71分28秒、西経74度00分60秒に位置している。なお、サンフランシスコは北緯37度77分49秒、西経122度41分94秒だ。

この便は、北緯21度30分69秒、西経157度85分83秒のホノルルから、北緯37度77分49秒、西経122度41分94秒のサンフランシスコ国際空港へと緯度を上げ、そして、約5時間、同じ緯度を飛行し続け、最終的に40度71分28秒、西経74度00分60秒のニューヨーク、ジョン・F・ケネディ国際空港に向かうルートをとる。

しかし、妙だと思わないだろうか。なぜ南西からやってきた飛行機が、サンディエゴやロサンゼルスではなく、北西のサンフランシスコに向けて飛行し、そしておおむね同じ緯度でニューヨークに飛ぶのか？

読者の中には、救命措置のために、飛行機が北緯21度30分69秒、西経157度85分83秒のホノルルから、北緯37度77分49秒、西経122度41分94秒のサンフランシスコに直接向かったのではないかと言う人もいるかもしれない。

しかし、同様の航路をたどるこの後の章で扱う他の2つのフライトを見ても、今回が特別なケースでないとわかるだろう。ここには共通のパターンがあるのだ！　ハワイからアメリカ北東部へのフライトは、ワシントン州や北カリフォルニアの上空を飛行しているのだ。

それでは、ハワイアン航空ＨＡ50便を球体モデルとグリーソンの新標準世界地図で比較してみよう。

167ページのグリーソンの地図には、ニューヨークとハワイ間の航路が太線で示されている。この地図を見ると、なぜ機長がサンフランシスコへの緊急着陸を決断したのか理解できる。この飛行機はハワイからアメリカ北西部を通り、ニューヨークに

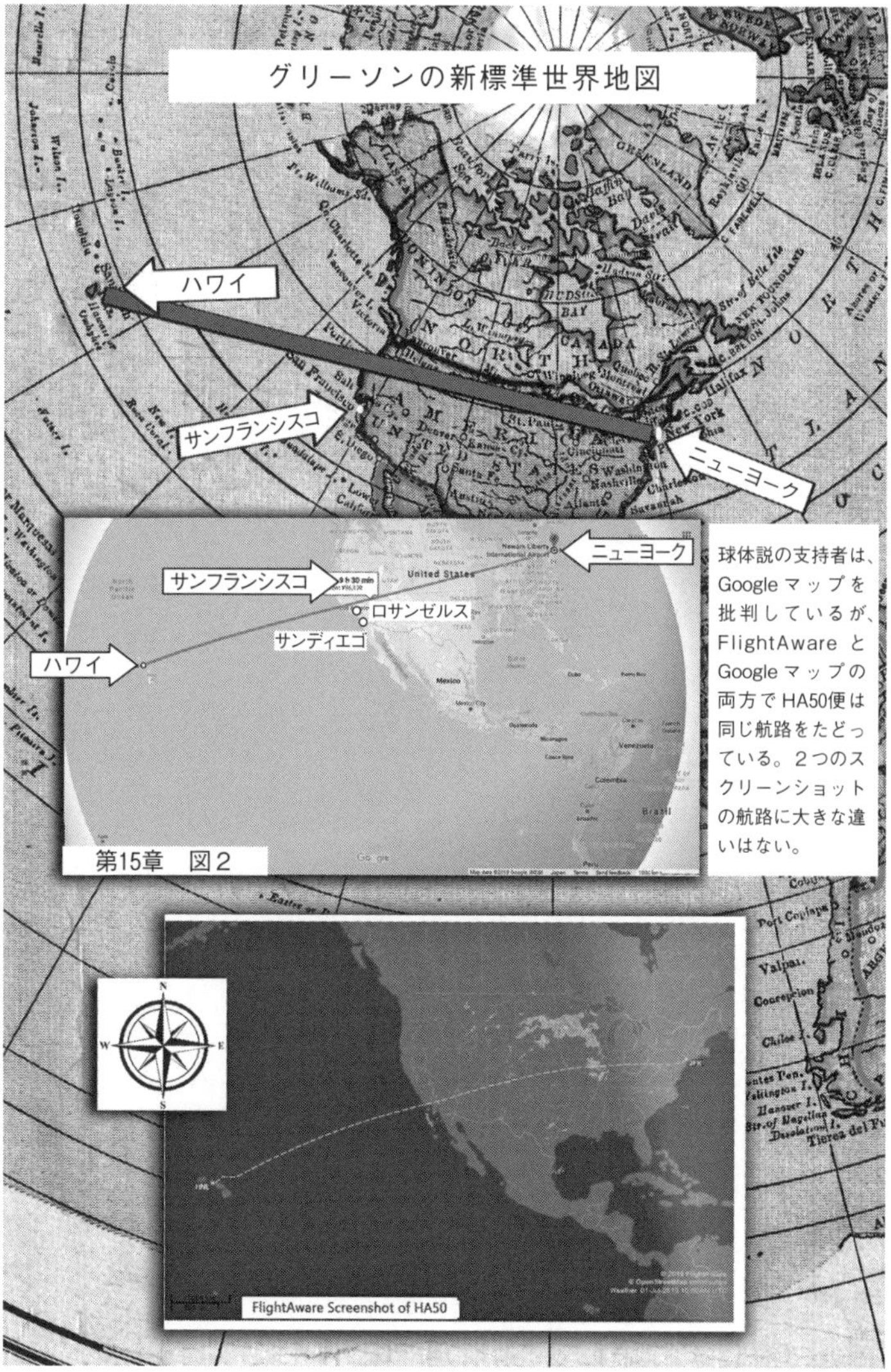
グリーソンの新標準世界地図
ハワイ
サンフランシスコ
ニューヨーク
ニューヨーク
サンフランシスコ
United States
ロサンゼルス
サンディエゴ
ハワイ
Mexico
第15章　図2
球体説の支持者は、Googleマップを批判しているが、FlightAwareとGoogleマップの両方でHA50便は同じ航路をたどっている。2つのスクリーンショットの航路に大きな違いはない。
N
W
E
S
FlightAware Screenshot of HA50

向かっていたのだ。

一方で、図2のGoogleマップでの航路を見ると、なぜサンディエゴやロサンゼルスに着陸しなかったのだろうかという疑問が出てくる。FlightAware（図2下）でも、HA50便が南カリフォルニアを飛行している航路が示される。なのに、サンフランシスコに着陸したのは、まったく意味がわからない。

では、ホノルル発－ニューヨーク着の便が「大圏コース」[※]（※132ページ参照）を飛行していたとしたらどうだろうか？

だとしても、なぜいつも北に弧を描くのだろうか？　球体上のA地点からB地点までの距離を弧で示すときに、最高点が常に北である必要はあるのか？　もし南に向かう弧であれば、何か違いはあるのだろうか？　なぜハワイ発－ニューヨーク着、あるいはニューヨーク発－ハワイ着の便は、南に弧を描く航路を取らないのだろうか？

図で説明していこう。

球体モデルのような球体の図3がある。球体モデルでのA地点からB地点への最短

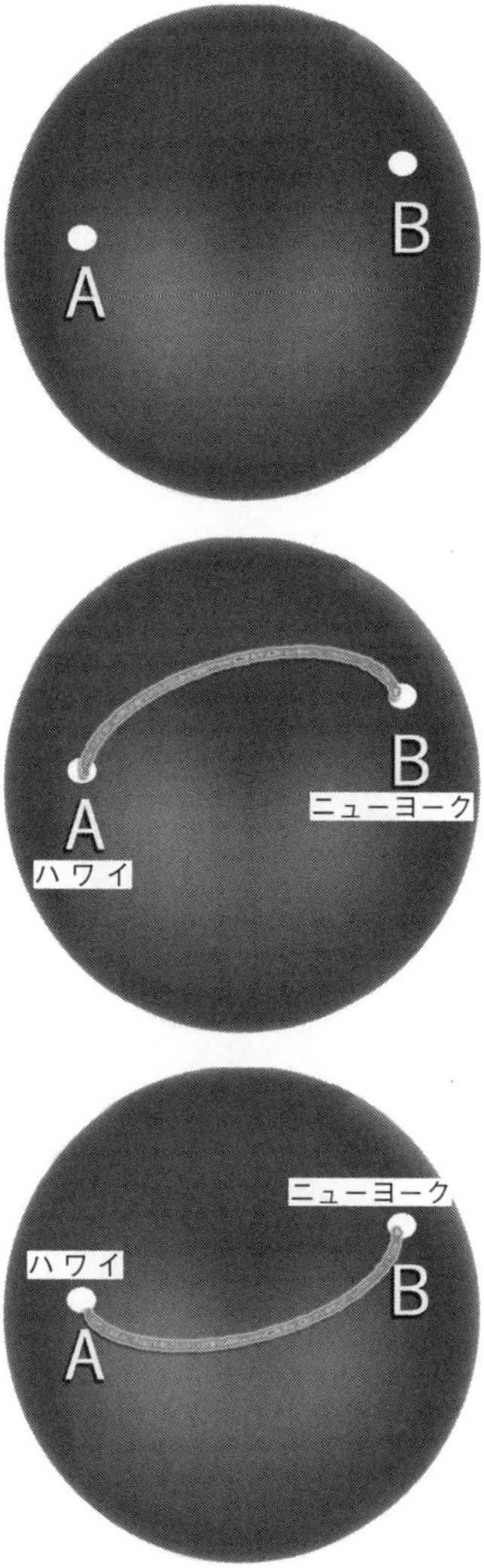

第15章　図3

距離は、大圏コース、あるいは、あたかも球体の真ん中を通っているように〝見える〟弧のルートである。この弧が北に向かおうと南に向かおうと違いはないはずだ。それによって距離や道のりが変わるものではないからだ。

では今度はA地点とB地点に名前をつけてみよう。A地点はハワイ、B地点をニューヨークとしよう。ハワイ発のこの便は、大圏コースを通る直行便と言えるのだろうか？

なぜ大圏コースはいつも北に向かって弧を描くのだろうか？　もしハワイからニューヨークへの航路が大圏コースだというなら、どうして南に弧を描かないのだろうか？　どうしてニューヨークからハワイに向かう飛行機は、南に飛行し、コロラド州、アリゾナ州、南カリフォルニアを通り、ハワイに到着するというルートにならないのか？

フライト追跡サイトで示される航路は現実的ではない。読者の皆さん、HA50便は回転している球体の南西方面からやってきたわけではないのだ。グリーソンの地図

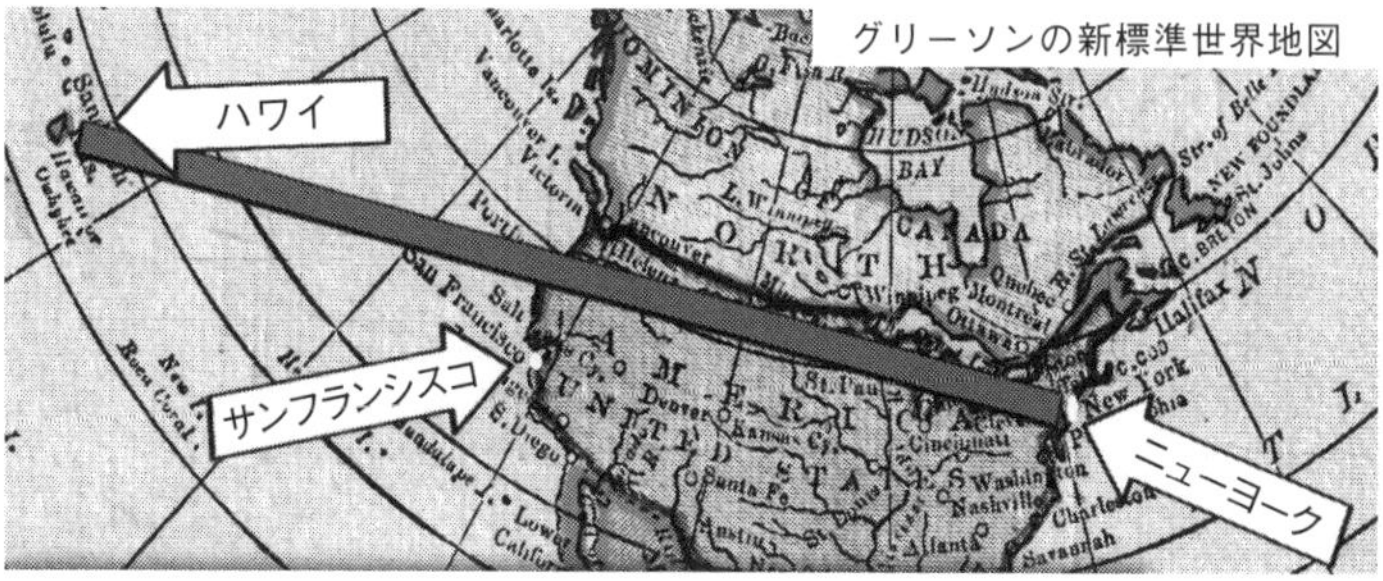

第15章　図4

（図４）を見ると明らかなように、ハワイとニューヨークを結ぶ太線こそが、このフライトの真の航路なのである。

大圏コースというものは存在しない。ハワイアン航空ＨＡ50便は、太線で示されているとおりにハワイからまっすぐ進んでいたのだ。機長がサンフランシスコ国際空港への着陸を決めた理由は、この飛行機がアメリカの北西部を飛行していたからだ。

図４はハワイアン航空ＨＡ50便の正確な航路である。ハワイからアメリカ北東部への直行便は、すべて同じ航路をたどっている。

３年以上にわたって、航路についての調査を行い、地球が平らだということを伝え続けてきたが、今でもこうした明らかな証拠を目《ま》の当たりにすると驚いてしまう。

オーストラリア発のフライトがすべてハワイの北を飛行していることに気づいたときには、初めてフラットアースについて知ったときのような気持ちにさえなった。航路はフラットアースの真実を教えてくれる。点と点をつなぐことで見えてくるのだ！

次はハワイアン航空のその他のフライトについても見ていきたい。第16章ではアメリカ北西部に緊急着陸した奇妙な事例を取り上げるが、第17章で取り上げる事例はさらに不可解である。これら3つのフライトと、関連する3つの章は非常に重要である。なぜなら、これらはすべてパズルのピースとなっていて、ピースをつなぎ合わせることでいろいろと見えてくるようになるからだ。

では、カリフォルニア州のオークランドに緊急着陸した事例を見ていこう！

第16章

ケース⑮　ハワイアン航空　HA37便

サンディエゴ（カリフォルニア）―マウイ島（ハワイ）
緊急着陸地：オークランド（カリフォルニア）

読者の皆さんは、点と点を結びつけることを楽しんでいらっしゃるだろうか？

ブラジルで過ごした幼少期、私はこの遊びを気に入っていた。裕福な家庭ではなく、おもちゃも少なかったため、自分で遊びを見つけるしかなかった。だから私は古新聞に載っている漫画やパズルを眺めたり、図Ａ（１７４ページ）のような点つなぎの遊びをしたりしていた。

点つなぎのパズルは、数字がついたすべての点をつなぐことで初めて、何が描かれているかがわかる。第15章～17章もこのパズルに似ている。

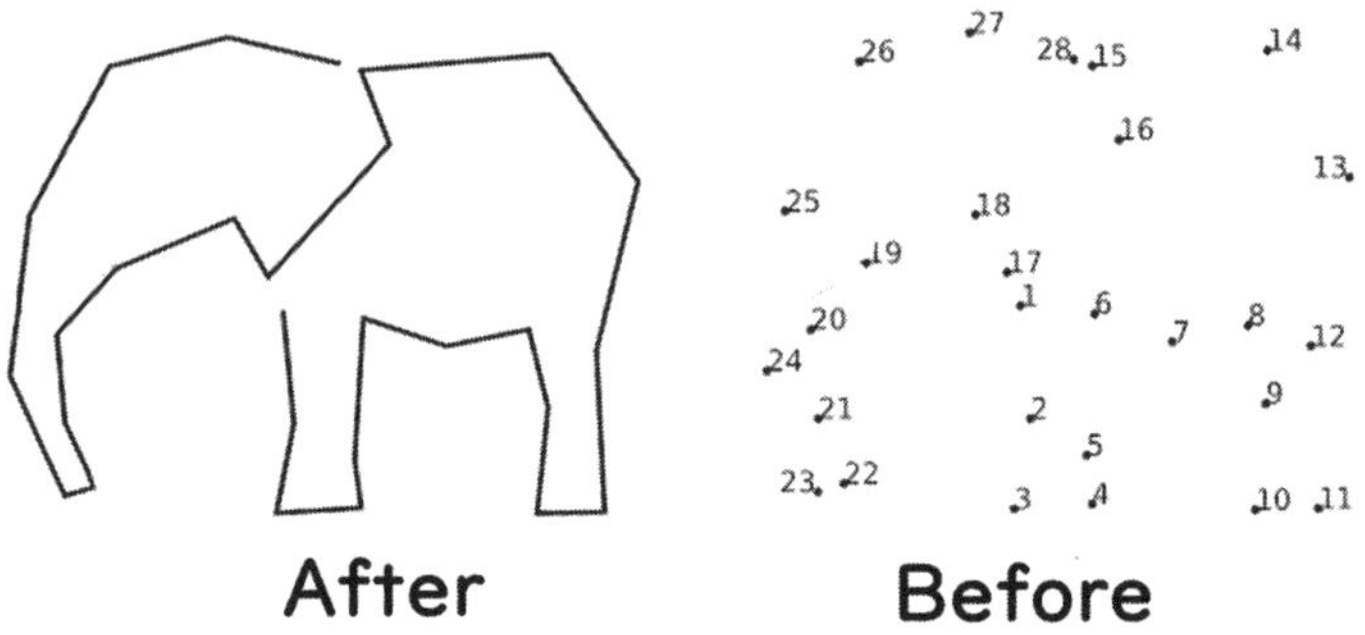

図A

第15章では、北緯21度30分69秒、西経１５７度85分83秒に位置するホノルルから出発した飛行機が、北緯37度77分49秒、西経１２２度41分94秒に位置するサンフランシスコに緊急着陸した奇妙な事例を取り上げた。

もちろん、この事例を特殊なケースと解釈することもできる。なぜなら、飛行中に乗務員が死亡したことで、ハワイアン航空がサンフランシスコに向かうよう指示した可能性も考えられるからだ。

では、カリフォルニア西部のサンディエゴからハワイに向かっていた飛行機が、カリフォルニアのオークランドに緊急着陸したとしたらどうだろうか？

これは実際に２０１８年10月23日に起きたことだ。

ハワイ（マウイ島）行きのハワイアン航空HA37便は、離陸直後に、コックピットのライトが点灯し、エアバスA321neoの2つのエンジンのうちの1つに問題が生じていることがわかった。

MercuryNews.com（サンフランシスコ・ベイエリアのカリフォルニア州サンノゼで発行されている新聞のウェブサイト）によると「同機は午前8時25分にサンディエゴを出発し、午前10時51分にカリフォルニア州のオークランドに着陸」したそうだ。

さらに、MercuryNews.com によると、オークランド国際空港に、この便が方向を変えることになったという最初の報告が入ったのが午前9時30分。つまり、空港側が通知を受けた時点では、同機はすでに1時間ほど南西のハワイに向かって太平洋上を飛行していたということになる。

カリフォルニア州のオークランドとは反対の方角に、5時間50分かけて向かおうとしていた飛行機が、なぜ北西部に引き返し、オークランド国際空港に知らせを入れてからわずか1時間21分後には着陸することができたのだろうか？　サンディエゴからオークランドまでは、サンディエゴから直接オークランドに向かったとしても1時間

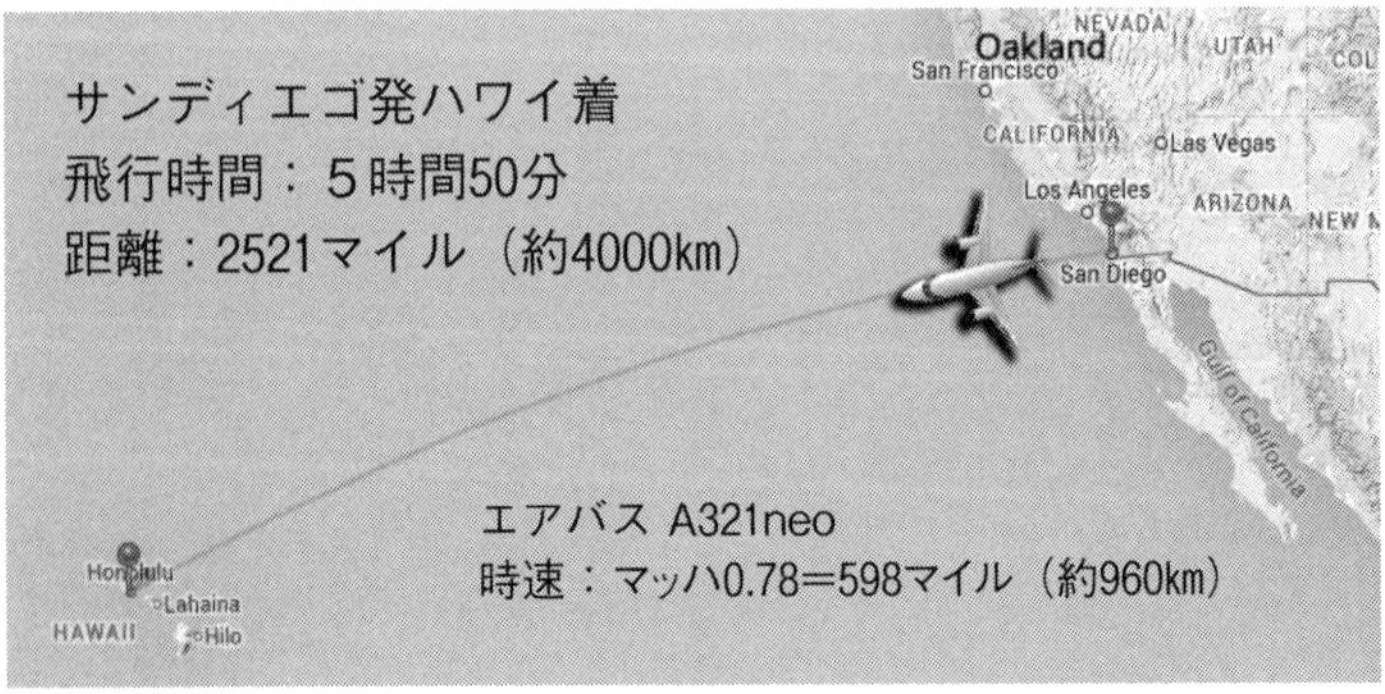

第16章　図１

30分はかかる。それなのに、反対方向に1時間かけて飛行していた飛行機が、空港に知らせを入れた1時間21分後にオークランドに着陸できたのはなぜなのだろう？　図1を見てほしい。

この図からもわかるように、本来であればハワイアン航空ＨＡ37便が、アメリカ北西部のカリフォルニア州オークランドに到着するには1時間21分以上の時間が必要なはずである。この状況下においては、機長はサンディエゴに引き返すという判断をするのが最善ではないだろうか。サンディエゴの空港こそ、最も近距離にある空港のはずである。

この緊急着陸を球体モデルで考えると、まったく意味がわからない。飛行機がすでに1時間かけてハワイに向かって太平洋を飛行していたのなら、明らかにサンディエゴのほうが緊急着陸の地として良い選択肢ではないだろうか。

しかし、もしハワイアン航空ＨＡ37便が、その方角に飛行していなかったとしたら？　もしハワイアン航空ＨＡ37便がすでに北西に向かって飛行していたとしたらどうであろうか？　それなら理解できる。

ハワイはサンディエゴの南西に位置しているわけではないのか？　では、確認してみよう。サンディエゴは北緯32度71分57秒、西経１１７度16分11秒に位置し、ハワイのホノルルは北緯21度30分69秒、西経１５７度85分83秒に位置している。

グリーソンの新標準世界地図（１７８ページ、図２上）を見るとすべては明らかだ。球体モデルの地図（図２中・下）とも比較してみてほしい。

これらの地図でハワイアン航空ＨＡ37便の航路を比較してみると、なぜカリフォルニア州のオークランドに緊急着陸することになったのか明らかになる。この飛行機はすでに１時間かけて、カリフォルニア沿岸から北西に向かって飛行していたのだ。そこで機長はオークランドの空港に知らせを入れ、右に方向転換し、オークランドに向かったのだ（１７９ページ図３）。

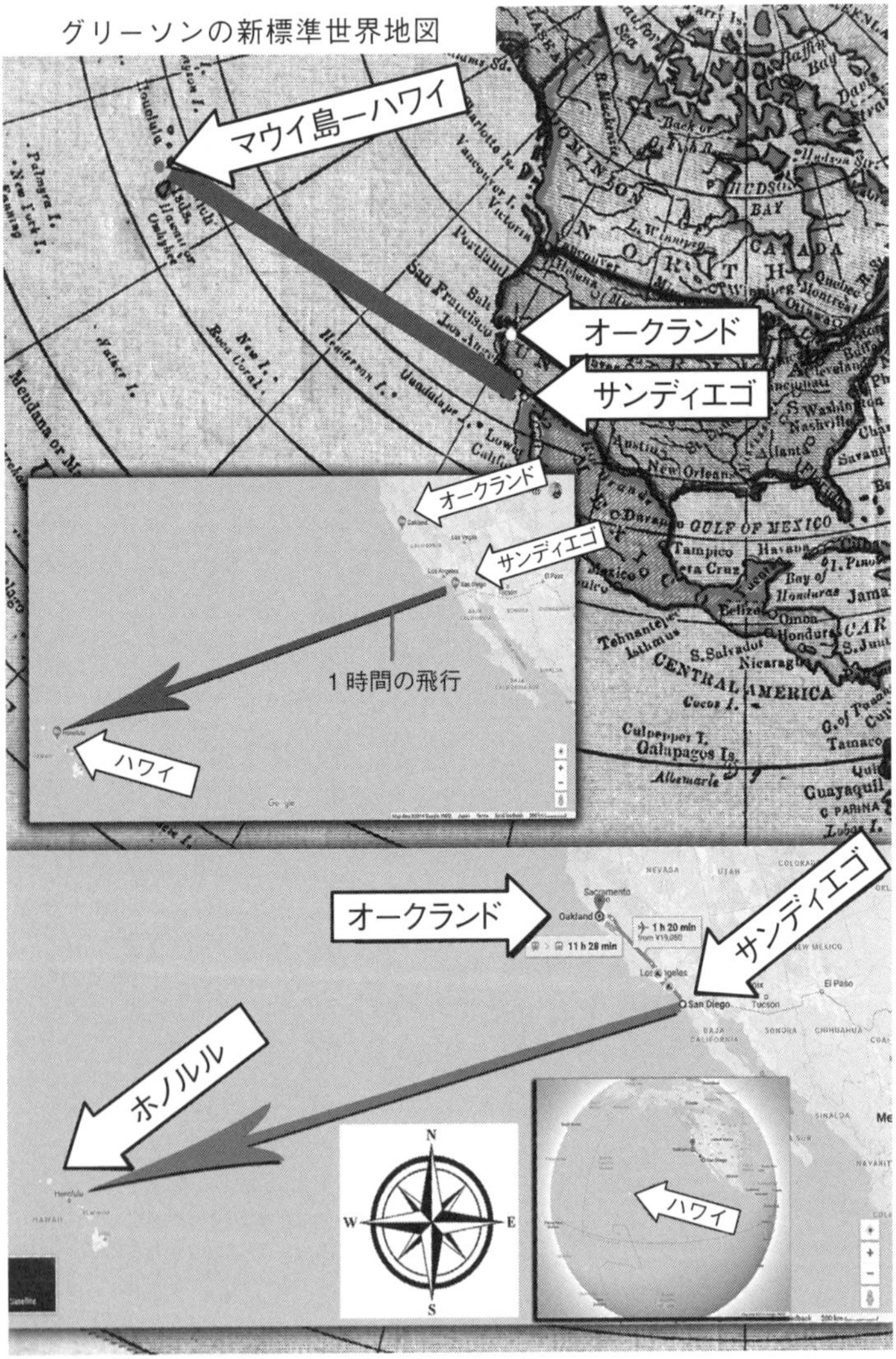
グリーソンの新標準世界地図
マウイ島ーハワイ
オークランド
サンディエゴ
オークランド
サンディエゴ
1時間の飛行
ハワイ
オークランド
サンディエゴ
ホノルル
ハワイ
N
S
W
E

第16章　図2

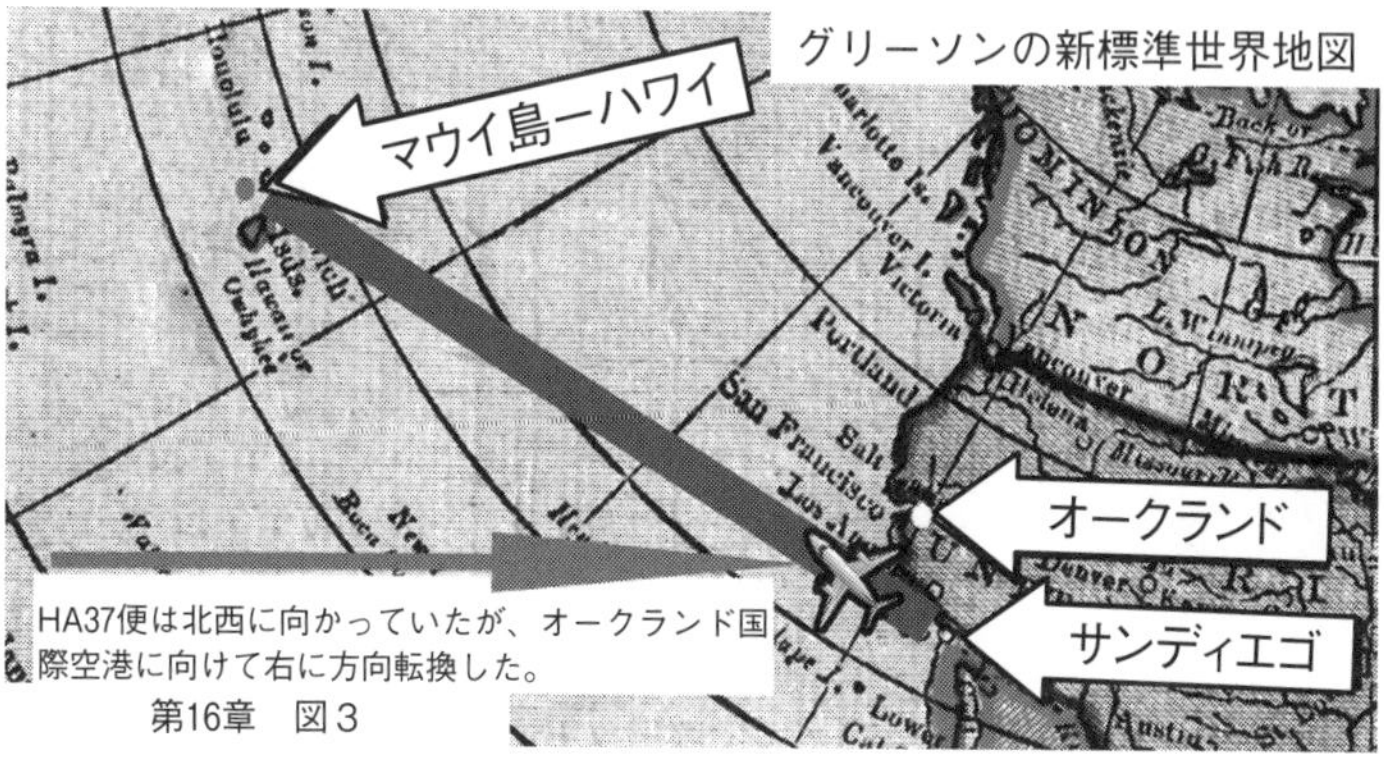

HA37便は北西に向かっていたが、オークランド国際空港に向けて右に方向転換した。
第16章　図３

第15章では、ハワイアン航空ＨＡ50便がサンフランシスコ国際空港に緊急着陸した事例を取り上げたが、この章で解説した、ハワイアン航空ＨＡ37便が着陸したオークランド国際空港とサンフランシスコ国際空港は、わずか31マイル（約５㎞）しか離れていない。

いずれの便も、グリーソンの地図に引いた線と同じルートを飛行していることがわかる。これはすなわち、地球が平らだということで、航路と緊急着陸の事例がこのことを証明しているのだ！

それでも偶然の一致だと考える読者もいるかもしれない。しかし今こそ目を開いて、単なる偶然の一致ではないことを理解するときではないだろうか。

これまで取り上げてきた15の緊急着陸の事例はすべ

て、自転する球体の地球で起きたと考えるよりも、フラットアースの地図で見たほうが理にかなっているではないか。それでも地球は、偶然にも宇宙のちょうどいい場所で自転していて、偶然に適切な化学物質が爆発し、偶然に生命体を創ったと考えるのだろうか？

皆さん、偶然なんてものは、この世にはないのだ！　我々は嘘をつかれてきたのだ。今こそ目を開き、地動説の洗脳を解き、我らがフラットアースを受け入れるときなのだ！

第17章

ケース⑯ ハワイアン航空 HA51/HAL51便

ニューヨーク（アメリカ）―ホノルル（ハワイ）
緊急着陸地：シアトル（アメリカ）

時折、球体説を支持する人々から、フライト追跡サイトやアプリのリンク、これらサイト画面のスクリーンショット画像を受け取ることがある。彼らは、デジタル画面上の画像だけを根拠に、地球が丸いということを主張してくるのだ。

人間が簡単に操作できてしまうコンピュータースクリーン上の画像に、彼らがどれほどの信頼を置いているのかと考えると、人はいかに洗脳されやすいかがわかるし、驚きさえ覚える。球体説を支持する人々は、気づいていないかもしれないが、フライト追跡サイトや、飛行計画のソフトウェアやアプリケーション、飛行機の座席に設置されているスクリーンに映し出される映像は、すべて同一の機関からデータを取得している。それがＮＡＳＡだ！　１つ例を挙げると、AirNavのリアルタイム航空機追跡システムは、ＮＡＳＡと提携している。

図１で見るように、こうしたフライト追跡サイトの裏で糸を引いている機関（ＮＡＳＡ）があり、フラットアースの地図のデータを、球体の投影法に変換して提供している。データ変換は珍しいことではなく、さまざまなプラットフォーム上で行われているのだ！

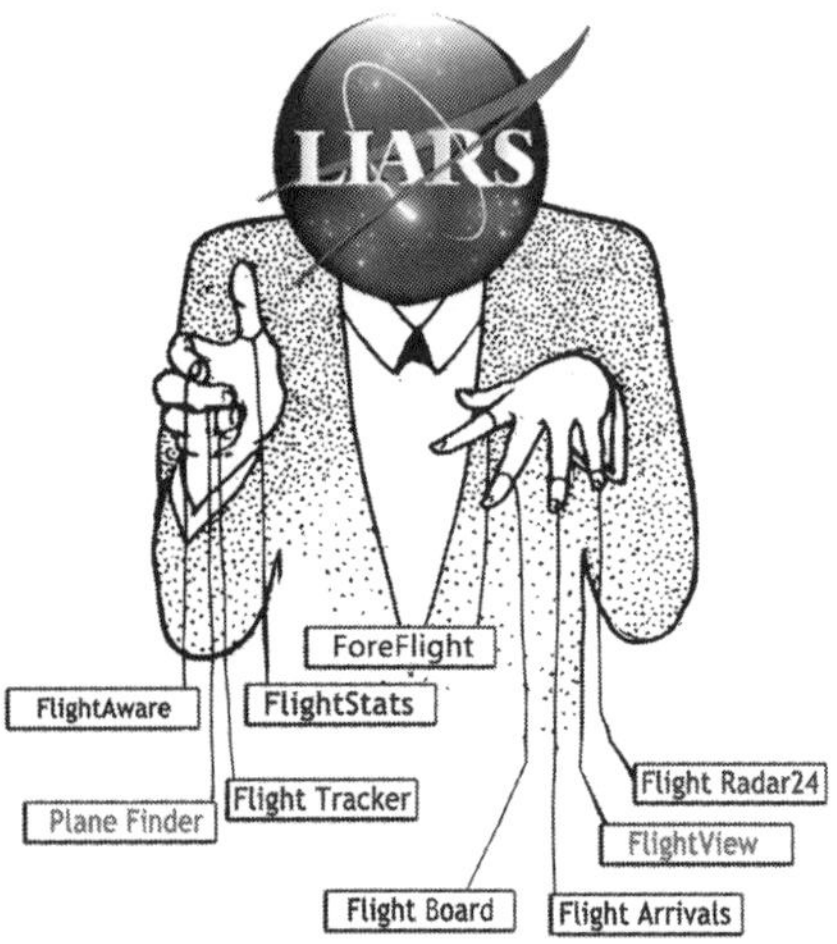

図1　ある機関がコンピューター上に表示されるフライトデータを操っている。

この章ではフライト追跡サイトについても取り上げる。なぜなら、これから紹介するフライトは、緊急着陸する際に取った航路があまりにも異常だし、不可解だからだ。このフライトは、リアルタイムで追跡されており、サイトを見ていた人たちはスクリーンショットを撮り、球体説を支持するミック・ウェストが運営するディスカッショングループに投稿した。

FlightRadar24によると、ハワイアン航空HA51／HAL51便は、ユタ州のソルトレイクシティの南を飛行していたが、突如、航路を北西に変えて、シアトルに緊急着陸した。先にも述べたが、このフライトはリアルタイムで追跡されており、球体モデルやGoogleマップに従った航路が示されていた。そんな中、突然、飛行機が90度の角度で右に方向転換し、緊急着陸のためにシアトルへと向かったのだ。そんなことがありうるのだろうか？

フライトの詳細は以下のとおりである。ハワイアン航空HA51／HAL51便、エアバスA330－243、モード5コードA479B2、シリアルナンバー1310、使用年数5年、対地速度437ノット（時速約810㎞）、真対気速度474ノット（時速約880㎞）、指示対気速度271ノット（時速約500㎞）、巡航速度マッハ0・812（時速約1000㎞）、FIR／UIRソルトレイクシティ、レーダーT

－ＫＳＬＣ3、北緯42度52分08秒、西経１１４度22分24秒。このデータは２０１７年6月5日のものである。

第15章では、ハワイアン航空ＨＡ50便がアメリカ北西部のサンフランシスコ国際空港に緊急着陸した事例、第16章ではハワイアン航空ＨＡ37便が、アメリカ北西部のサンフランシスコ国際空港からわずか31マイル（約５㎞）北東に位置するカリフォルニア州のオークランド国際空港に緊急着陸した事例を見てきたが、こうした事例を考えると、この飛行機がシアトルに着陸したことも何ら不思議ではない。最も高い可能性として、飛行機はサイト上に表示されていたような場所にいなかったことが考えられる。

このフライトに関する情報は少なく、なぜ緊急着陸するために、ユタ州の南部からシアトルに向かったのかは不明である。しかしながら、１８５ページの2つの地図の航路を比較すると見えてくることがある。

グリーソンの新標準世界地図を見ると、ハワイアン航空ＨＡ51／ＨＡＬ51便の航路

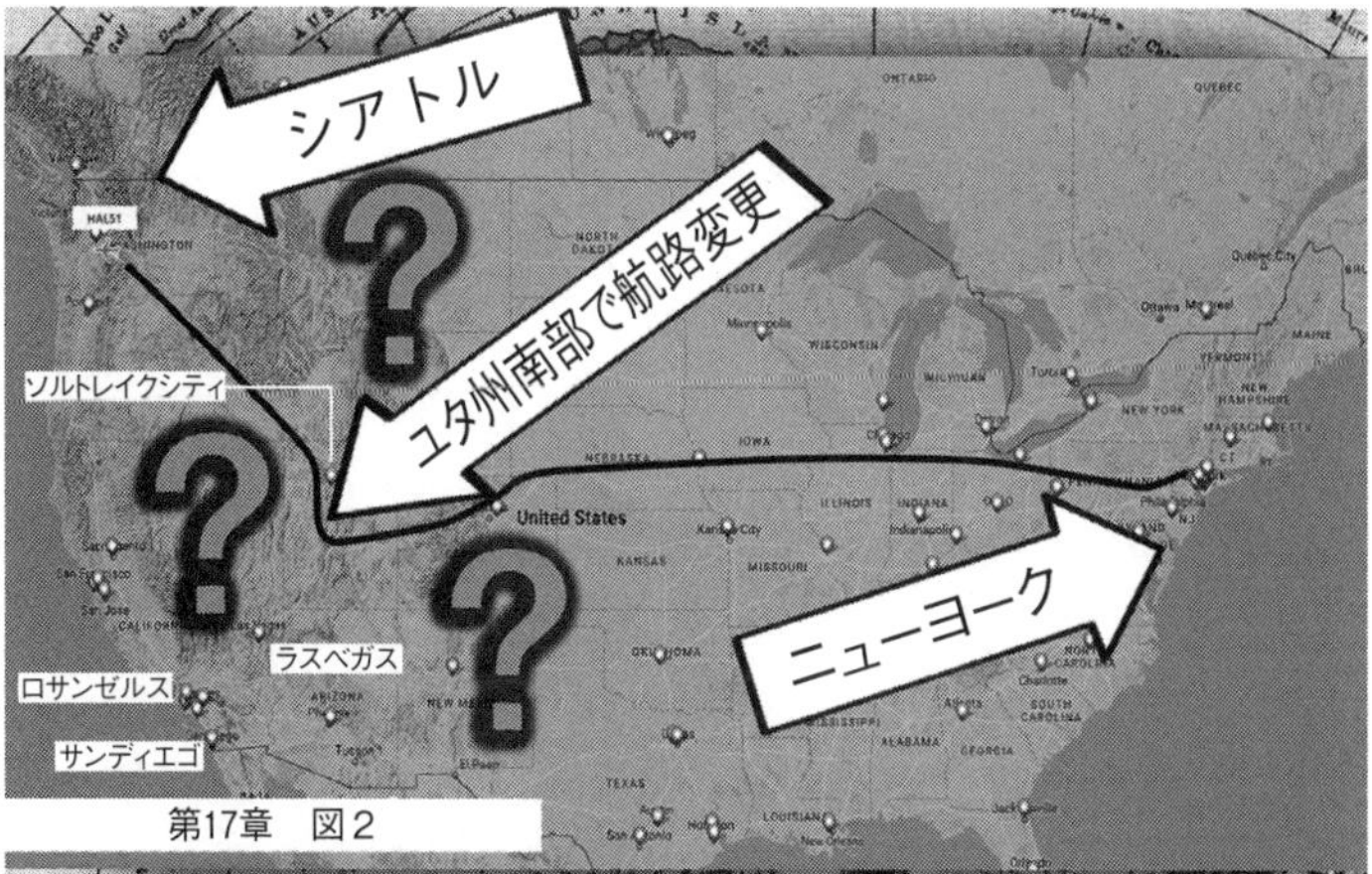

第17章　図2

グリーソンの新標準世界地図

発ー着	マイル	キロ	海里
シアトル(SEA)ーソルトレイクシティ(SLC)	689	1108	598

（距離）

図3

は、ニューヨークのジョン・F・ケネディ国際空港からホノルル国際空港まで一直線となっており、航路の途中にシアトルがある。すなわち、シアトルの緊急着陸は、球体モデル（185ページ図2）で見るとまったく意味不明だが、グリーソンの地図で見ると理にかなっているのだ。

球体モデルの航路だと、飛行機が突如方向転換し、北西のシアトルに向かったことになっていて、疑問が残るばかりだ。ユタ州の南部を飛行していたのなら、なぜソルトレイクシティ国際空港に着陸しないのだろうか？　ラスベガスという選択肢はなかったのだろうか？　なぜ、ロサンゼルスやサンディエゴまで進み続けなかったのだろうか？

アメリカ北東部から南西のハワイに向かう飛行機が常にアメリカの北西部に着陸しているのは、サンディエゴやロサンゼルスだと都合の悪い理由があるからだろうか？　ハワイからアメリカに向かう飛行機も同じようにアメリカ北西部に緊急着陸することになるのだろうか？

図3はシアトルとソルトレイクシティ間の距離である。もう一度確認していただきたいのだが、図2（185ページ）のスクリーンショットを見ると、ハワイアン航空HA51／HAL51便は、ソルトレイクシティからさらに200マイル（約320km）南を飛行している。

アメリカ北西部に緊急着陸するハワイアン航空のフライトは増えている。実際、他にも複数の例があるのだ！　ここ数年、ハワイアン航空は何度か緊急着陸する事態に陥っており、メディアでも取り上げられているし、インターネット上でもハワイアン航空がここ最近直面した緊急着陸ついての記事を見つけることができる。

では、さらにHA51／HAL51便を球体モデルのGoogleマップと、グリーソンの地図とで比較してみよう（188ページ）。2つを並べてみて、どちらのほうが合理的か見てほしい。自転する球体の地球なのか、それとも天動説に基づく静止したフラットアースだろうか？

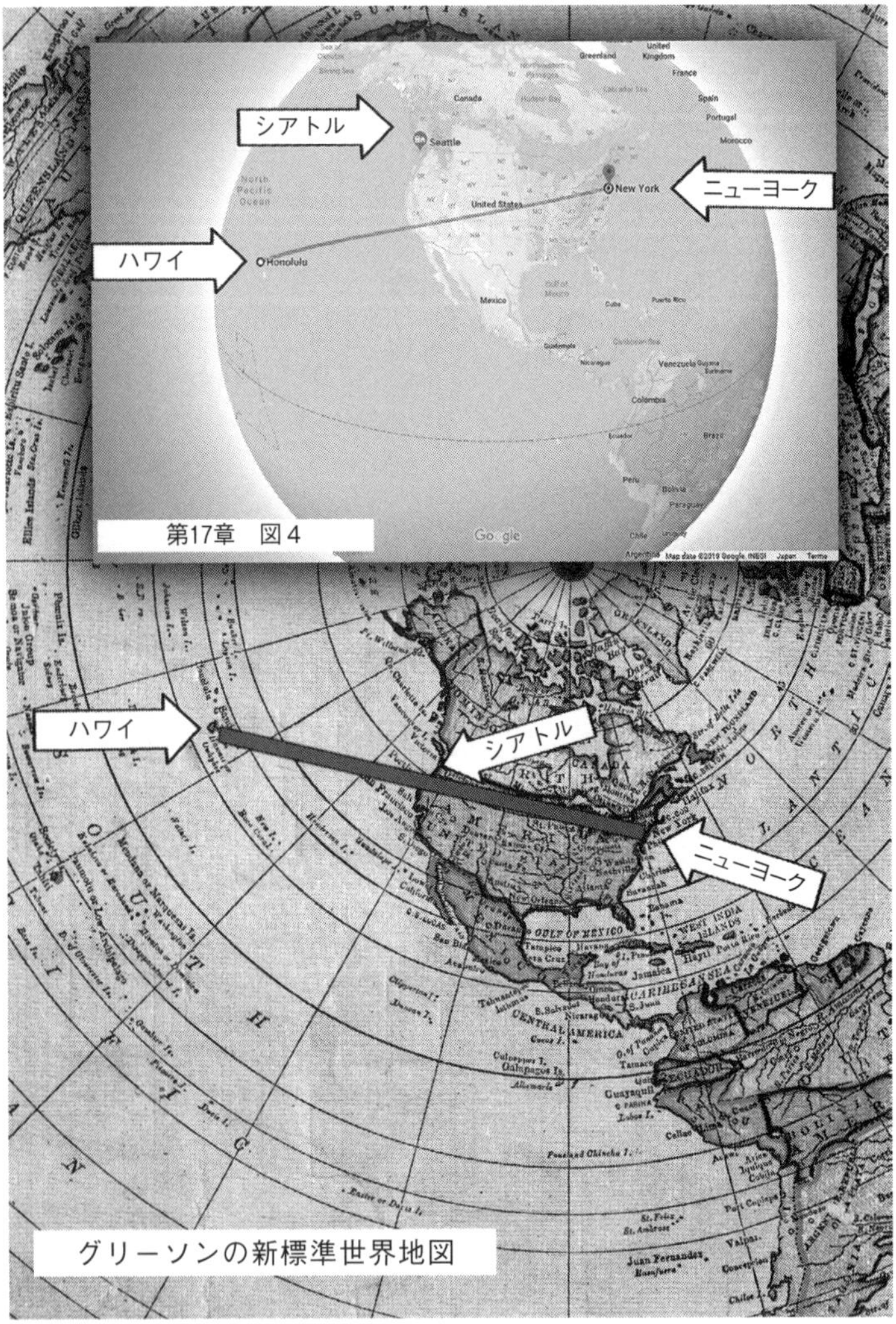

第17章　図4

グリーソンの新標準世界地図

図4のGoogleマップと185ページ図2のFlightRadar24の航路に大きな違いはない。どちらも、ニューヨークのジョン・F・ケネディ国際空港とハワイのホノルル空港を結ぶ航路は同じようにユタ州、ネバダ州南、カリフォルニア州南の上空を行き来している。ところが緊急着陸となると、飛行機が着陸する場所は、球体モデルで示されているルートと一致しなくなるのだ。

グリーソンの地図では、ハワイのホノルル空港からニューヨークのジョン・F・ケネディ国際空港まで一直線の航路が示されている。第15章、第16章、第17章で取り上げた3つの緊急着陸は、どれも同じようにアメリカ北西部に着陸しており、フラットアースの地図と一致する。それゆえ、このような結論が導き出される。

◎3つの緊急着陸の事例（第15章のハワイアン航空HA50便、第16章のハワイアン航空HA37便、第17章のハワイアン航空HA51／HAL51便）は、自転する球体モデルの航路ではなく、グリーソンの地図に示した航路と一致している。

◎3つの緊急着陸はいずれも、グリーソンの地図に示されている航路上で起きた。

◎3つの緊急着陸の事例は、飛行機がアメリカ北西部を飛行していた証拠であり、3回連続して起きた〝偶然の一致〟ではない。

◎3つの緊急着陸の事例は、フライト追跡サイト、飛行機の座席スクリーンに表示される画像、フライト追跡アプリが、球体の地球を元にシミュレーションをしていて、実際の平らで自転していない地球でシミュレーションを行っていないことを示している。

◎3つの緊急着陸の事例はすべて、私たちが以前から疑問に思っていたことを明るみにしてくれた。公的な機関は地球の本当の形を隠しているのだ。

それでは3つのフライトの航路をグリーソンの地図で比較してみよう（191ページ）。読者の皆さんも、ハワイからアメリカの北東部（ニューヨーク、ボストンなど）に向かう、あるいはアメリカ西海岸や北東部からハワイに向かうこれら3つのフライ

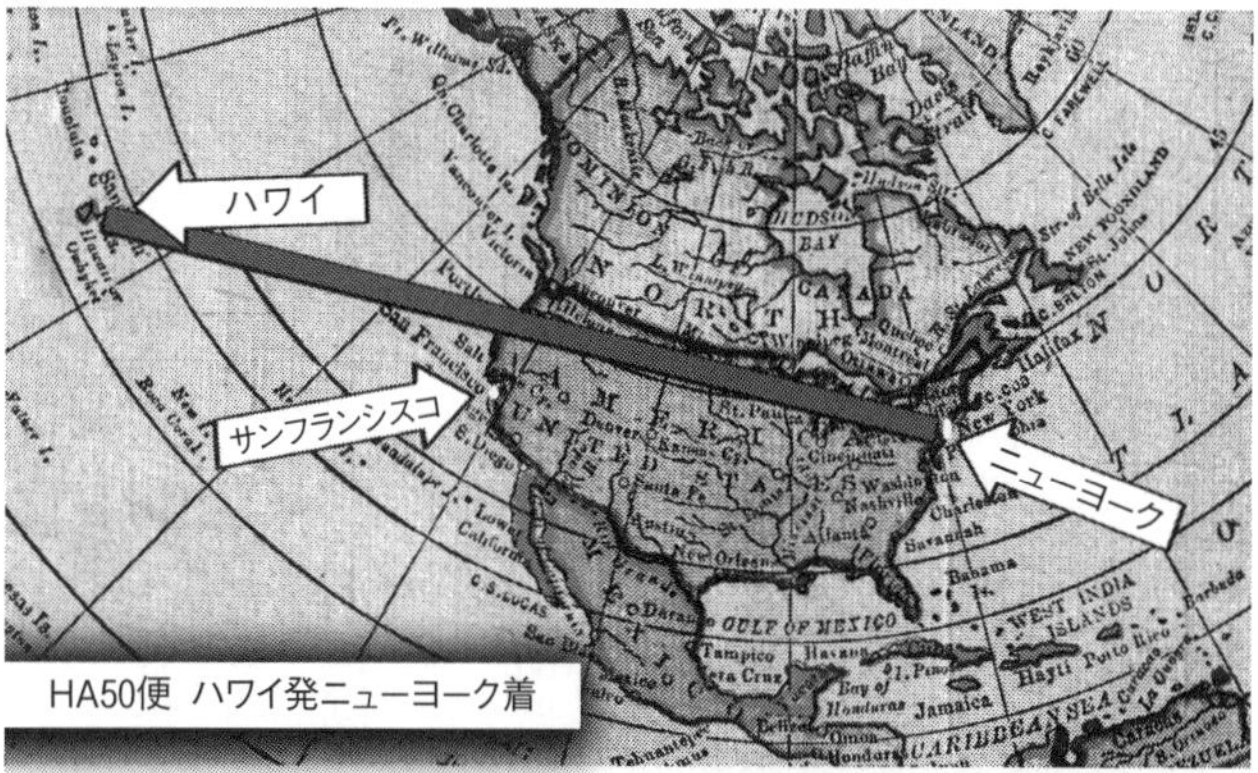

HA50便 ハワイ発ニューヨーク着

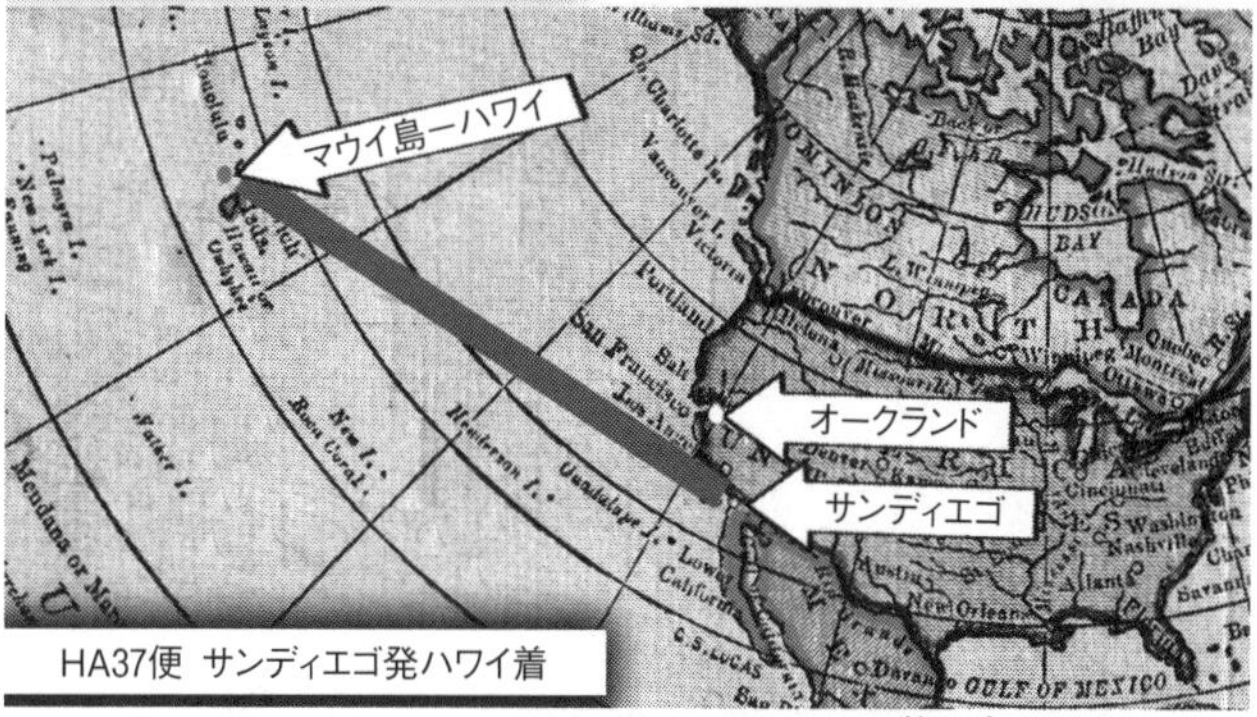

HA37便 サンディエゴ発ハワイ着

第17章　図5

HAL51/HA51便 ニューヨーク発ハワイ着

トが、直線のルートをまっすぐ飛行しているだけという結論に行き着くだろう。

こうしたフライトはアメリカの北西部の上空を飛行し、サンフランシスコ、オークランド、シアトルに緊急着陸していることがフラットアースの地図で航路を見ると、よくわかる。すべては偶然ではない。フラットアースの地図のほうが理にかなっているし、フラットアースの地図こそ正しいのだ！


なぜＨＡ50便は、北緯21度30分69秒、西経１５７度85分83秒のホノルルから北緯37度77分49秒、西経１２２度41分94秒のサンフランシスコへと急上昇したのか？　そのまま飛行すれば、緯度を上げずにサンディエゴやロサンゼルスへとたどり着いたはずなのに。球体モデルではまったく理解できない。

南西のハワイに向かって太平洋を1時間かけて飛行していたＨＡ37便が、オークランド空港に連絡を入れてから、わずか1時間21分後に、サンフランシスコから31マイル（約５㎞）北東に位置するオークランドに着陸したことも、ＨＡ51／ＨＡＬ51便がユタ州の南から約７００マイル（約１１００㎞）離れたアメリカ北西部まで飛行し、シアトルに緊急着陸したことも、まったく意味がわからない。

しかしながら、これら3つの緊急着陸の事例をフラットアースの地図と照らし合わせると、その理由が完全に理解できるのだ！

第16章では、ゾウの点つなぎパズルを紹介したが、点と点を結びつけないことには全体像が見えてこないこともある。フライト追跡サイトは信頼できるとは言えない。なぜなら、こうしたサイトはNASAの触手の延長にすぎないからだ。真実の航路はフラットアースの地図に示されており、フライト追跡サイトは絶対に本当の航路を示そうとはしない。そして、地球が自転する球体であるかのようなシミュレーションを表示しているのだ。

今や読者の皆さんは、我々が回転している球体の上で暮らしているのではないことを理解したと思う。何もないところに何かが衝突して、あらゆるものが誕生したわけではないのだ。我々が暮らしているのは、静止した平らな平面で、すべてが意図して創られ存在しているのだ。

目が覚めたならば……平らな地球にようこそ！

Section 3

フラットアースを
証明する
さまざまな航路

第18章

エア・カナダ AC33便

バンクーバー（カナダ）―シドニー（オーストラリア）
緊急着陸地：ホノルル（ハワイ）

第2章から第17章にわたり、地球が平らであることを証明する16の緊急着陸の事例をご紹介してきた。

《本書で取り上げた緊急着陸の事例》
①アメリカのアラスカ州に緊急着陸したチャイナエアラインCI008便
②イギリスのマンチェスターに緊急着陸したルフトハンザドイツ航空LH543便
③アメリカのアラスカ州に緊急着陸したキャセイパシフィック航空CX884便

④ロシアのモスクワに緊急着陸したカタール航空ＱＲ７２５便
⑤ロシアのシベリアに緊急着陸したエールフランス航空ＡＦ１１６便
⑥ロシアのモスクワに緊急着陸したエミレーツ航空ＥＫ２２５便
⑦ロシアのモスクワに緊急着陸したパキスタン国際航空ＰＫ７８５便
⑧ロシアのクラスノヤルスクに緊急着陸したルフトハンザドイツ航空ＬＨ７２７便
⑨カナダのカルガリーに緊急着陸したアメリカン航空ＡＡ２６３便
⑩ロシアのアナディルに緊急着陸した大韓航空ＫＥ38便
⑪カナダのイカルイトに緊急着陸したスイスインターナショナルエアラインズＬＸ０４０便
⑫カリフォルニア州のサンフランシスコに緊急着陸したチャイナエアラインＣＩ００６便
⑬オーストラリアのパースに緊急着陸したカンタス航空ＱＦ64便
⑭カリフォルニア州のサンフランシスコに緊急着陸したハワイアン航空ＨＡ50便
⑮カリフォルニア州のオークランドに緊急着陸したハワイアン航空ＨＡ37便
⑯ワシントン州のシアトルに緊急着陸したハワイアン航空ＨＡ51／ＨＡＬ51便

第18章　図１

これらの飛行機は、もし地球が本当に球体だとしたら、ありえない航路を飛行していたのだ！

たとえば、あなたが東京からサンフランシスコに向かっているとする。目の前の座席スクリーンには、飛行機が太平洋を横断し、ハワイ上空を飛行している様子が映し出されている。すると突然、機長からのアナウンスにより、「緊急事態のためアラスカに着陸します」と告げられる。おそらくあなたは混乱するだろう！　そうなのだ、本書で紹介したフライトのほとんどの乗客たちも同じような経験をしたのだ。

証言：90年代に私は2度、南カリフォルニアから沖縄へと渡った。当時、私が困惑したのは、燃料補給のためにアラスカで乗り継ぎをしなければいけないということだった。行きだけではなく、帰りもそうだった。フラットアースの地図で見ると、この理由もよく理解できる。

エア・カナダAC33便をここで取り上げようと思ったのは、私が以前に自分のYouTubeチャンネルで、パイロットらと議論した内容について改めて振り返ってみたいからである。本章ではエア・カナダAC33便を17番目の事例として紹介するのではなく、異なった形で解説してみようと思う。

私は自分のチャンネルで、あるパイロット（フラットアース支持者）がブリスベンからニューヨークへの飛行計画を話しているインタビュー動画を公開した。彼が使用したソフトウェアは、アラスカ上空を飛行する航路を示していた。

元のインタビュー動画（フラットアース支持のYouTubeチャンネル『Paul On The Plane』が公開）は長かったため、私は航路に関する話をピックアップして編集し、ノイズを除去し、パイロットがブリスベンからニューヨークまでの飛行経路について語っている内容だけを動画にまとめた。この動画は現在も公開中で、タイトルは

『Pilot Interview: Brisbane to New York Flight Over Alaska（パイロットのインタビュー：アラスカ上空を飛行してブリスベンからニューヨークへ）』である。

この動画内でインタビューされているパイロットは、実際は飛行インストラクターだったようだ。その後、私はこの話の続きを追ってはいない。というのも、『Wolfie6020』（球体説を支持するパイロットによるYouTubeチャンネル）の動画に興味が移ってしまったためである。

はっきりとさせておきたいのだが、私は『Wolfie6020』個人に対して敵意があるわけではない。彼は真っ当な人物だと思うし、私と同じ2人の娘を持つ父親である。私たちの議論は地球の形についてであり、私は地球が平らで静止していると考えている一方で、彼は地球が球体で、時速1000マイル（約1600㎞）で自転し、太陽の周りを時速6万7000マイル（約10万8000㎞）で公転していると信じている。

2019年7月11日、バンクーバーからシドニーに向かう飛行機が激しい乱気流に突入し、乗客が座席から投げ出され、荷物棚に頭を打ちつけるといった事態が発生した。30名以上の乗客が大けがを負い、機長は飛行機をホノルルに緊急着陸させること

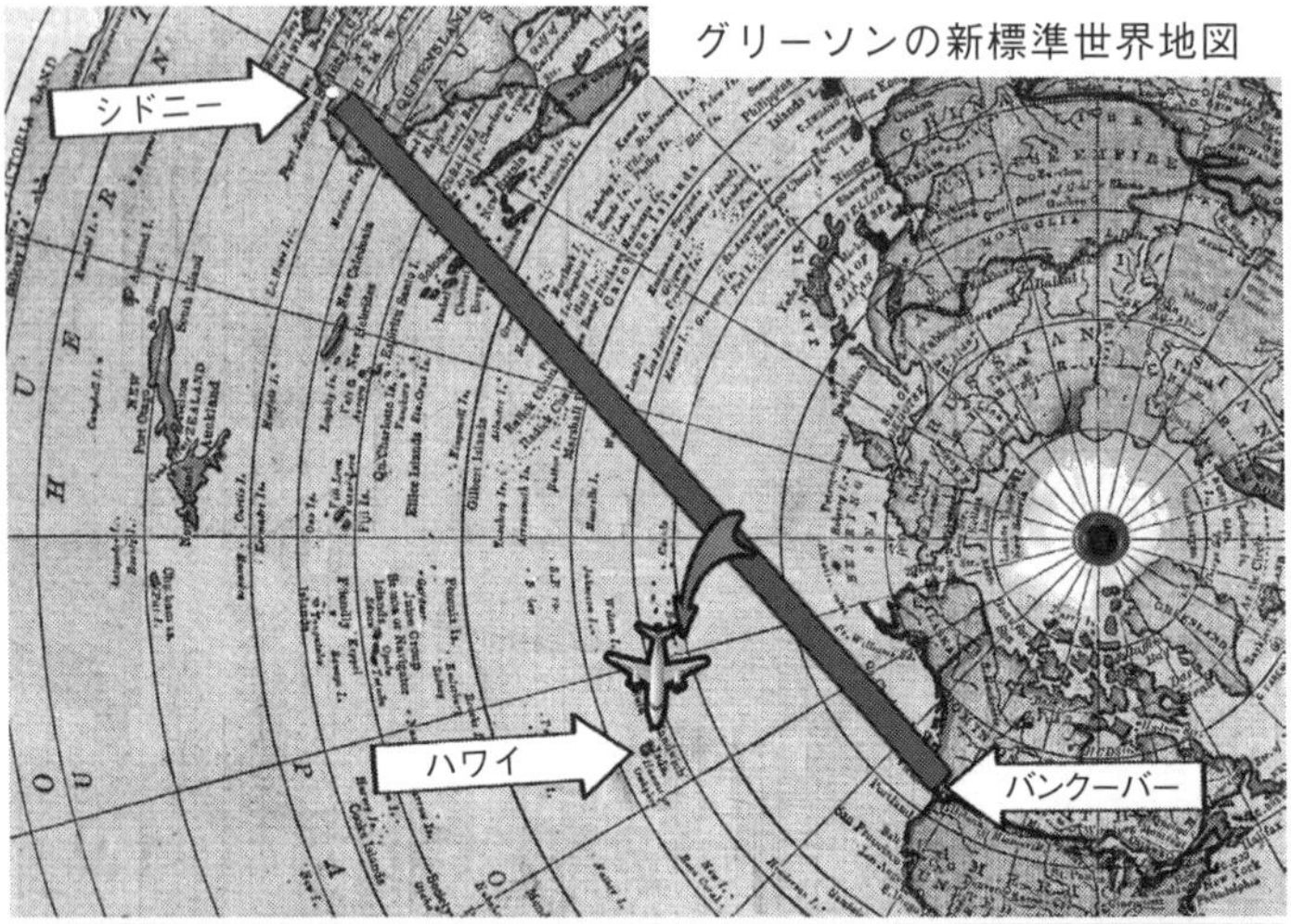
グリーソンの新標準世界地図
シドニー
ハワイ
バンクーバー

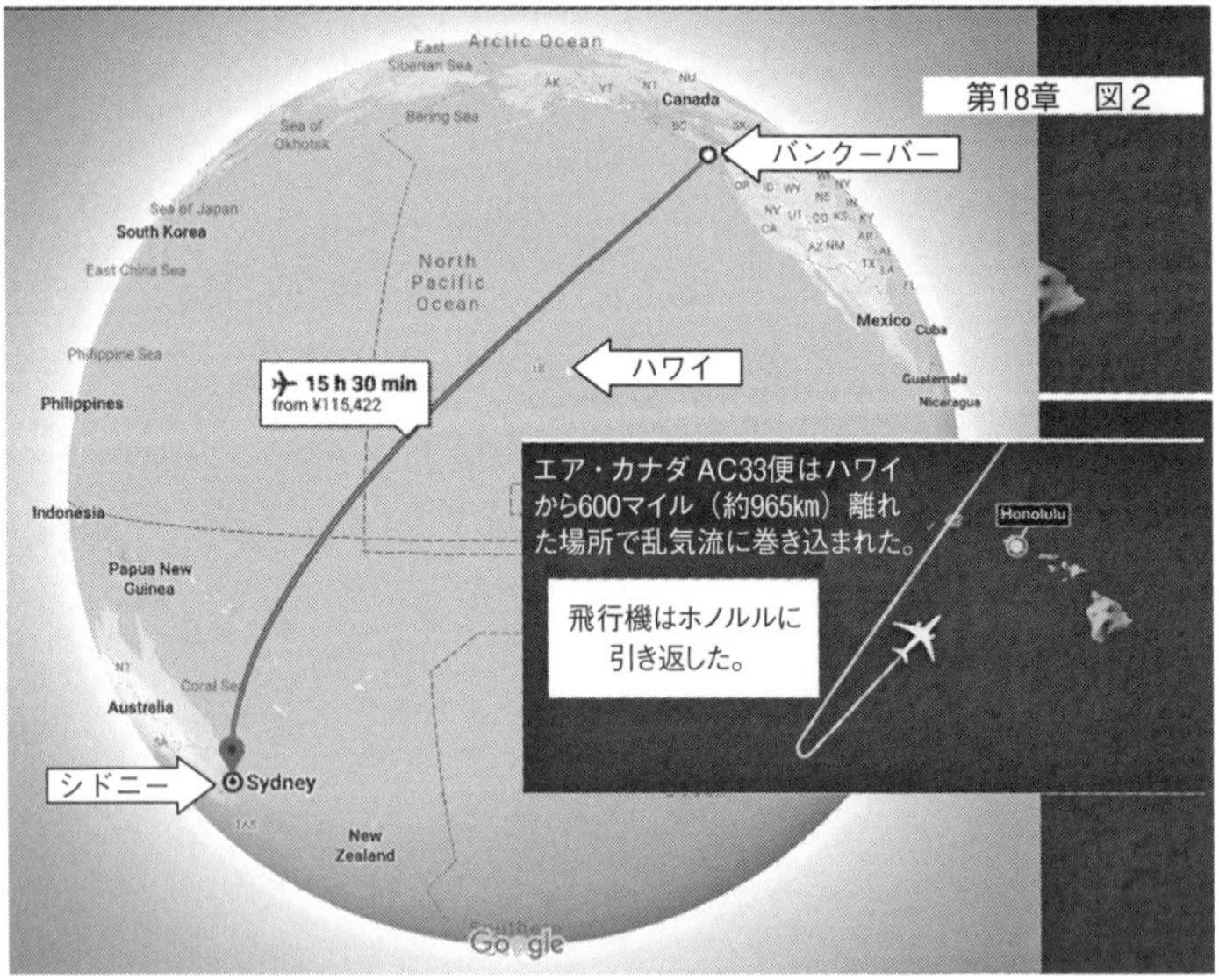
第18章　図2
バンクーバー
ハワイ
シドニー
15 h 30 min
from ¥115,422
エア・カナダAC33便はハワイから600マイル（約965km）離れた場所で乱気流に巻き込まれた。
飛行機はホノルルに引き返した。
Honolulu

にした。

エア・カナダＡＣ33便の機種は、ボーイング７７７－２００ＬＲ／Ｆ。この出来事は、高度３万６０００フィート（約11㎞）、ホノルルの南西６００マイル（約９６５㎞）の場所で発生した。何名かの乗客が携帯電話を使って動画を撮影していたが、機内は血まみれで、事態の深刻さを物語っていた。飛行機が着陸すると37名の乗客はすぐに病院に運ばれた。

まずは、エア・カナダＡＣ33便の航路を、グリーソンの新標準世界地図と球体モデルとで比較してみよう（２０２ページ）。どちらの経路もハワイの北を通り、ホノルルに引き返していて大きな違いはない。

グリーソンの地図では、バンクーバー発－シドニー着のエア・カナダＡＣ33便の航路が太い直線で示されている。ハワイから６００マイル（約９６５㎞）過ぎたところで、パイロットは引き返し、緊急着陸のためにホノルルに向かっている。

球体モデルの画像だと、エア・カナダＡＣ33便は直線的に飛行しているが、飛行機の自動操縦により地球の曲率に合わせ機体の先を下に向けているため、下にカーブを

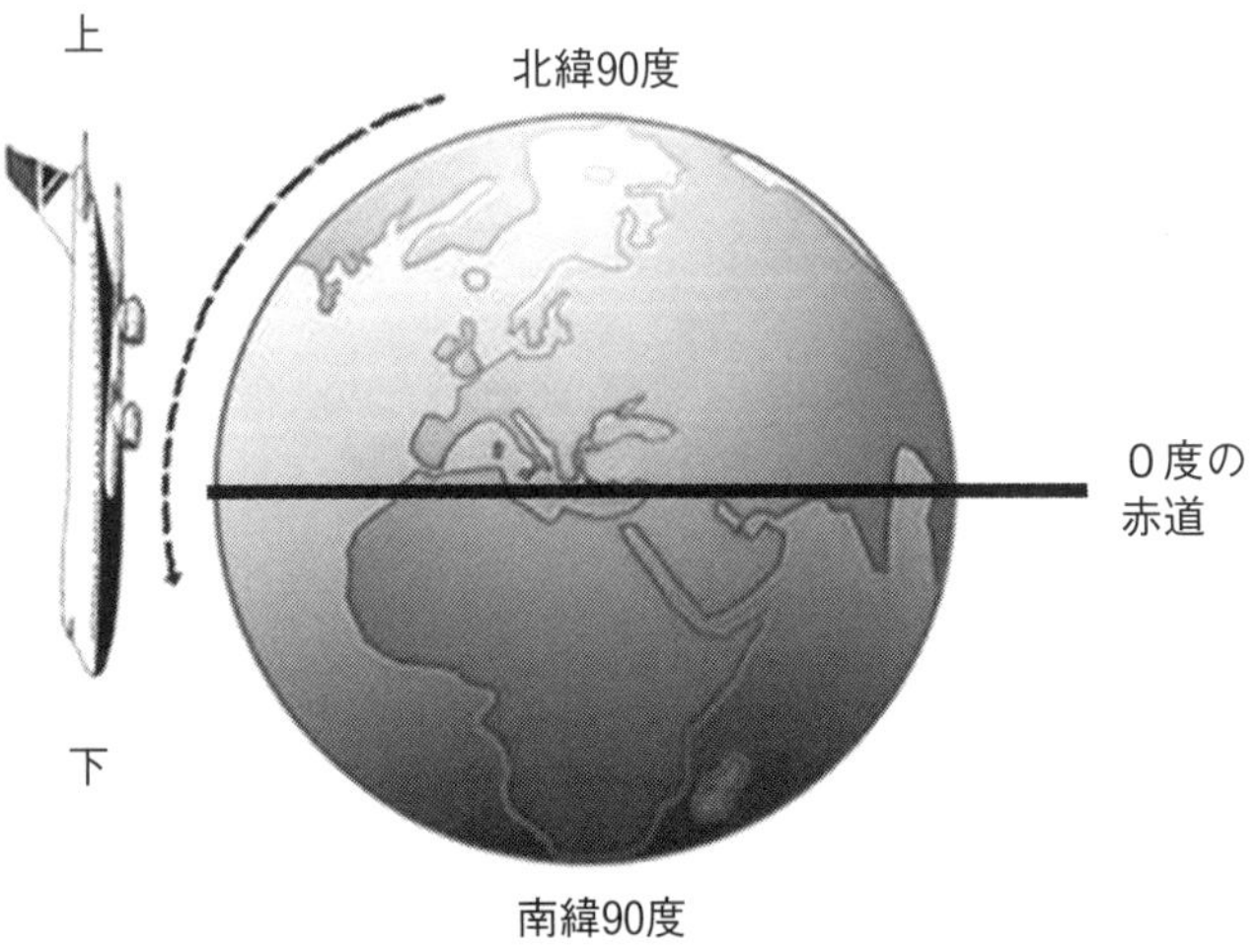

第18章　図3

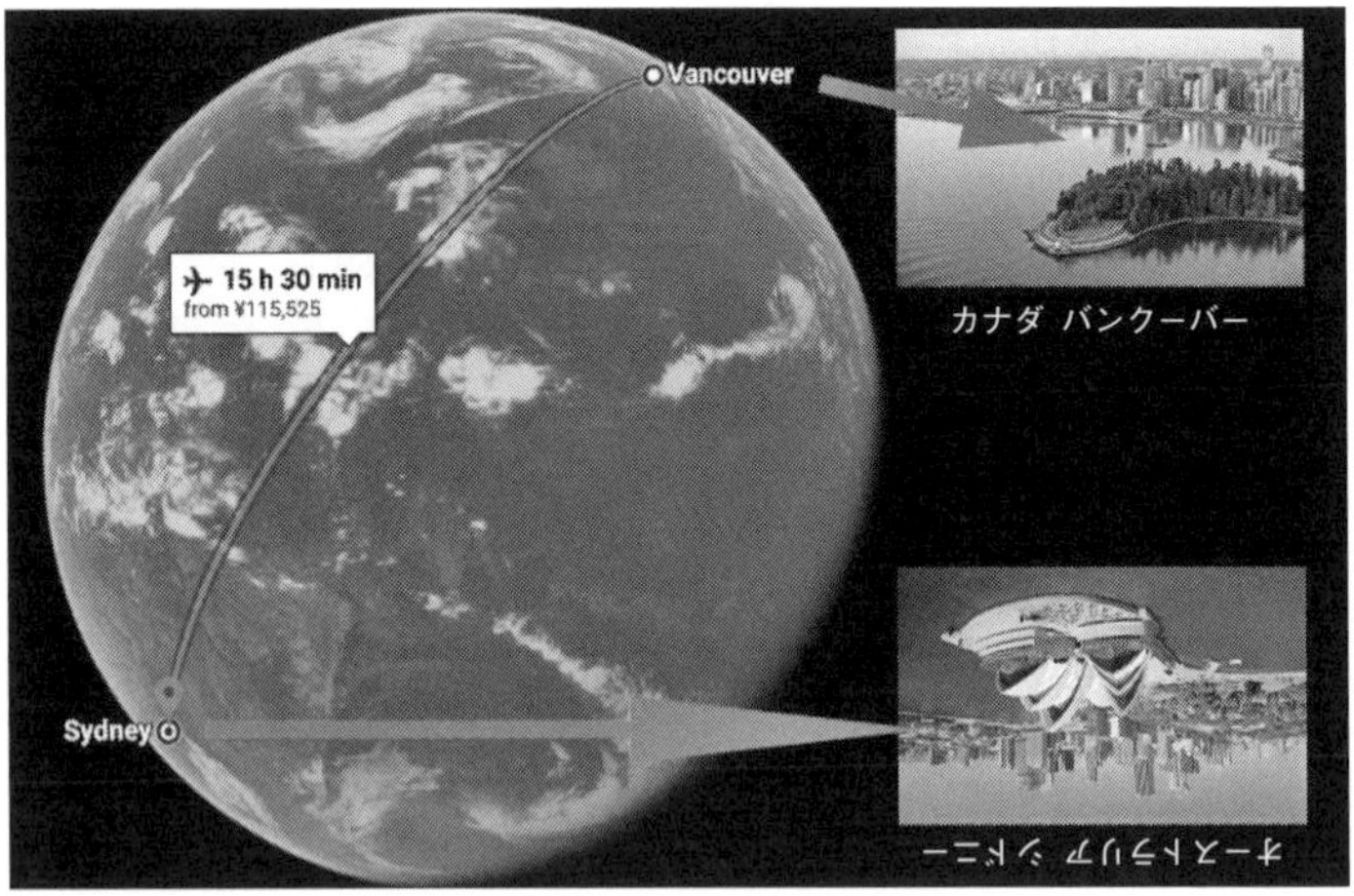

第18章　図4

描いている。

図3は、シドニーに向かって赤道を通過するこのフライトを表している。球体説だと、この飛行機は地球の湾曲に沿って機体の先端を下に向け、南のシドニーに向かって上下逆さに飛行し、見事に奇跡のような着陸をしていることになる。

これをもっとわかりやすく説明している図4も見てほしい。バンクーバーから見るとシドニーは逆さになっている。

もう一度202ページに戻って、エア・カナダAC33便の航路をフラットアースの地図と球体モデルとで見てみよう。グリーソンの地図でもGoogleマップでも、この飛行機はハワイの北を飛行し、左に方向転換し、緊急着陸するためにホノルルに戻っているのがわかる。

このGoogleマップ（図2）上のバンクーバーからシドニーまでのルートは、ほぼ直線的に飛行しているように見える。しかし、球体説支持者たちが主張する、球体での最短航路が直線ではなく弧を描く大圏コースなのであれば、この航路のどこが大圏

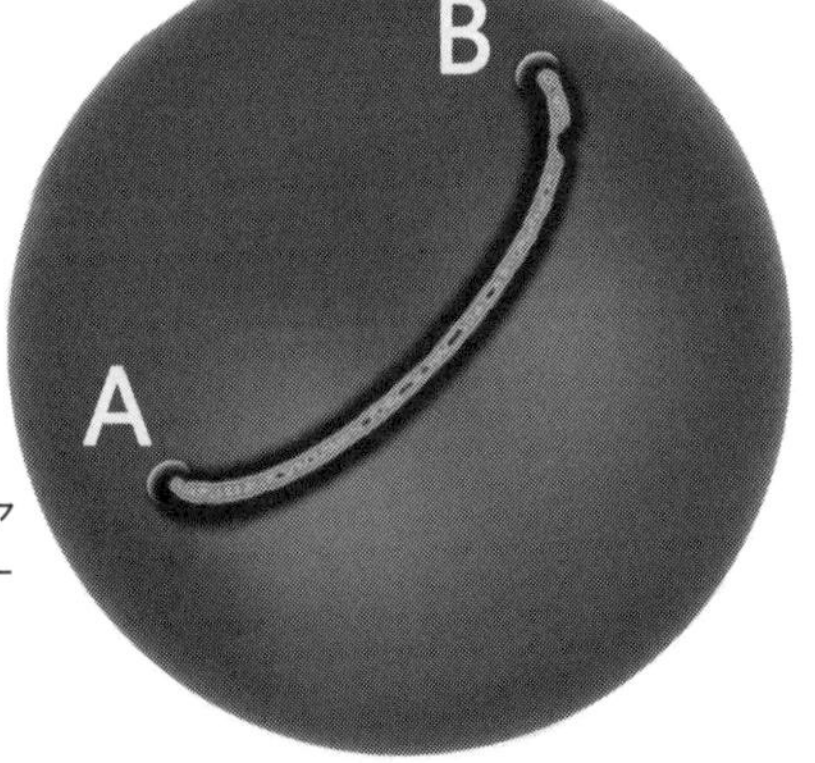

第18章　図５　地球が球体で大圏コースが最短距離と言うならば、なぜ南に弧を描くルートはないのか？

コースだというのか？　どうして大圏コースだったり、それ以外のルートだったりするのだろうか？（大圏コースについては第20章でも詳しく解説したい）

また、球体説を信じる人は、こんなことも言っている。「アジアから北アメリカ大陸に向かう航路は北に弧を描く。なぜならパイロットは緊急着陸に備えて、陸地の近くを飛行する必要があるからだ」。ではなぜ、バンクーバー発のエア・カナダＡＣ33便は、太平洋上空をまっすぐ進むのだろうか？　カリフォルニアの海岸線を南下し、サンディエゴまで行ってからオーストラリアに向かわないのだろうか？

もし球体上のA地点からB地点までの最短距離が大圏コースであり、緊急事態に備えて、飛行機が陸の近くや沿岸近くを飛行しなければならないのであれば、なぜエア・カナダAC33便はそうしないのか？　なぜカナダからオーストラリアに向かうその他のフライトも同様のルートを飛行しているのか？　なぜ北アメリカ大陸からオーストラリアへのフライトはすべてハワイの北を飛行するのか？（図5）

答えはシンプルである。地球は平らで、北アメリカ大陸からオーストラリアに向かう際に、ハワイの南を飛行するなど、ありえない話だからだ！

エア・カナダAC33便が、カリフォルニアの沿岸からオーストラリアに向かって飛行することはない。なぜなら、エア・カナダAC33便は球体の地球を飛行していないからだ。だから、このフライトは太平洋を飛行するときに南にカーブすることも北に弧を描くこともないのだ。飛行機はバンクーバーから出発し、海の上を進んでいるだけなのだ。なぜならフラットアースの地図を見ればわかるように、それが唯一の航路だからだ。

北アメリカ大陸とオーストラリアを結ぶ航路のパターン

第15章、第16章、第17章ではハワイアン航空の事例を取り上げたが、ここでも一定のパターンが見られた。図6のグリーソンの地図では、オーストラリアから北アメリカ大陸に向かう航路を示すため、シドニーと北アメリカ大陸の都市を線で結んでいる。確認してみてほしい。

このように、オーストラリア・シドニー発の航路はどれも同じパターンで飛行している。北西方面から北アメリカ大陸へと、〝上から下に〟向かって飛んでいるのだ。同じパターンが、その他の北アメリカ大陸発着のハワイアン航空の便でも確認できる。これらの便がすべてアメリカ北西部を飛行していることは、サンフランシスコ、オークランド、シアトルへの緊急着陸の事例からも立証されている。

フライト追跡ソフトウェアや、座席のスクリーンには、飛行機が球体の地球を飛行している映像が映し出されるが、実際は平らな地球を飛行している。

ブリスベン発－バンクーバー着の座席スクリーンの画面（210ページ図7）では、

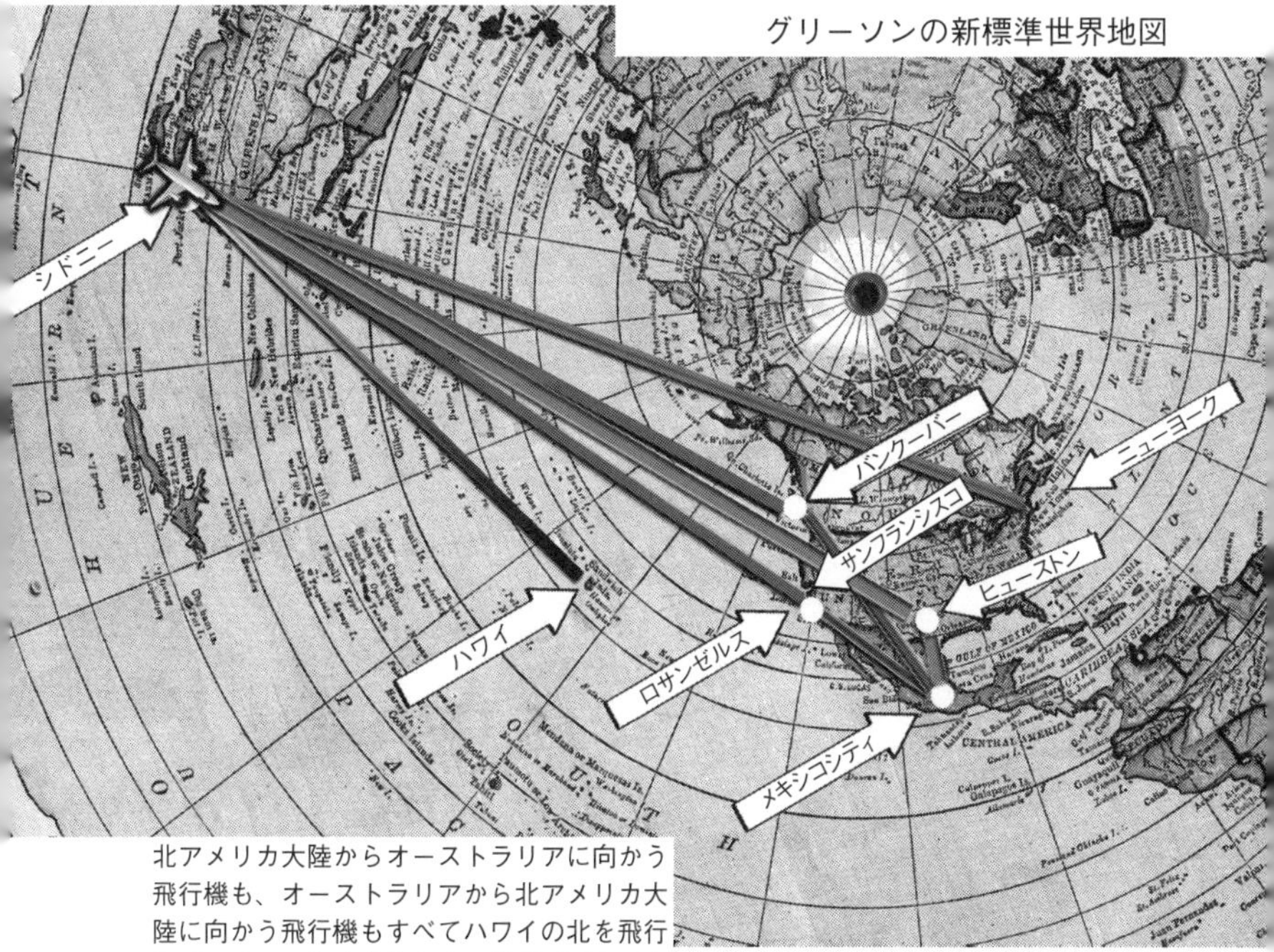

北アメリカ大陸からオーストラリアに向かう飛行機も、オーストラリアから北アメリカ大陸に向かう飛行機もすべてハワイの北を飛行している。これはすなわち、地球が平らであるという証拠だ！

第18章　図6

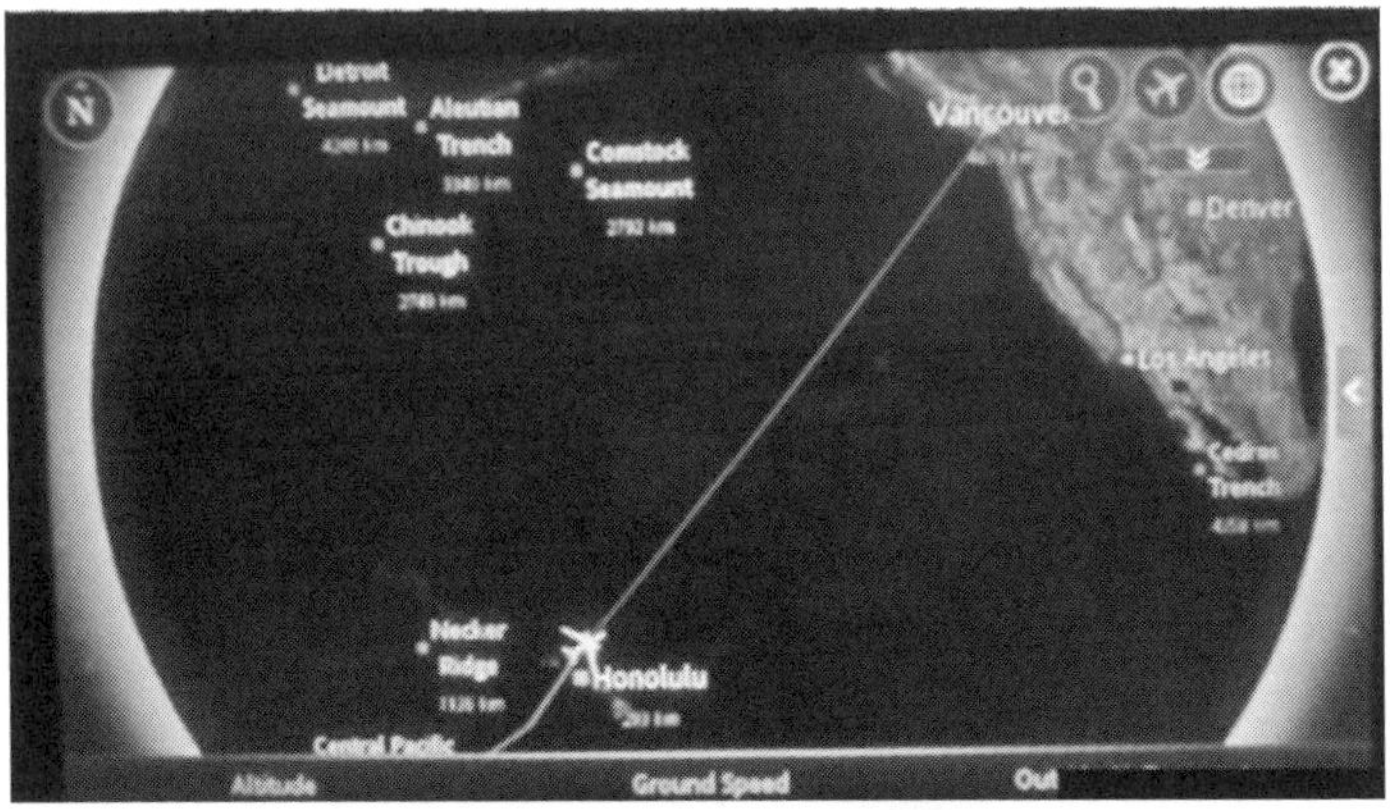

第18章　図7　ブリスベンからバンクーバーへ向かう機内での座席スクリーンの映像。

第18章　図8　球体モデルのビーチボール。

第18章　図9

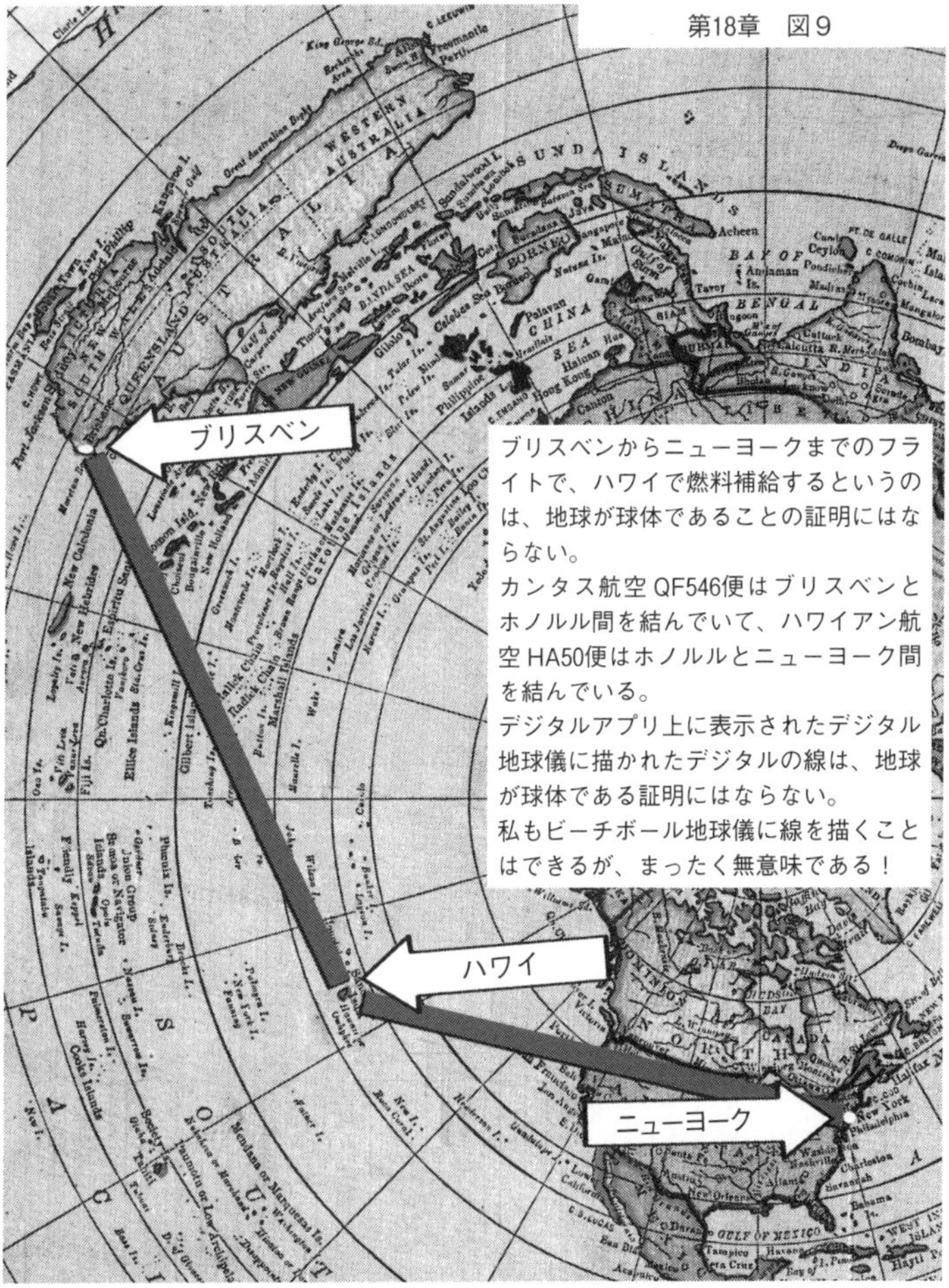
ブリスベン
ハワイ
ニューヨーク
ブリスベンからニューヨークまでのフライトで、ハワイで燃料補給するというのは、地球が球体であることの証明にはならない。
カンタス航空QF546便はブリスベンとホノルル間を結んでいて、ハワイアン航空HA50便はホノルルとニューヨーク間を結んでいる。
デジタルアプリ上に表示されたデジタル地球儀に描かれたデジタルの線は、地球が球体である証明にはならない。
私もビーチボール地球儀に線を描くことはできるが、まったく無意味である！

ハワイでの燃料補給は自転する球体の地球の証明にはならない。むしろ、自転しない平らな地球を証明している！

飛行経路は「S」に近い形を描いており、オーストラリアから北アメリカ大陸に向かってハワイ上空を経由しているように見えるが、実際にはハワイの北側を通過しているのだ。

この議論は、『53C52』（球体説を支持するパイロットによるYouTubeチャンネル）の動画内で、彼がソフトウェアとデジタルの丸い地球を使ってオーストラリアからニューヨークへのフライトを計画したが、20時間50分の旅をどの航空機で行うかを表明しなかったことから始まった。また、燃料補給地点や、緊急事態が起きた場合の着陸地点についても明らかにしなかったのだ。

ちなみに、ハワイでの燃料補給は、地球が球体であるという証明にはならない（211ページ図9）。なぜなら、オーストラリアからニューヨークのジョン・F・ケネディ国際空港に向かうすべてのフライトは、ハワイに飛んでからハワイアン航空のHA50便に乗り継がなければならないからだ。HA50便は、客室乗務員が心臓発作を起こしてサンフランシスコに緊急着陸した便である（第15章）。

多くの人は、飛行計画用に作られたソフトウェアに感銘を受け、あたかも自分がボーイング747－400を手に入れ、計画した飛行ルートを飛んでいるかのように感じる。パイロットのYouTuberがデジタルソフトウェアを使って、回転するボール状の地球を証明しようとしている姿は滑稽である。スーパーマンが実在することを証明するために、スーパーマンのコミック本を見せているようなものだ。

彼がデジタルの丸い地球に描いたように、私も油性マーカーを用意して、ビーチボールにブリスベンとニューヨークを結ぶ線を描くことができる。しかし問題は、この飛行計画は実行可能なものなのか？　という点である。答えはノーだ！　タッチペンを使ってデジタル機器に描いたルートであろうが、ビニールボールの地球に描いたルートであろうが、そこに差はないのだ。

他にもオーストラリアから北アメリカ大陸に向かう2つのフライトについて見ていこう。カンタス航空QF7／QF8便、そしてユナイテッド航空UA100便だ。

◇カンタス航空QF7／QF8便：シドニー発－ダラス着

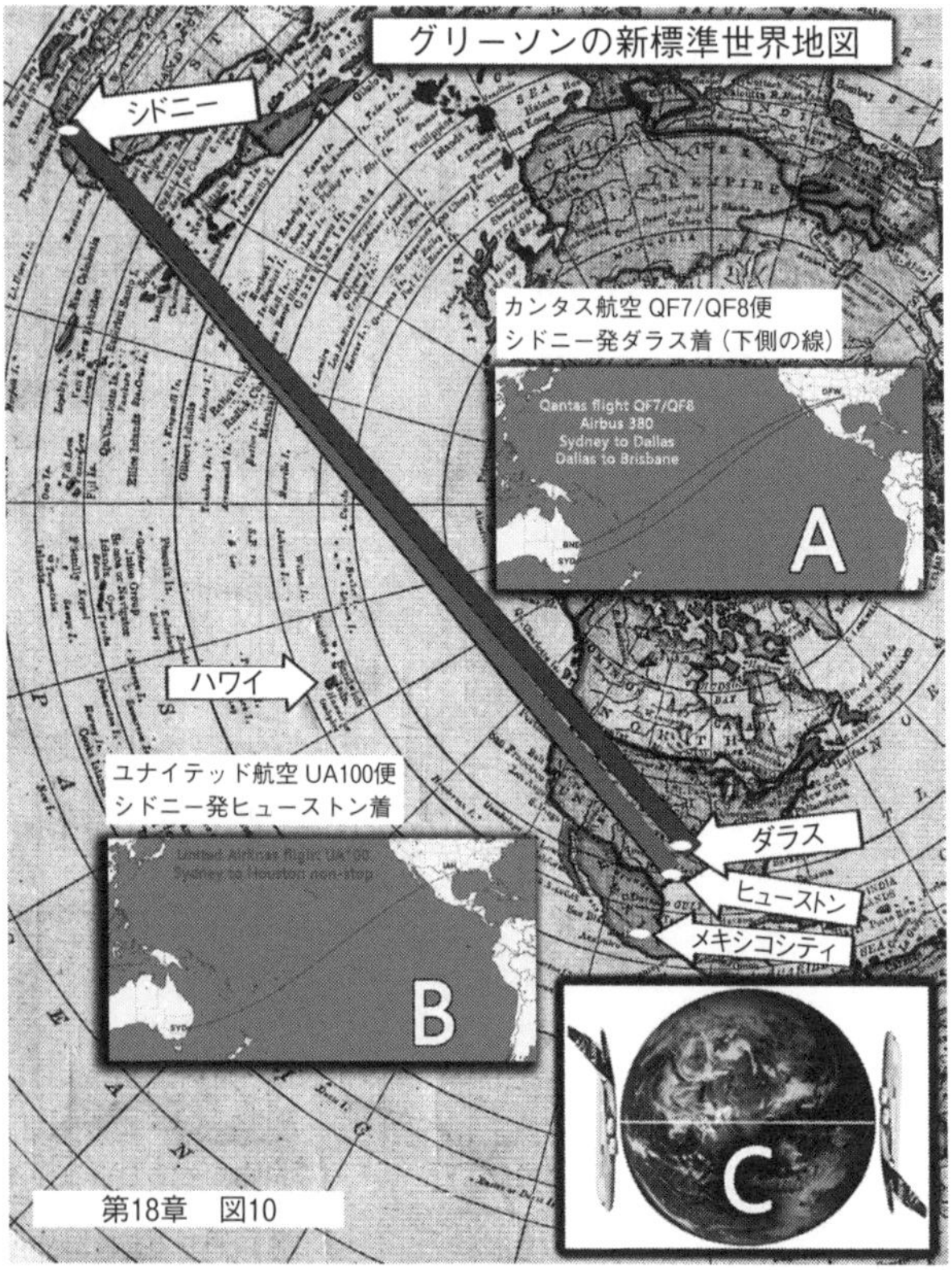

メキシコのオーストラリアへの輸出額は10億5000万ドル（約1150億円）。鉛鉱石、鉛精鉱、通信機器やその部品、肥料や乗用車などが輸出されている。オーストラリアはメキシコにとって24番目にあたる規模の輸出市場で、メキシコはオーストラリアにとって25番目の輸出市場である（Wikipedia より）。それにもかかわらず、２国間を結ぶ直行便は運航されていない。球体モデルによると、シドニーからメキシコシティまでの距離は8056マイル（約1万3000km）、シドニーからヒューストンまでの距離は8581マイル（約1万3800km）、シドニーからダラスまでの距離は8581マイル（約1万3800km）である。フラットアースの地図を見ると、すべてが明確に理解できるはずだ！　Cの画像は、優れた性能のエアバスＡ380が赤道を越えるときに、機体の先を宇宙の彼方に向かって上に向けたり、下に向けたりしている様子である。我々はこうしたことを信じ込まされているのだ！

機体はエアバスA３８０－８００、飛行時間は15時間27分

◇ユナイテッド航空UA１００便：シドニー発－ヒューストン着

機体はボーイング７８７－８ドリームライナー、飛行時間は15時間40分

図10は、これら2つのフライトの航路をグリーソンの地図に示したものだ。カンタス航空QF７／QF８便はシドニーとダラスを結ぶ太線、ユナイテッド航空UA１００便はシドニーとヒューストンを結ぶ太線で表している。この画像でも、本章のその他の画像でもわかるとおり、シドニーから北アメリカ大陸の主要都市までの航路はアメリカ北西部を通る直線なのだ。

図10のAは、シドニー発－ダラス着のQF７／QF８便、図10のBは、シドニー発－ヒューストン着のユナイテッド航空UA１００便である。球体モデルだと、これらのフライトはハワイの南を飛行することになっており、さらに、メキシコの上空、メキシコシティのほぼ真上を飛行している。しかし私は、これらのフライトが、これまで見てきた北アメリカ大陸発着のフライトと同様に、本当はアメリカ北西部を飛行していると考えている。

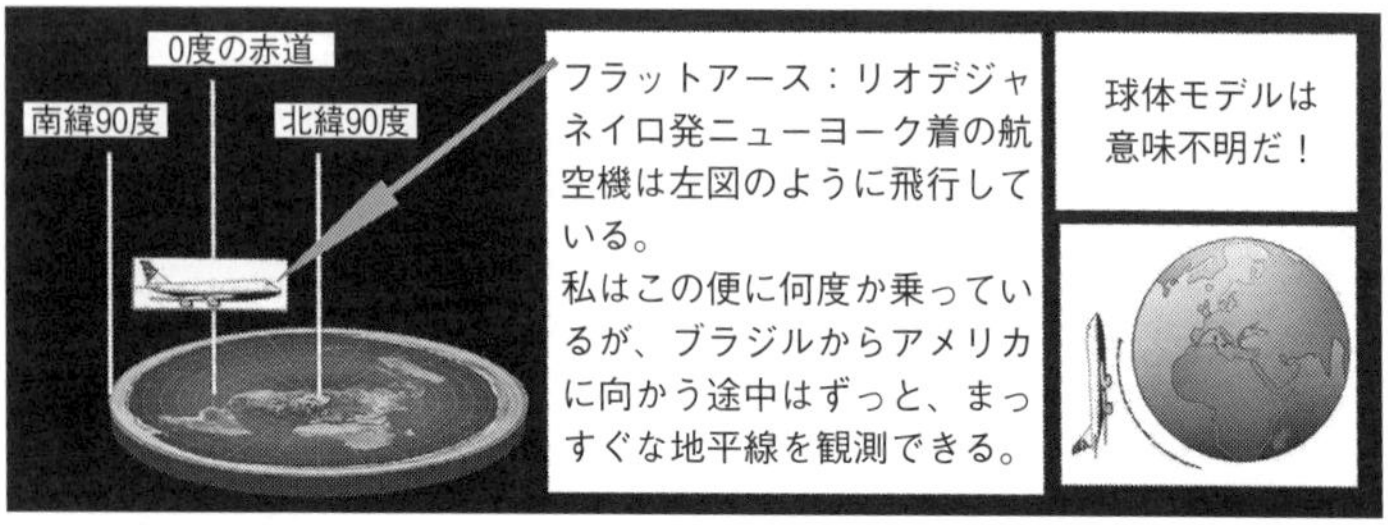
0度の赤道
南緯90度
北緯90度
フラットアース：リオデジャネイロ発ニューヨーク着の航空機は左図のように飛行している。
私はこの便に何度か乗っているが、ブラジルからアメリカに向かう途中はずっと、まっすぐな地平線を観測できる。
球体モデルは意味不明だ！

第18章　図11

もしあなたが、オーストラリアに暮らすメキシコ人であれば、自国に帰るのにもアメリカのビザを取得する必要がある。メキシコに向かう飛行機は、球体モデルだとメキシコ上空を飛行しているにもかかわらず、アメリカに着陸するからだ。そのためヒューストンやダラスに着陸するためのビザを取得し、その後ヒューストンやダラスからメキシコへ向かう別の国際線に乗らなくてはいけない。

シドニーからメキシコシティまでの距離は、球体モデルによると8056マイル（約1万3000km）である。その一方で、シドニーからヒューストンまでは8581マイル（約1万3800km）、シドニーからダラスまでも8581マイル（約1万3800km）である。だとしたら、まずメキシコシティに着陸し、メキシコ人を自国で降ろし、新たに乗客を乗せて、ヒューストンやダラスに向かったほうがいいのではないか。しかし、真逆の、まったく無意味なことが行われているのだ。
実際、球体説というのは、まったく意味不明だ！

この章を終える前に、もう一度赤道を越える北や南への飛行についての説明を付け加えておきたいと思う。
図11右のように、球体モデルの場合は（信じられないかもしれないが）、赤道を越えて北や南に向かう場合、機体の先を宇宙空間に向かって上（北）に向けたり、下（南）に向けたりする必要がある。それ以外の方法では飛行できないのだ！

地動説とは宗教に他ならない。早くこのことに気づいてほしい！

第19章 フラットアースへと導く航路

この章では、いくつかの国際線についてご覧いただき、飛行機の航路がどれほどまでに、回転していない平らな地球を証明しているかを解説しよう！

ニューヨーク（アメリカ）―羽田（東京）

図1の航路を見てほしい。これはニューヨークのジョン・F・ケネディ国際空港から日本に向かうデルタ航空のフライトの航路だ。座席のスクリーンには、ジョン・F・ケネディ国際空港から東京の羽田空港まで大きな曲線の航路が表示されている（図1左）。

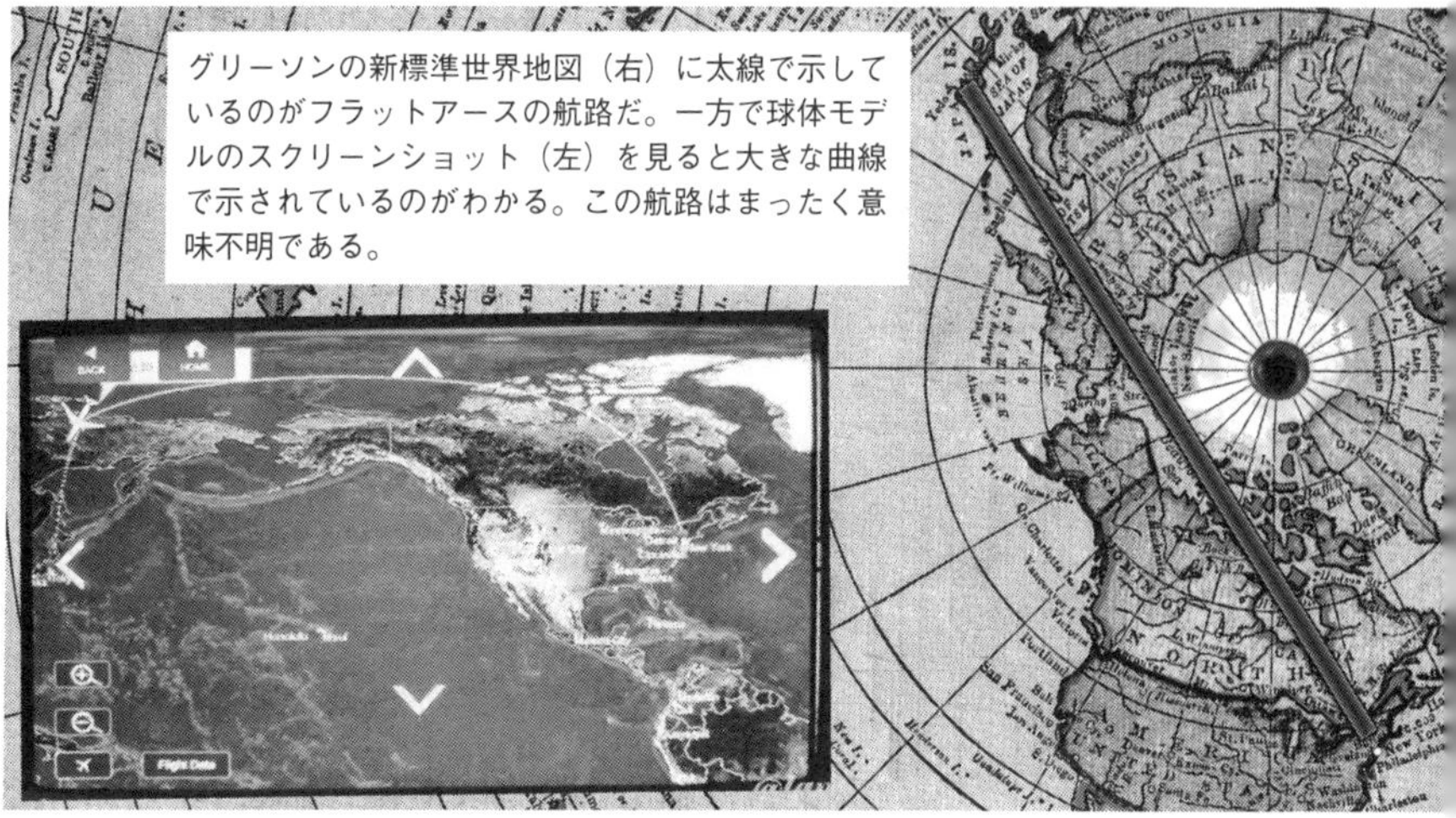
グリーソンの新標準世界地図（右）に太線で示しているのがフラットアースの航路だ。一方で球体モデルのスクリーンショット（左）を見ると大きな曲線で示されているのがわかる。この航路はまったく意味不明である。

第19章　図1

球体説の支持者は、この飛行機が北緯40度71分28秒のニューヨークから大きく弧を描きながら緯度を上げ、北緯90度の地球のてっぺんを越えてから、機体の先端を下に向け、北緯35度67分62秒の東京に下っていくのだと主張する。

しかし、グリーソンの新標準世界地図（図1右）で見ると、ニューヨークから東京までの航路は直線で表されている。タネも仕掛けもなく、機体を上に向けたり下に向けたりすることもなく、重力も関係なく、ただシンプルに、平らな地球をまっすぐに飛行しているのだ！

残念なことに、球体説の支持者は、常識や論理を自分たちの説に当てはめることを否定する。第22章では重力が存在しないということも解説していく。重力が存在しないことが証明されると、地

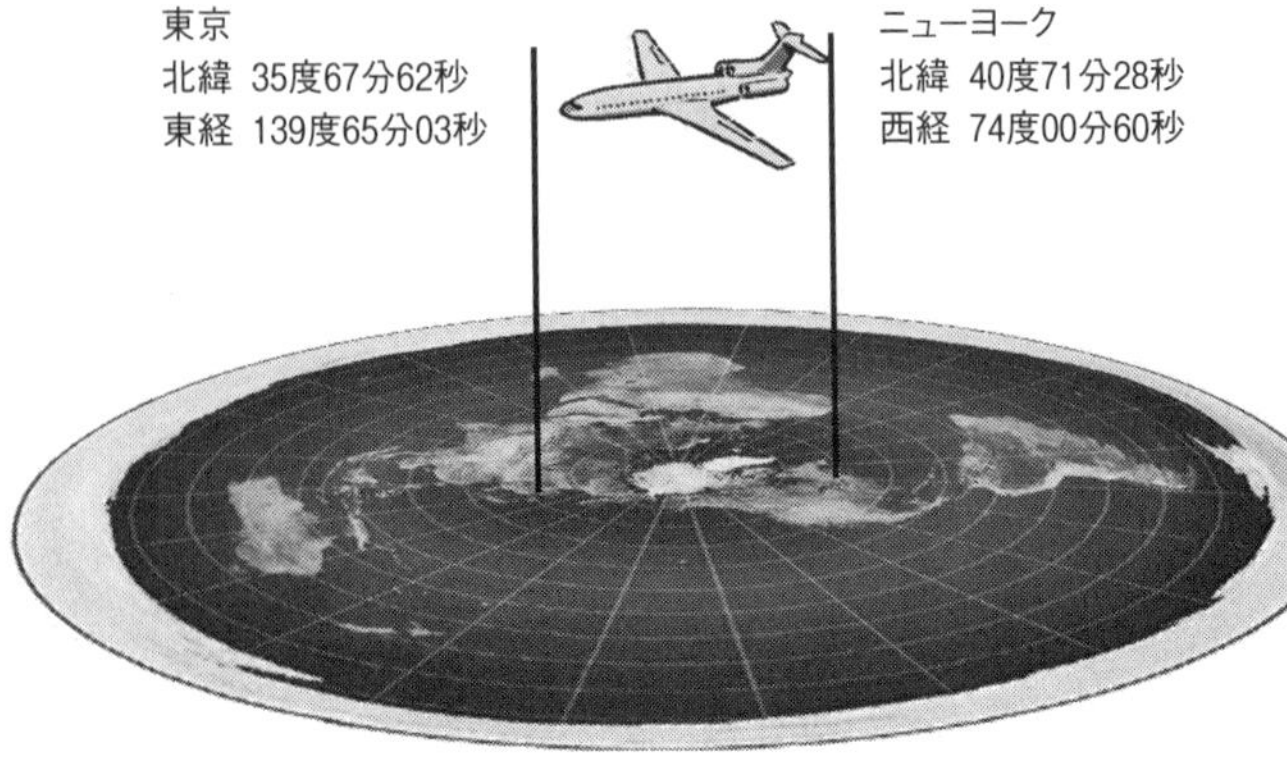

第19章　図2

動説に基づいたあらゆる説が覆される。重力は地動説の嘘とともに誕生したのだ。

図2を見るとわかるように、これがニューヨークのジョン・F・ケネディ国際空港から東京羽田空港への実際の飛行だ。飛行機は平らで静止した大地の上を飛行しているのだ！

緯度線は曲率を表しているわけではない。北緯というのは、赤道から北極点までの距離、あるいは、ある人が、赤道から北に向かう途中のどの位置にいるのかを示したものである。南緯というのは、赤道から南極点や南極圏（南緯66度33分以南の地域）にかけて南に90度向かうまでの距離、あるいは、ある人が赤道から南極点や南極圏に向かう途中のどの位置にいるのかを示したものだ。といっても、南極点に行ったことがある人はいないのだが！

パース（オーストラリア）―北京（中国）

オーストラリアのパースから中国の北京への直行便を思い浮かべてほしい。Googleマップは飛行時間を11時間45分と計算している。では、飛行時間を約12時間として見ていこう。

フライトと同時に、地球は西から東へと自転している。地動説では地球が24時間かけて360度回転すると言われている。つまり、12時間では180度回転するということだ。

たとえば、オーストラリアのパースを真夜中に離陸し飛行していくと、12時間後の日中、北京に着く頃には、地球は180度、東に回転していることになる。つまり、この飛行機は時速600マイル（約965km）で北京に向けて北に飛行しながらも、時速1000マイル（約1600km）の猛スピードで東に運ばれていることになる！

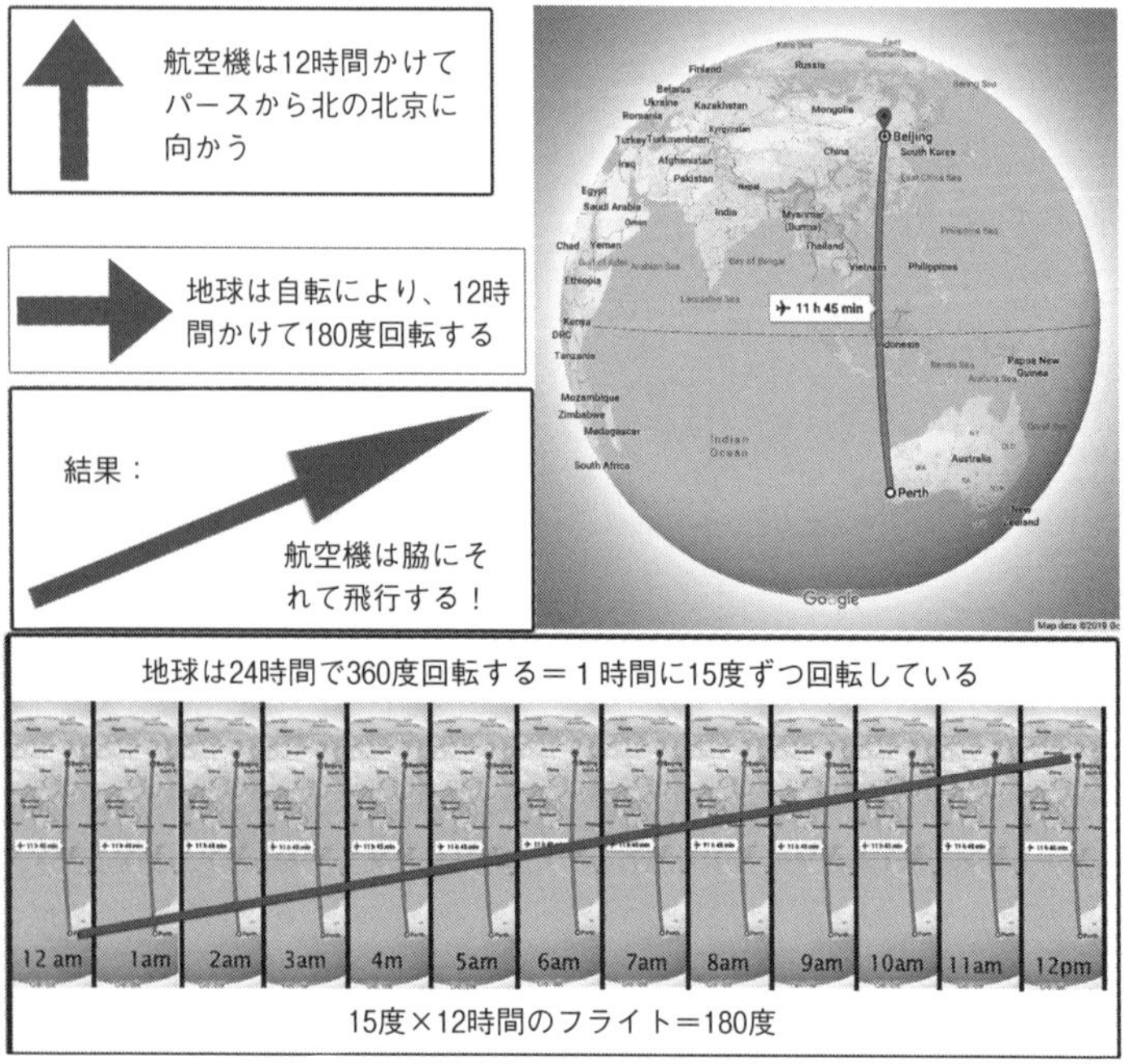

第19章　図３

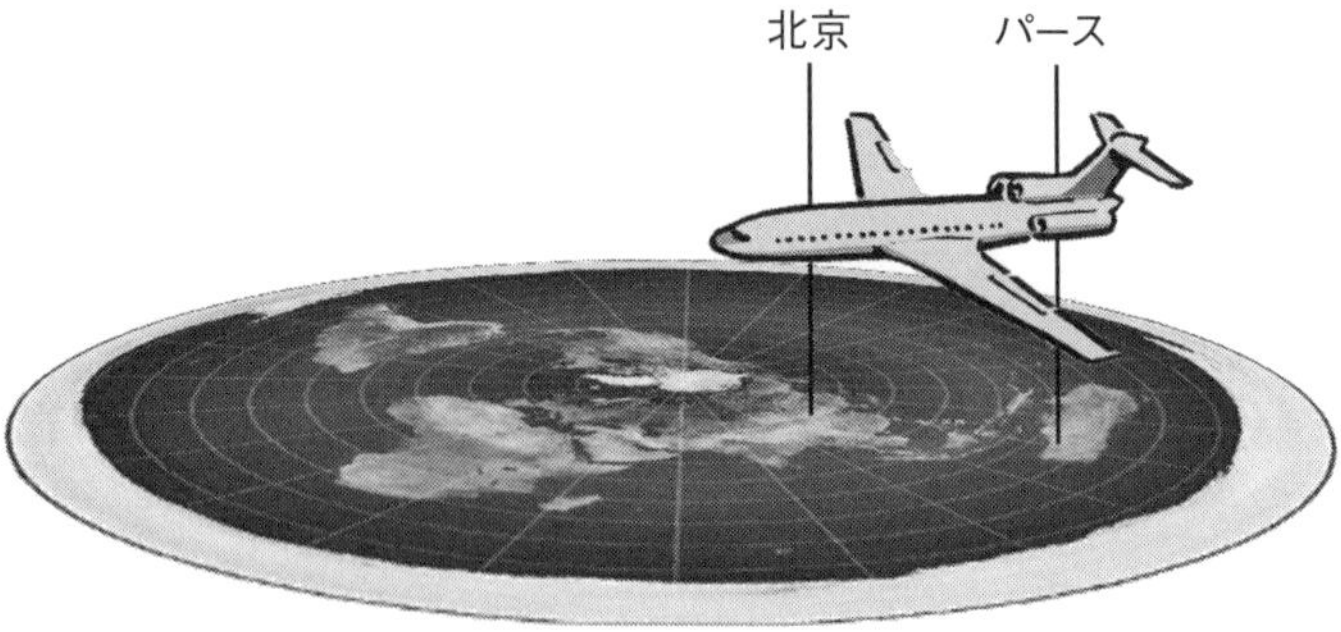

第19章　図４

ばかげた話だと思うかもしれないが、図3を見てほしい。

これを見てもわかるように、飛行機は前に進むよりも、ものすごいスピードで脇にそれていくはずだ。しかし、不思議なことに誰もそれを感じていない！


今度は、同じ航路をフラットアースの地図で見ていこう（図4）。オーストラリアのパースから出発した飛行機は12時間かけて中国の北京に着く。

ここに自転のマジックは働いていない！　飛行機の先端を上に向けたり下に向けたりすることもないし、機体の先端を傾けた状態で赤道を通ることもない。ただシンプルに常識で考えればわかるルートを飛行しているのだ。

サンティアゴ（チリ）―ニューヨーク（アメリカ）

今度はチリのサンティアゴからニューヨークのジョン・F・ケネディ国際空港への航路を考えてみてほしい。ここでも同じことが起きる。サンティアゴからニューヨークまでの飛行時間は11時間。この飛行機は、ニューヨークに向けて北に飛行しながらも時速1000マイル（約1600㎞）ものスピードで東に運ばれていることになる。つまり、11時間後にニューヨークに到着するときには、165度、東に回転したところに着くことになるのだ。

いったいどういうことであろうか？　誰も何も感じていないとは、まさにマジック！　誰も地球の湾曲を見たことがないし、地球が回転していることを感じてもいないが、それでも地球は球体なのだそうだ！　なぜこれほどまでにおかしなことを人々は信じ込んでいるのだろうか！

トロント（カナダ）──北京（中国）

もう1つ例を挙げよう。トロント発−北京着のエア・カナダAC031便だ。まずはFlightAwareのスクリーンショット（図5）に示されているエア・カナダAC031便の経路を見てほしい。

球体説の支持者は、パイロットが実際に飛行機の機首を地球のてっぺんに向けて上に傾け、北緯90度で水平にした後、北緯39度90分42秒の北京に向かってゆっくりと機

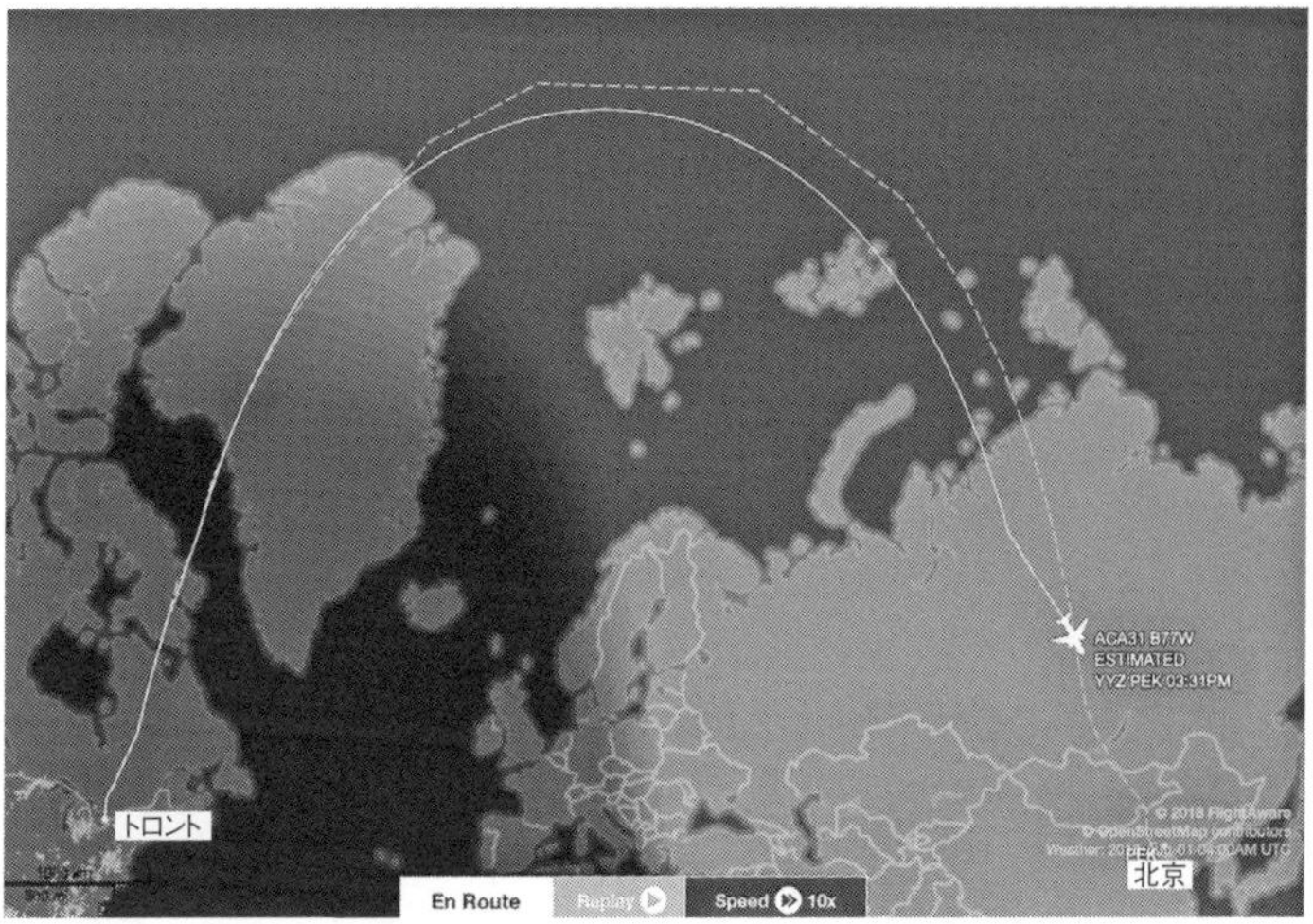

第19章　図5　トロント発北京着のエア・カナダ AC031便の FlightAware に表示される航路。

体の先端を下げていくと主張する。『Wolfie6020』のように、パイロットが手動で飛行機の機首を上下させる必要はなく、飛行機が自動操縦してくれると言う人もいる。このように、地動説を成り立たせるためには、常識や論理はすべて無視されてしまうのだ。

　では、このエア・カナダAC031便の航路を、フラットアースの地図（226ページ図6・図7）で見てみよう。おそらく読者の皆さんも、静止した平らな大地の上を進む航路のほうが合理的であるとわかるはずである。正距方位図法（地球全体が真円で表さ

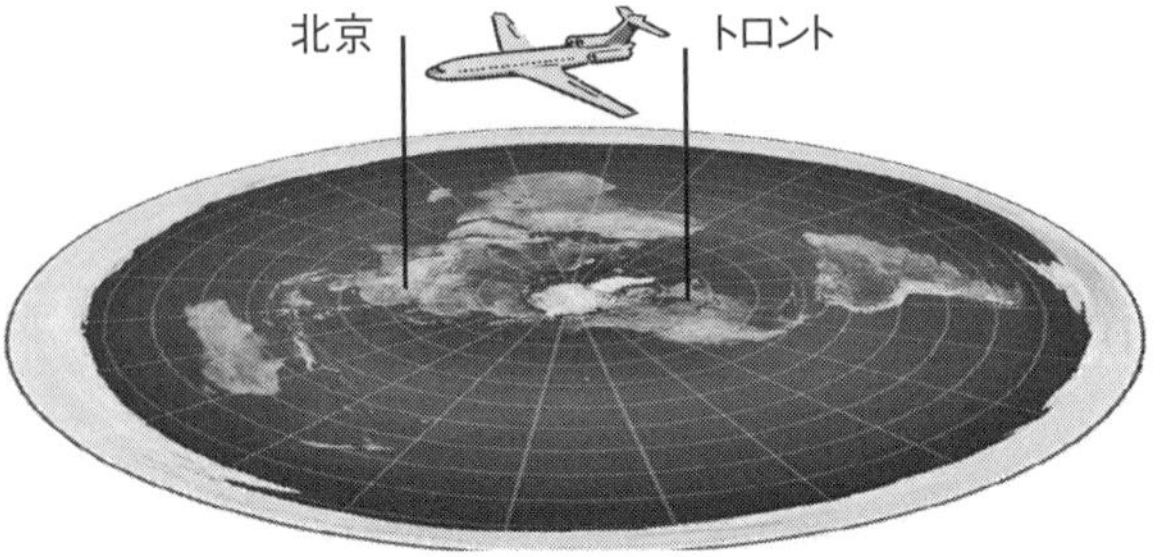

第19章　図6

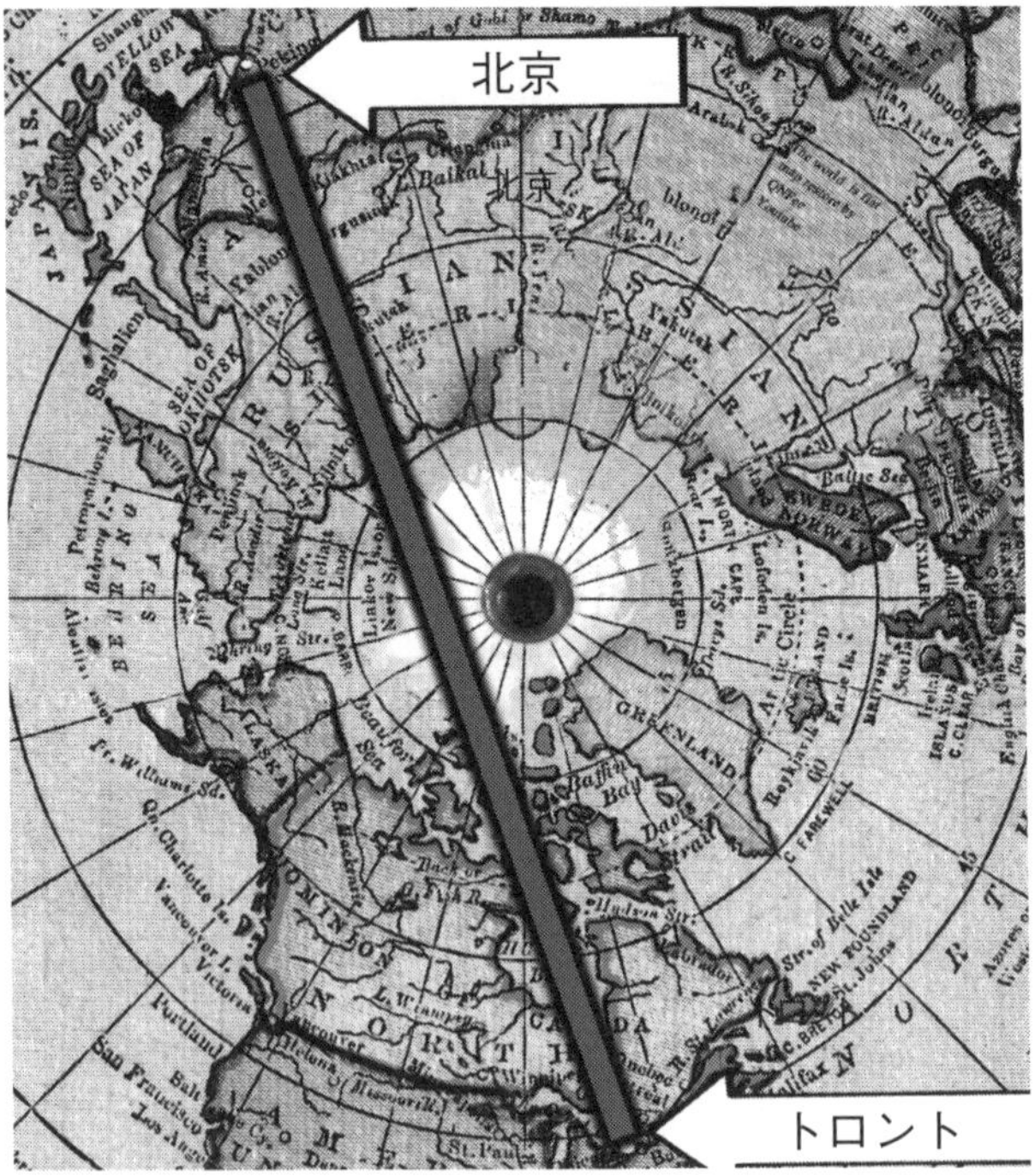

第19章　図7

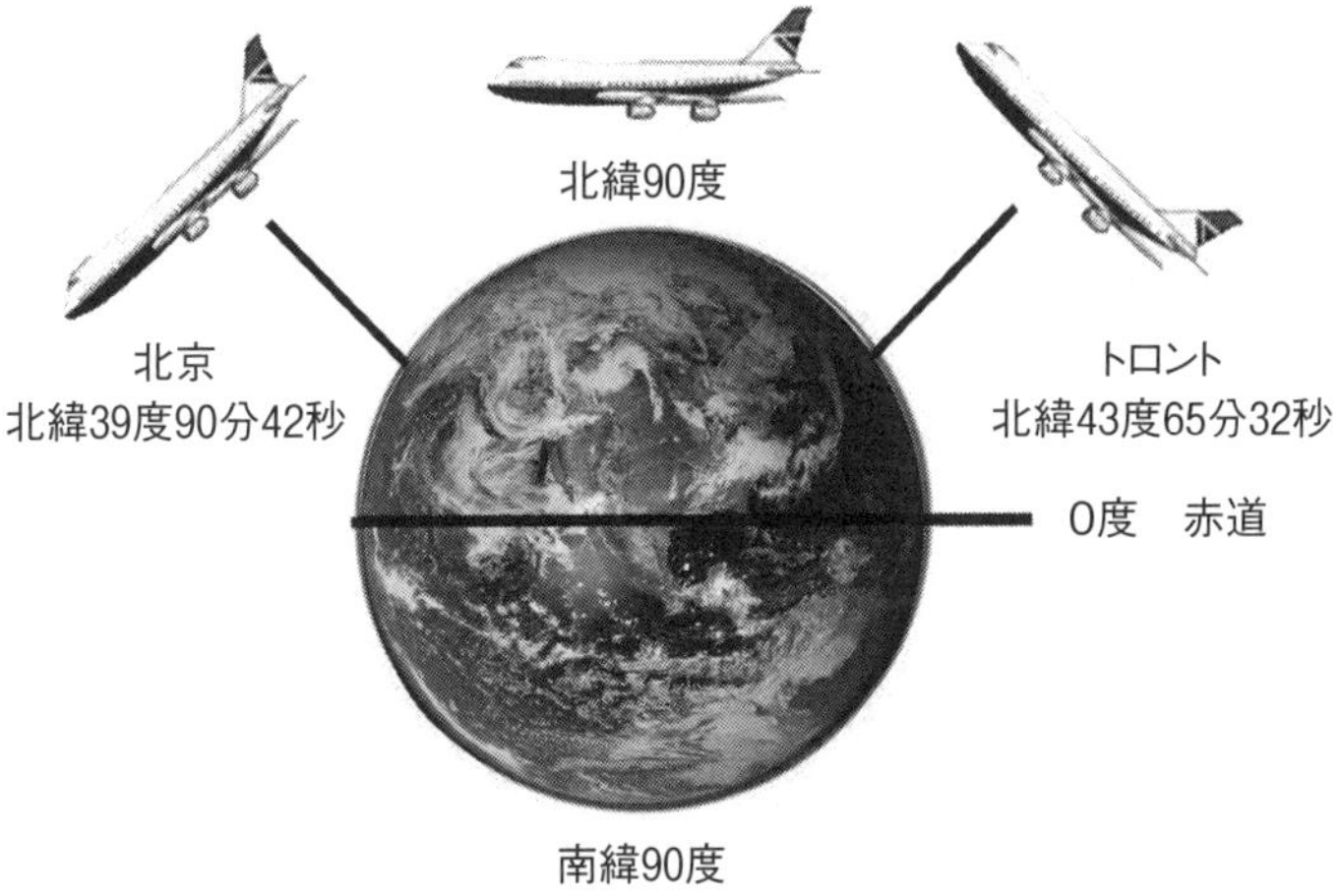

第19章　図8

れる投影法）の地図（図6）とグリーソンの地図（図7）で航路を見ると、どちらも理にかなっている。

図8は、もし地球が本当に球体だとしたら、この飛行機がどのように進んでいくかを表したものだ。

地球が球体であることを成立させるには、信仰が必要なのだ。一方でフラットアースを理解するのに必要なのはロジックと常識である。繰り返しになるが、球体モデル、正確に言うなら図8を理解するために必要なことは、「信仰」である！

なぜ信仰なのか？　このモデルを成立させるためには、「重力」という名の証明されていない理論を信じなくてはいけないのだ。この飛行機は、出発前には赤道に対して約43度の角度でトロントの空港に停止しており、その後、北京に着陸するときには、約39度の角度で接地するが、こうした飛行機を地表にとどめている想像上の力が働いていると信じなくてはいけないのだ。なぜなら、重力という名の不思議な力がなければ、飛行機は球体の地球から滑り落ちて、宇宙に落下してしまうからだ。

すでに見てきたとおりだが、球体説とは宗教のようなものである。この不可解な航路を球体上で成立させるためには、信仰が必要なのだ。それ以外にはありえない！

私1人が頑張り続け、航路についての本を執筆しても意味がない。読者の皆さんも、球体の地球は観測によってではなく、「信じること」によって成立しているのだということを理解してほしい。

信仰とは、観察もせずに、海水が球に貼り付いていると信じることである。信仰とは、観察もせずに、飛行機が赤道を越えて北に向かうときに、ロケットのように飛行していると信じることである。地動説に基づく地球はあなたの「信仰」を必要とするが、そもそも何を信仰しているのだろうか？　地動説は「神のようなビッグバンがすべてを創造した」という信仰から生まれた。このことは、エリック・デュベイの言葉を思い起こさせる。

あなたは球体の地球を信じている。私は平面の地球を見ているし、静止した地球にいる自分を感じているし、空にあるすべてが私の周りで回転しているのを見ている。

私は太陽と月が同じ大きさであることをこの目で見ている。しかしながら、私は自分が見ているものとはまったく違うものを信じるよう洗脳されてきた。

私の足は地球が静止していると感じているのに、実は時速１０００マイル（約１６００㎞）で自転していると洗脳されてきた。

また、星々、太陽、月は、明らかに頭上で実際に回転しているにもかかわらず、どういうわけか、ＮＡＳＡが教えてくれたように、我々のほうが回転しており、惑星や銀河がらせんを描きながら回転していると洗脳されてきた。

さらに我々は、太陽が月よりも４００倍離れた場所で明るく輝く巨大な球体で、太陽は月よりも400倍大きいと教わってきた。しかし空を見ると、どちらも同じ大きさにしか見えない。

実は、今日の我々が信じていることは、我々の常識や経験に反したものである。アリストテレスのような哲学者が、地球が球体であるもっともらしい証拠を提示したり、NASAがPhotoshopで制作した偽の画像を表示したりすることで、我々はそう信じるようになってしまったのだ。しかし、自分の中にある〝装置〟に問いかけてみれば、誰もがフラットアーサーになるだろう。つまりはそういうことだ。地球は平らで静止していて、空のすべてが回転している。常識的な物の見方が、自らの経験として本当にさまざまな形で教えてくれているのだ!

それらは、上も下もなく、すべてが相関していると語りかけてくるだろう!善悪などはないが、すべてが道徳的に相関していると語りかけてくるだろう!太陽や月の比率など存在しないと語りかけてくるだろう。太陽は大きく、とても遠く離れたところにあり、月は小さいが、より近くにあるため、私たちの不完全な視覚では、まったく同じ大きさで空に存在しているように見えている……などということはないのだ。

繰り返すが、フリーメーソンの魔術師たちが、あなたが自分で見たものを、信じさせないように嘘をついているのだ。太陽と月は同じ大きさで、神聖な、均衡のとれたもので、空の向こうで回転し時を刻んでいるのだ。まるで天空の時計と暦のように。

エリック・デュベイ

Section 4

球体説の嘘と
フラットアースの真実

第20章

球体モデルを正す！　前に進もう！

私自身、球体の地球を擁護しようとしていた苦い経験がある。「もちろん地球は球体です。学校でそう習ったでしょう？」というのが私の最初の反応である。その後、私は「証拠」を探し始めた。しかし、実際の丸い地球を写した写真がないのに、どのように地球が丸いことを証明すればいいのだろうか？

図1（236ページ）は、何十年にもわたって宇宙機関が公表してきた8つの異なる形状の地球の画像である。同じ形の雲が写った画像が公開されているが、これらは異なる日付のものである。また、日中にオーストラリアを撮影した画像があるが、時間を空けた12時間後の夜にも、同じ場所に同じ形の雲がある画像が公開されている。

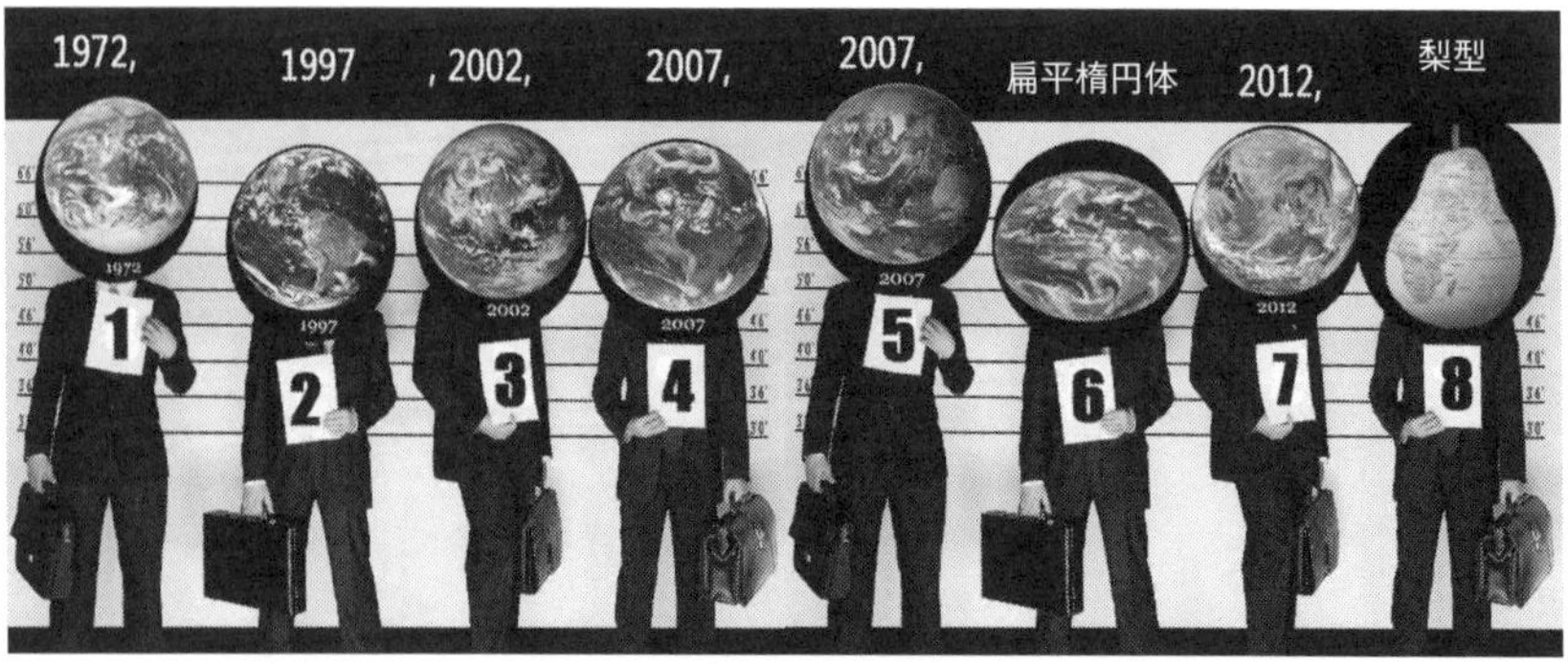

第20章　図１　公式に発表されているさまざまな形状をした地球の画像。

第20章　図２　3ドル札は存在しない。

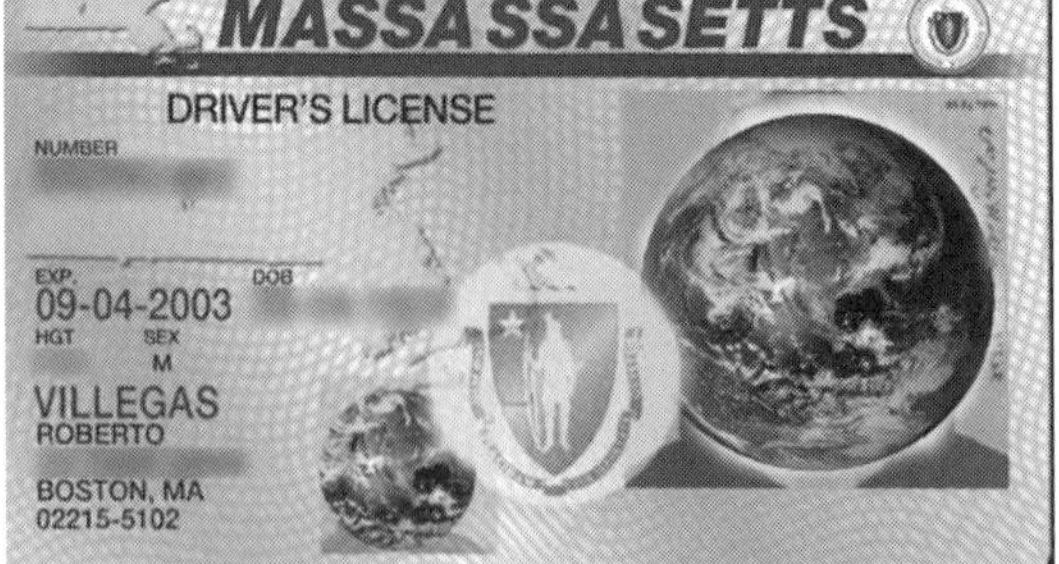

第20章　図３　マササセット州は存在しない。

こんなことはありえない。

今後、球体モデルは正しく修正されるのだろうか？　無理だろう。なぜなら、正すべき球体の地球など存在しないからだ。そもそも、球体の地球など存在していたことがないのだ！

しかしながら、フラットアースの存在を隠すために、絶えずPhotoshopで地球が球体であるかのような画像が作られ続けている。これらの画像はまるで、生命を与えられ多くの年月を生きている人物のようだ。球体モデルとは、偽造されたＩＤとともに一生を送っている人物のようなものだ。皆に好かれ、皆に知られ、皆の人気者で、好ましい人物だが、実在していないのだ！　球体の地球は3ドル札のようなものであり、〝マササセット〟州と記載された免許証のようなものである（図2・図3）。

球体モデルは、ヨーロッパ人の金持ち連中によって作られた、非常に込み入ったシステムの1つである。地動説を広めるとすぐに、彼らはこの嘘を広めるために世界中に手先を送り込んだ。アレックス・グリーソンは著書『Is the Bible from Heaven, Is the Earth a Globe?』でこのように述べている。「ヨーロッパ人の天文学者が中国に来て地動説の嘘を広めようとしたとき、中国人は彼らを笑いものにした。しかし残念なことに、この嘘が確立してしまった現在の中国は、まさにこの嘘に屈している」。

ビッグバンの真実とは？

地動説によると、何もないところから爆発が生じ、この何もない、無からの爆発が140億年後の今日も強大な力を持ち拡大し続けている。それだけでなく、無からの爆発で生まれた原子よりも小さい構成要素が、地球の何百倍も大きな惑星を作り出したのというのだ。

すべての星や太陽、彗星、小惑星、ブラックホールについては言うまでもない。これらも無の爆発から生じているのだ。まるでマジシャンの帽子のようだ。ビッグバンとは、原子サイズのマジシャンの帽子で、そこから星々や惑星や太陽が飛び出すのだ！

しかし待ってほしい！　化学反応が起きるときには、少なくとも2つの元素が必要なはずである。つまり、単独の元素だけで爆発が起きるということはないのだ。というよりも、そもそも衝突し、爆発を起こすものなど何もないのだ。整理してみよう。無が何かとぶつかったわけでないのに、爆発が起きた！　新しい公式を作ってみよう。

無＋無＝爆発だ！　ここでいう爆発にはビッグバンという名称がつけられている。

読者の皆さんは何が問題かわかるだろうか？　地動説を成立させるためには、人生のあらゆる場面において「そう信じること」が必要なのだ。**無＋無＝爆発**で、生命はそのように誕生したということを信じなくてはいけないのだ。しかも、何らかの理由で、その生命が進化し、変化していったということも信じなくてはいけない。海からやってきた生物が、魔法のように肺を作り出し、呼吸できるようになったことを信じなくてはいけない。しかも、**無＋無＝爆発**によって、魔法のように酸素が誕生しているのだ！

地動説は信仰に基づいた理論だ。信仰がなければ成立しないのだ。無神論とは相反する教えである！　このような矛盾だらけの理解不能な理論を我々は信じなくてはいけないのだ。

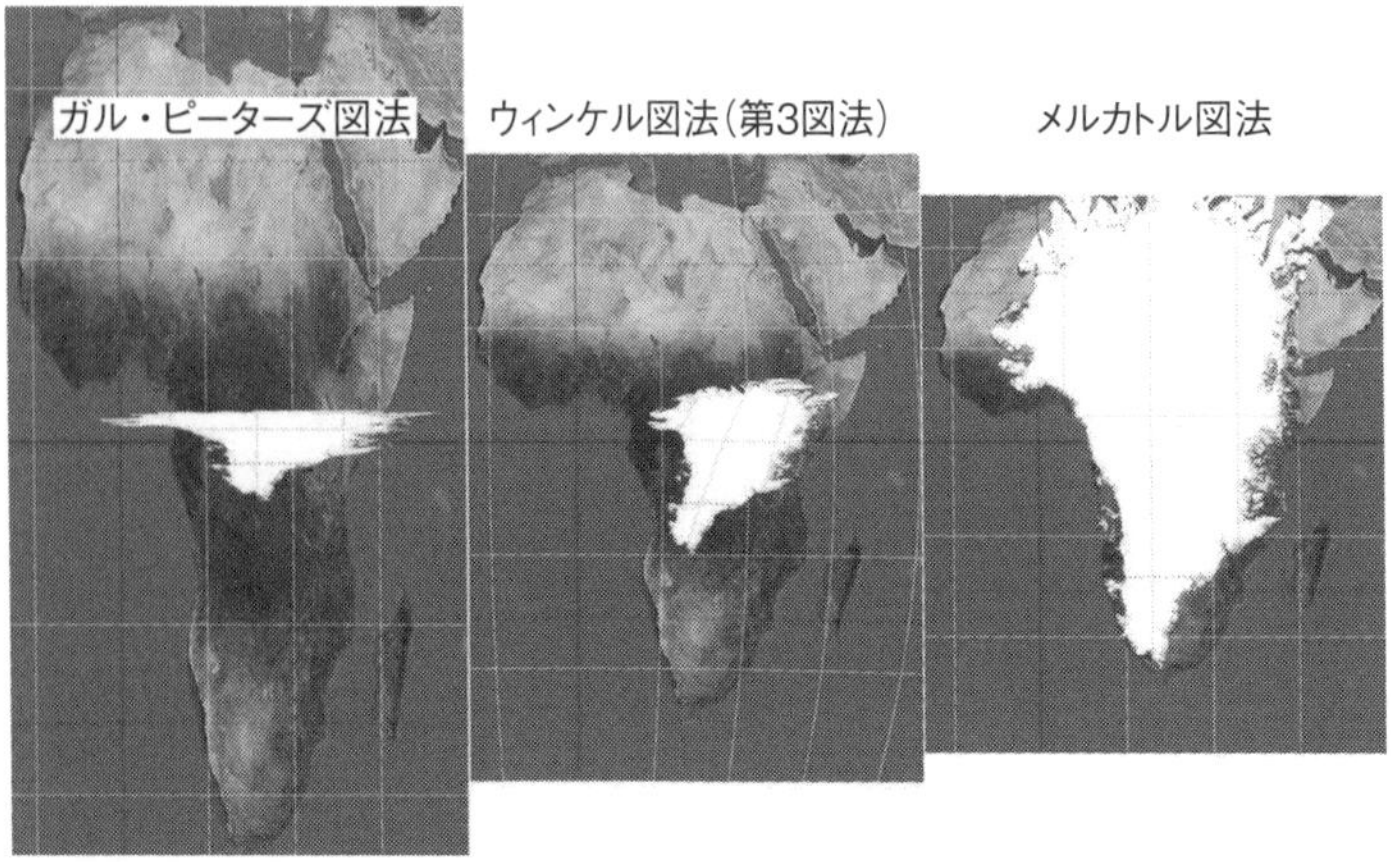

第20章　図4
アフリカ大陸とグリーンランドの大きさが、それぞれの投影法でまったく異なっている。

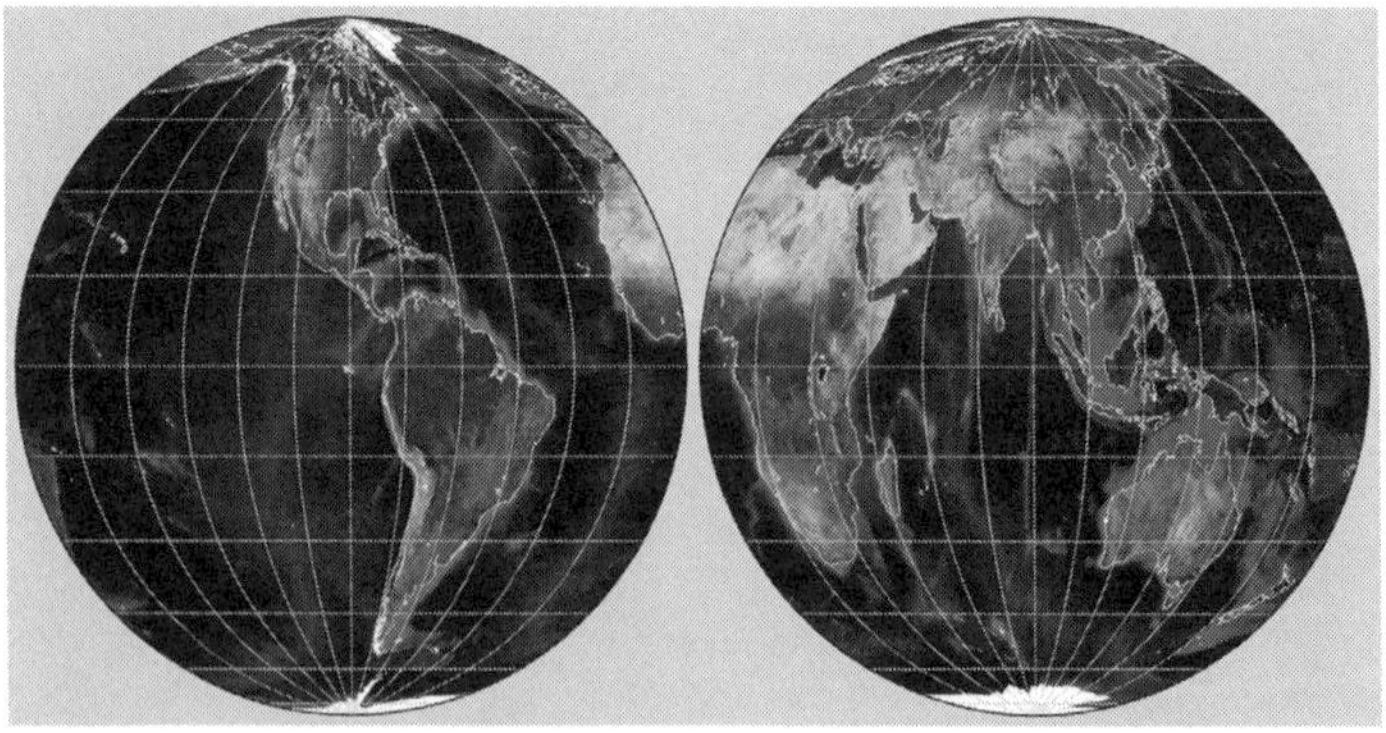

Bacon Globular（ベーコン・グラビュラー）図法

第20章　図5
北アメリカ大陸はこんな形をしている !?

図4の球体モデルの投影法を見てほしい。私の言っていることがわかるはずだ。このように、3つの投影法によって、アフリカ大陸とグリーンランドの大きさがまったく異なっていることがわかる。

ボストンの学校では、図4左のガル・ピーターズ図法に基づいた球体の地球を教えている。この図法は、地球上の多くの子供たちがこれまで学校で学んできた図法とはまるで違う。

学校関係者たちは、ガル・ピーターズ図法こそが正確な投影法だと主張している。では、これまで古い投影法に基づいて学んできた私たちはどうなるのか？「おっと間違いだったよ」と言われるのだろうか？今や正しくないと考えられている投影法で表示されている航路図はどうなるのか？あるパイロットのYouTuberは、間違いだとされている投影法を採用しているアプリを使って『飛行計画』という動画をアップしている。いったいどういうことだろうか？

図5は別の投影法の画像だ。この図の北アメリカ大陸に注目してほしい！

実は、フライト追跡サイトや飛行計画プログラムのデータは、すべてNASAから提供されている。パイロットは実際に飛行計画を立てることはない。飛行機はA地点からB地点に行くようプログラムされていて、大部分は自動操縦であるため、パイロットはただ通常の業務をこなしているだけなのだ。チェックリストを確認し、離陸し、そして睡眠を取るのだ。

私はドバイから日本の関西に向かう飛行機の中で、自分の耳で聞いたことがある。飛行機が離陸して20分後に、機長が仮眠を取るというアナウンスが流れたのだ。

飛行機はフラットアースのデータに基づいて飛行している。フラットアースの地図から取得したあらゆるデータが、ナビゲーションシステムに組み込まれているのだ。その後、データは変換され、球体の投影法として出力される。

この変換されたデータを我々は座席のスクリーンや、FlighRadar、FlightStatsなどの追跡サイトで見ているのだ。コンピューターの画面上やアプリ、飛行中に座席のスクリーンで見ているものは、球体の地球のシミュレーションなのだ！（77ページの第4章図4を確認してみてほしい）

他にもある！　球体の地球が異常である証拠

ＮＡＳＡが公開している地球の画像を見ると、北アメリカ大陸の大きさが違っているのがわかる（２４４ページ図６左上）。ニューヨークからロサンゼルスまでの飛行時間は６時間５分。この飛行時間は、２００７年の地球画像に写っている北アメリカ大陸の大きさで計算したものなのだろうか、それとも２０１２年の画像で計算したものなのだろうか？

ニューヨークからサンフランシスコまでの距離は２９０２マイル（約４６７０㎞）。この距離は２０１２年の〝大きい〟アメリカで計算したのだろうか、それとも２００７年の〝小さい〟アメリカで計算したものなのだろうか？　それでは、梨型の地球はどうだろうか？

飛行計画ソフトウェアでは、扁平楕円体の地球は表示されないのに、フライトスクールでは地球が扁平楕円体であると教え、扁平楕円体に基づいて距離を計算する方法を教えているのはなぜだろうか？　扁平率はわずかで、ほとんど違いがわからないと

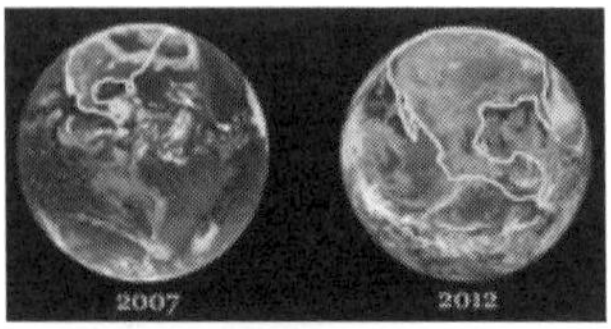

北アメリカ大陸の大きさが違う。

扁平楕円体の地球。

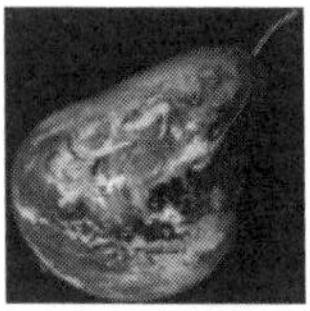

梨型の地球。

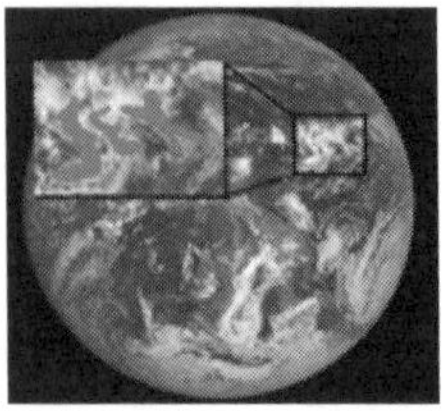

雲の中に「SEX」の文字が。

いったいどうなっているのか?

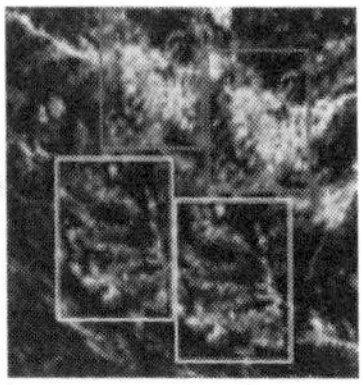

コピペされたような雲の形。

第20章 図6

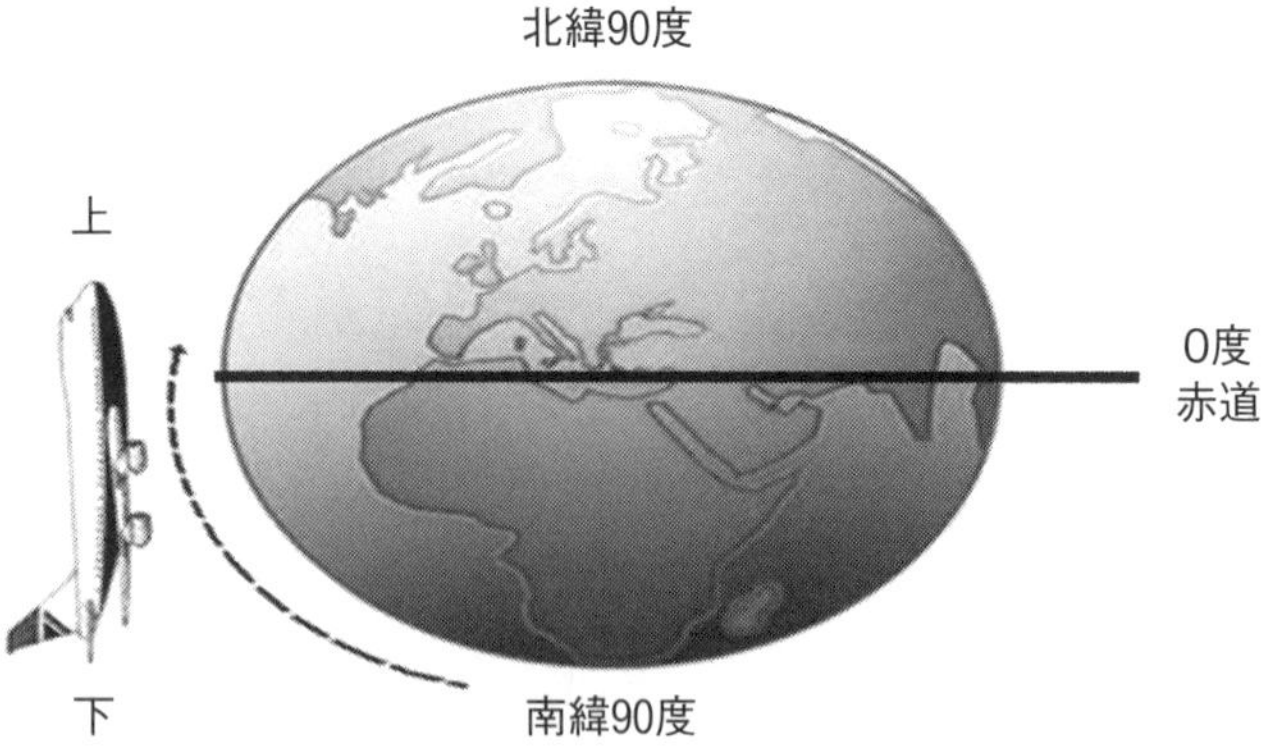

第20章　図7　扁平楕円体の地球で赤道を越えるときはどうだろうか？　パイロットは機首を急激に傾けなくてはいけないのか？　ナンセンスな話である！

言っているが、そうなのだろうか？　だとしたら、なぜ計算式が違うのだろうか？

図6右下・左下は、NASAが公開している画像の雲の形をピックアップしたものだ。同じ形の雲をコピーして貼り付けて作成しているものや、雲の中に「SEX」という文字が描かれているのがわかるだろう。これがニュースになっていたのを覚えている。まだ誰もフラットアースのことなど考えもしなかったときから、この話題は多くのニュースメディアで取り上げられていた。

このように球体モデルを詳しく見ていくと、さまざまな疑問が出てくる。これは私だけではない。私と同じような疑問を持っている人たちが他にもたくさんいるのだ。

では、球体モデルのもう1つの問題についても見ていこう。図7は、赤道を通過し、南アメリカ大陸から北アメリカ大陸に向かうときに、飛行機がロケットのように上昇している様子を表している。この飛行機は赤道を越えるときには90度の角度で上向きに飛行しなければならない。なんてむちゃくちゃな話だろうか！　こんなことは現実にはありえない。飛行機は平面を飛行しているのであって、ロケットのように急上昇したり、飛行機から落とされる爆弾のように急降下したりするものではないのだ。

平面の地球で赤道上を西から東へと飛行している飛行機が北に向かいたいのであれば、パイロットは飛行機を左方向に向けて北へと進めばいい。赤道上を東から西に向かっているパイロットが北に向かいたいのであれば、飛行機を右に向けて北に進めばいい。

よりわかりやすく説明するために、第10章で取り上げたジョン・ジョージ・アビザイドの地図を元に図8を作成した。この地図は、飛行機が赤道を通過するにあたり、先端を上方向に向けて、宇宙の彼方に向かうことがどれほどナンセンスな考えであるかを解説するのにぴったりである（しかも、NASAは無限に広がる宇宙を一度も撮影していない）。

この図を見るとわかるが、赤道上を旋回し、飛行機Aは西から東へと飛行している。もし飛行機Aが北極点に行くため北に向かう必要があるなら、飛行機Aは左に方向転換する必要がある。もし飛行機Aが南極圏に行くため、南に向かう必要があるなら、飛行機Aには2つの選択肢がある。右に方向転換するか、赤道上を旋回するのではな

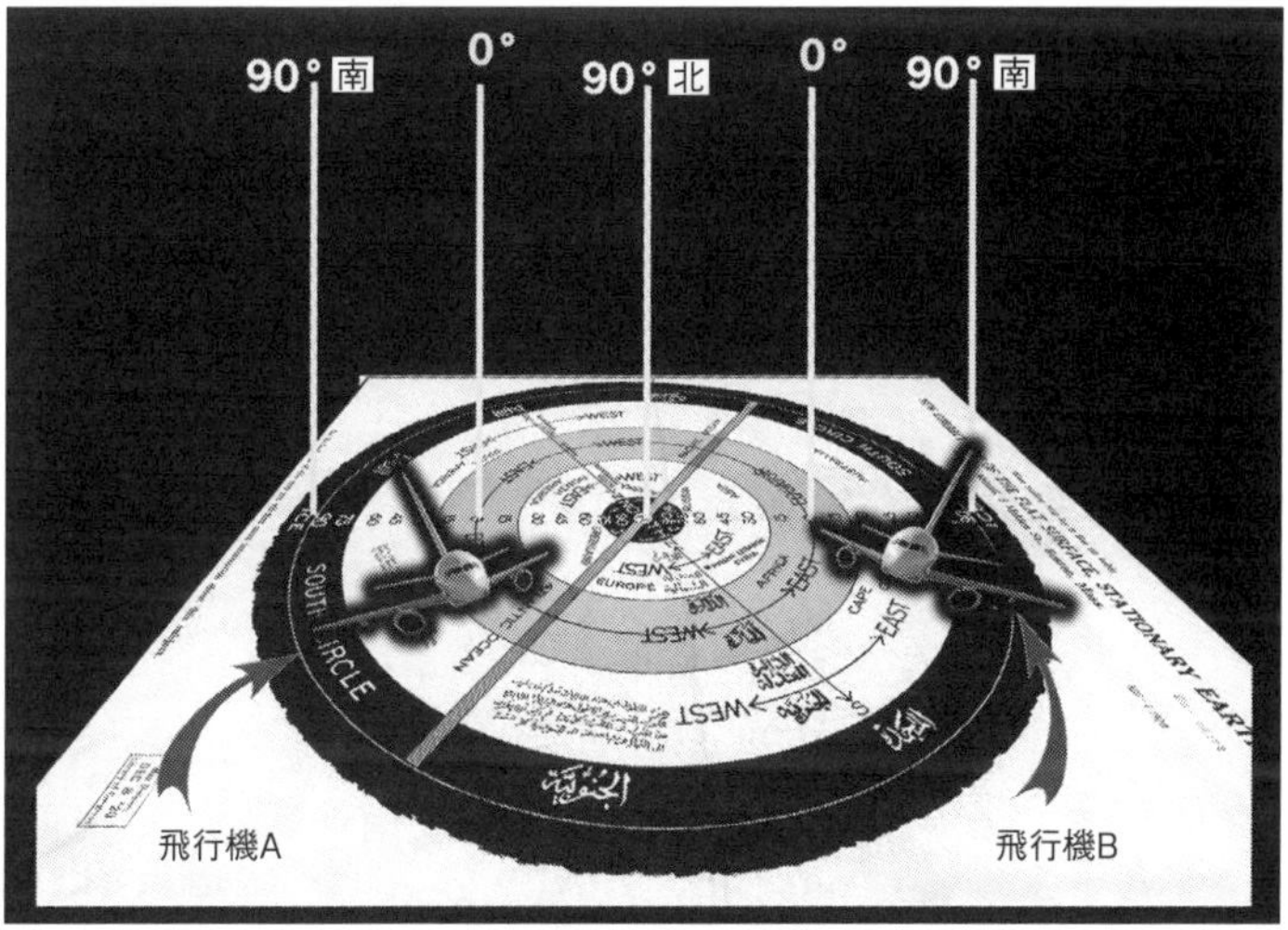

第20章　図8　ジョン・ジョージ・アビザイドのフラットアース地図で見てみよう！

第20章　図9　東京からオークランドに向かう機内の窓からは、地平線が上下逆さまではなく、普通に見えるだけであった！

く、まっすぐ方向に飛行するかのいずれかだ。そうすることで、飛行機Aは南へと自動的にたどり着くだろう。

飛行機Bは東から西に向かって赤道上を旋回している。もし、この飛行機Bが北極点に行くため北に向かう必要があるなら、飛行機は右に方向転換する必要がある。もし飛行機Bが南極圏に行くため、南に向かう必要があるなら、飛行機Bには2つの選択肢がある。左に方向転換するか、赤道上を旋回するのではなく、まっすぐ方向に飛行するかのいずれかだ。そうすることで、飛行機Bは南へと自動的にたどり着くだろう。

こうした事実は、フラットアースで考えると理にかなっているが、矛盾だらけで実在しようがない球体の地球で考えると、まったく理解不能である。他にも丸い地球なんておかしいという理由がある。図9（247ページ）を見てほしい。

私はしばらく前に東京（成田空港）から、ニュージーランドのオークランドに旅行した。移動中、高度3万7000フィート（約1万1300m）の場所から、2人の娘と私は自分たちの目で地平線を見ていた。私はエリック・デュベイ著『The Flat Earth Conspiracy（フラットアースの陰謀）』を持っていった。隣に座っていた若いアメリカ人の女性が私の持っていた本を見て、窓のほうを見た。最終的に私はこの女性と親しくなった。後日オークランドで再会したときに、彼女はあの高度から見た地球は確かに平らだったと言っていた。テレビを消して、丸い地球のプロパガンダや洗脳に注意を向けることをやめれば、（a）曲率など存在しないこと、（b）地球は動いていないこと、がわかるようになるだろう。

図10（250ページ）も球体説が荒唐無稽なことがよくわかる例の1つだ。2012年、フェリックス・バウムガルトナーは高度12万7852フィート（約3万9000m）の場所からダイビングしたことで有名になった。彼の自撮り写真のような曲率が本当にあるのなら、地球全体の大きさはおそらくニューメキシコ州程度しかない。あるいは、この写真の曲率で見れば、彼は地球から少なくとも5万マイル（約8万㎞。地動説によれば地球から月までの距離のおよそ4分の1）離れた宇宙空間からジャン

第20章　図10　おかしな曲率を主張する。

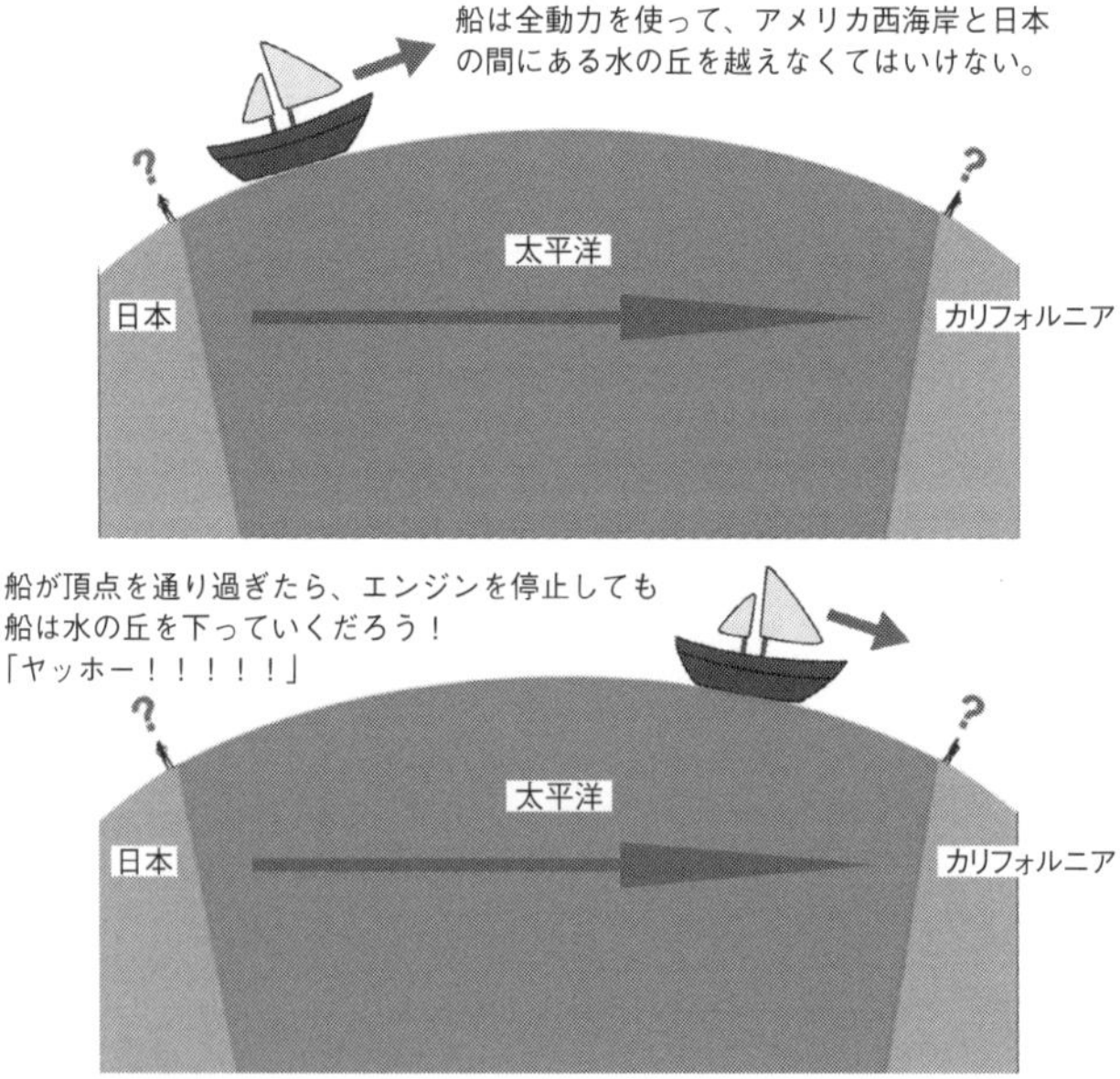
船は全動力を使って、アメリカ西海岸と日本
の間にある水の丘を越えなくてはいけない。
太平洋
日本
カリフォルニア
船が頂点を通り過ぎたら、エンジンを停止しても
船は水の丘を下っていくだろう！
「ヤッホー！！！！！！」
太平洋
日本
カリフォルニア

第20章　図11

プしたことになる。不誠実な球体説の支持者たちは広角レンズを使用し、ありえない地球の曲率を主張しているのだ。

さらにもう1つ、図11をご覧いただこう。地球が球体で、この球体の70％が水で覆われているのだとしたら、日本からアメリカ西海岸に向かう船は2国間にある水の丘を越えなければならない。地球が球体であれば、両国の間に、水の丘があるはずだ。しかし、水は常に水平であり、そんな丘は存在しないのだ！

丸い地球がまったくおかしなものであることについては1冊の本が書けるほどである。この章を通じて、私が最初に「フラットアース」を知ったときに感じた葛藤や悔しさが伝わればと思う。

おかしな地球はまだまだある！

第5章では、インドのチェンナイに緊急着陸したカタール航空QR972便を例に挙げ、Google マップと Google Earth についても触れた。また、Google マップと Google Earth で見るルートには差がないことについても説明した。

本書を執筆するにあたり、私は Google にコンタクトを取って、Google マップのスクリーンショットを使用していいか許可を求めた。そして、メールで許可をもらえただけでなく、内容を改変しない限りは、好きに使用していいと言ってもらえた。

では、まず図12（253ページ上）のような完璧な球体を用意しよう。この球体はNASAが提供する、かの有名なブルー・マーブルのように丸く描かれている。そこに2つの白い点を描き加えた。1つ目の点をA、2つ目の点をBとしよう。

球体説の支持者によると、球体上での最短距離は直線ではないそうだ。いわゆる「大圏コース」である！　このコースは球の一番高い位置に向かって弧を描くルートである。

球体説の支持者がA地点とB地点を結ぶ大圏コースを描くとしたら、北や上に高く向かう弧を描くだろう。球をひっくり返したとしても距離は変わらないはずなので、

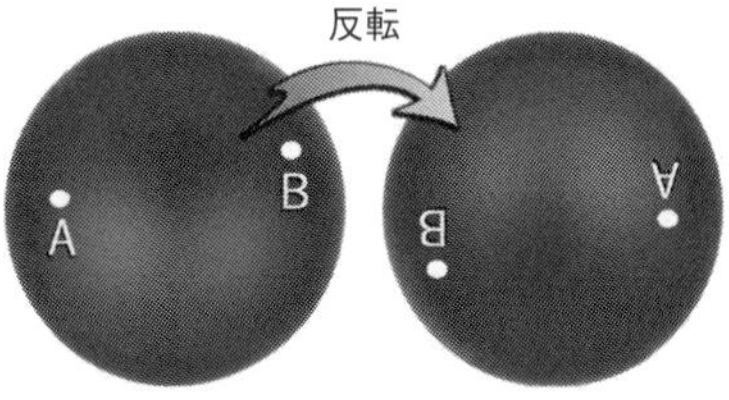

第20章　図12

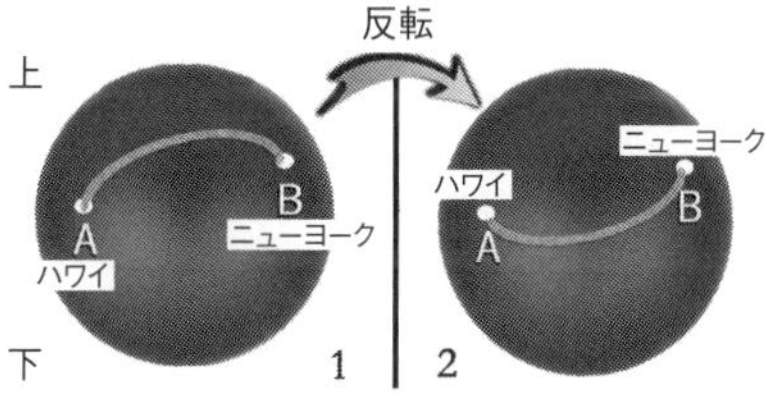

第20章　図13

第20章　図14　球体の地球上では、アメリカからハワイへのフライトは南西に向かう。

球体に描かれる弧は上に向かおうと、下に向かおうと、北に向かおうと、南に向かおうと構わないはずだ。ところが、球体モデルにおいて、こうした弧の線が図13（253ページ中段）の2のように、下や南に向かうことは決してない。これは不可解なことである。しかも、北や上に弧を描く大圏コースはしばしば〝偶然にも〟フラットアースの航路と一致する。

もう一度見てみよう。図13の1は、A地点からB地点を結ぶ、北や上に向かう大圏コースである。この画像をひっくり返すと、図13の2のように、この弧は南や下に向かって弧を描く。弧が上向きであっても下向きであっても、距離は変わらないはずだ。大圏コースのおかしな点は、これらがとても限定的なものであることだ。そして、北や上向きの大圏コースのルートは、偶然にもフラットアースの地図の航路とぴったり一致することがあるのだ。

先ほどの画像に都市名を当てはめてみよう。A地点をハワイ（ホノルル）、B地点をニューヨークとする。ハワイアン航空はホノルルとニューヨーク間の直行便を運航している。２都市間の距離は４９５７マイル（約８０００㎞）で、飛行時間は10時間55分だ。ホノルルは北緯21度30分に位置しており、メキシコのプエルトバジャルタとほぼ同じ緯度である。ではなぜ、ジョン・Ｆ・ケネディ国際空港から出発したこのフライトは、南西の目的地に向かうのに、南に弧を描くことができないのだろうか？本書で紹介してきたように緊急着陸が起きたときに初めて、これらのフライトの本当の航路がわかるのだ。

フラットアースの証拠はいたるところに存在しているが、なかでも飛行機の航路は最も説得力のある証拠だ。丸い地球で航路が常に北に向かって弧を描く理由は説明がつかない。しかし実際は弧を描いているのではなく、平面の自転していない地球をまっすぐ飛行しているだけなのだ。第15〜17章で取り上げたハワイアン航空ＨＡ50便、ＨＡ37便、ＨＡ51／ＨＡＬ51便では、これらについての共通のパターンを見ることができた。

このように大圏コースは非常に限定的なものであるということを述べてきたが、図

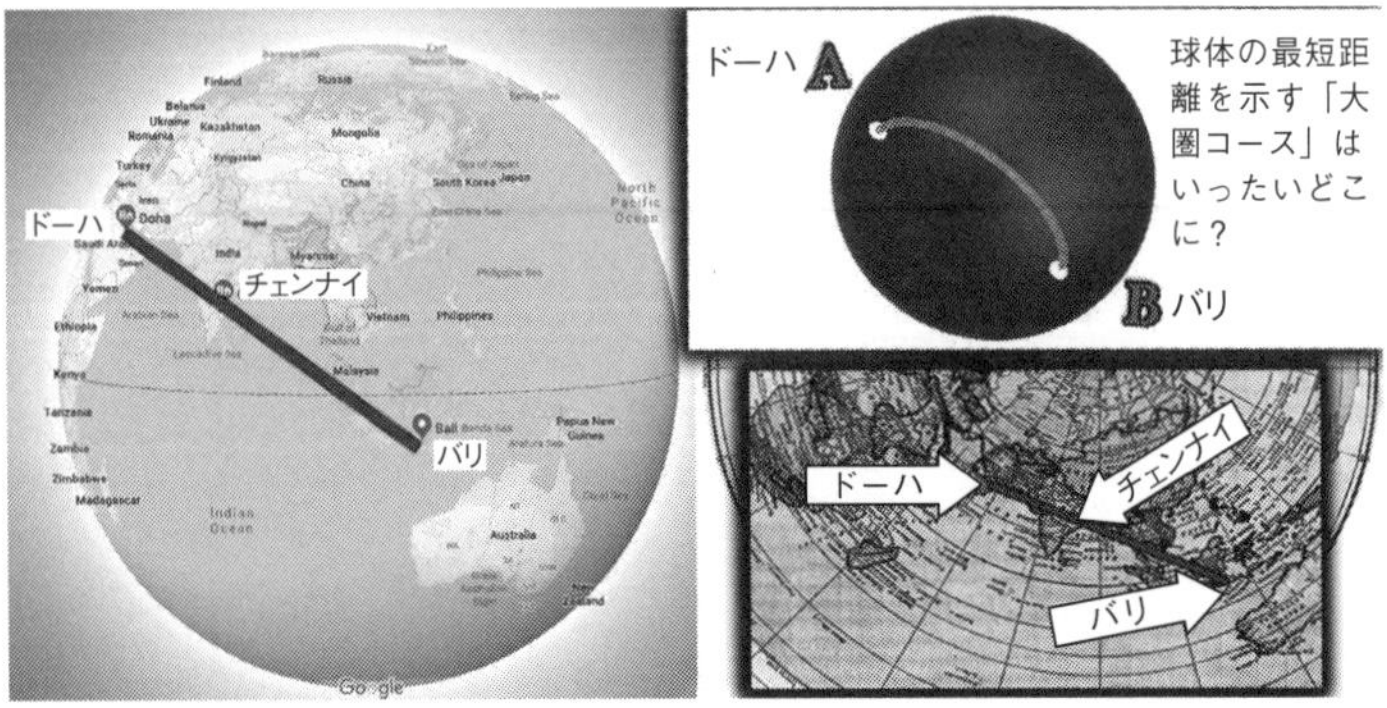

第20章　図15　Google マップ（左）でもフラットアース地図（右下）でも直線で弧を描いていないルート。

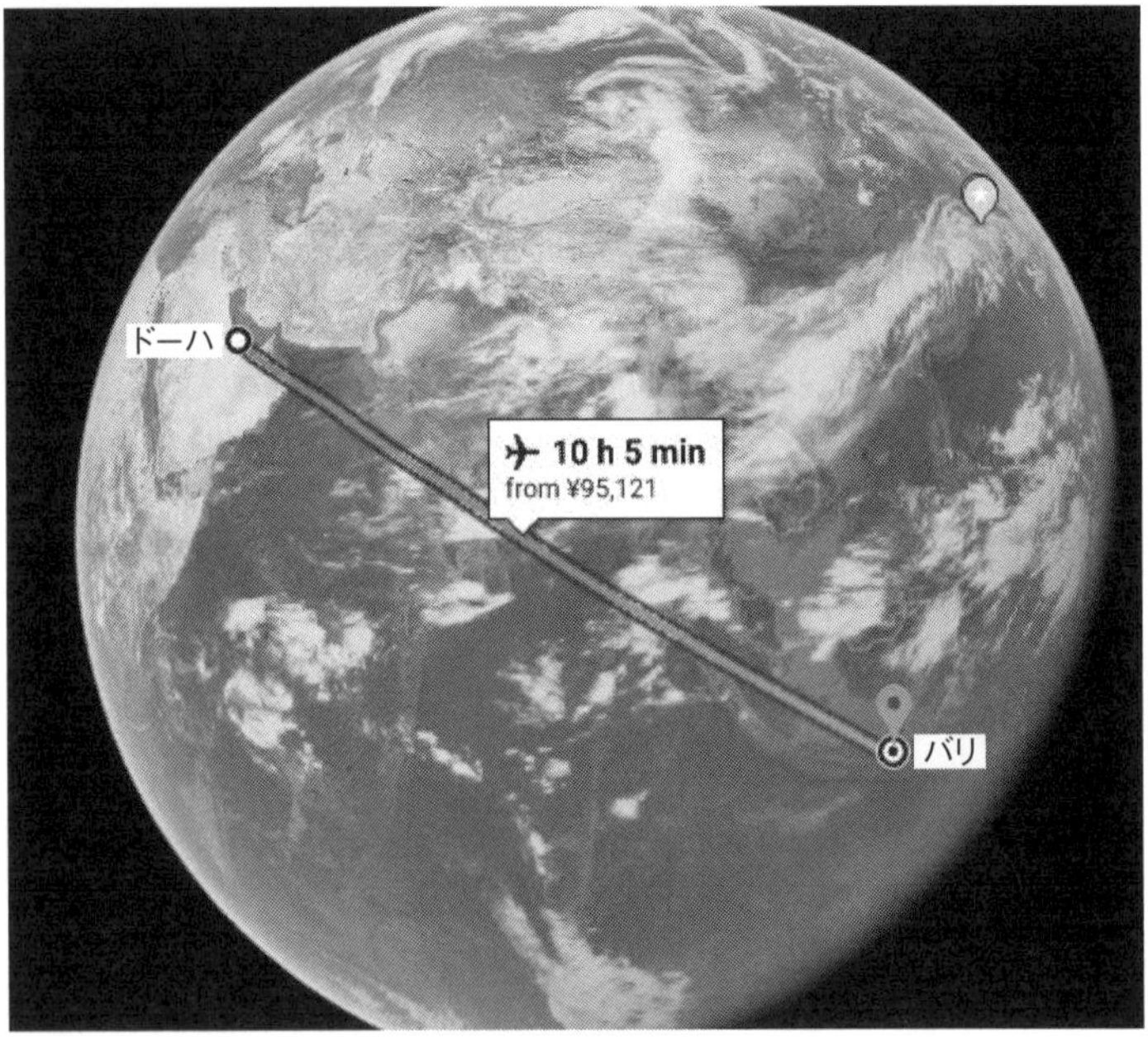

第20章　図16　Google Earth 上でも直線的な航路。

15はドーハ発－バリ着のQR972便がインドのチェンナイに緊急着陸したルートを示したものだ。これを見ると、球体モデルでもフラットアースの地図でも、航路が直線で示されている。なぜだろうか？　球体上の2点を結ぶ大圏コースはどこにいってしまったのか？　地球は変幻自在なのか？　きっとそうだ。ときには球体で、ときには平らになるのだろう！

ドーハからバリまでの飛行時間は10時間5分で、2都市間の距離は、4870マイル（約7800km）。これはちょうどニューヨークからホノルルまでの距離とほぼ同じである。ではなぜ、ニューヨークからホノルルまでのルートは、シアトルやオークランドやサンフランシスコに緊急着陸しなければならないほど大きく弧を描き、その一方で、ドーハからバリへのルートはまったく弧を描かないのだろうか？　Google Earth（図16）でもご覧のように一直線になっている。

私がGoogle Earthではなく、Googleマップを使う理由は、さまざまな計算法を用いて、地球儀に描くのと同じように経路の線を引いてくれるからである。Googleマップはアメリカで最も使用されている地図アプリで、月間1億6000万人のユーザ

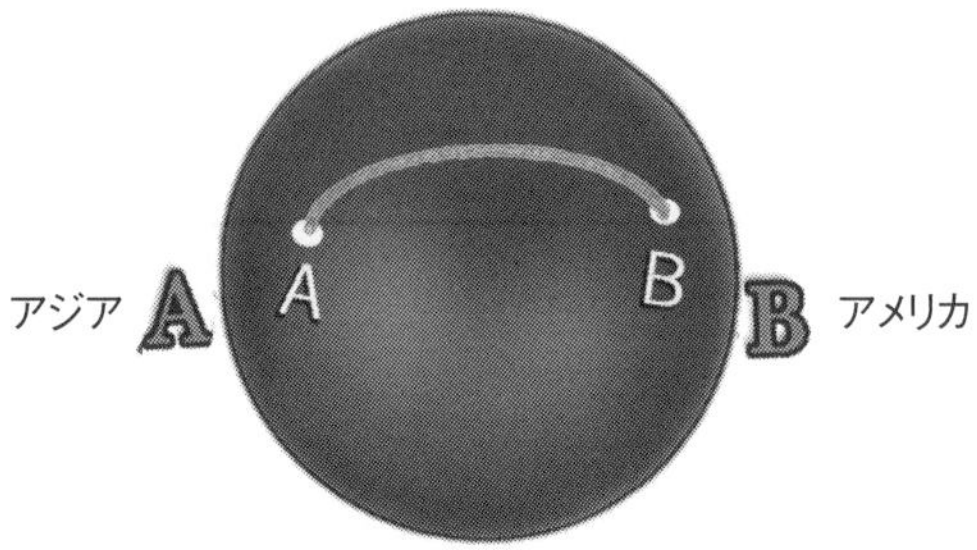

第20章　図17　アジアとアメリカを結ぶ航路は常に上（北）に弧を描く。なぜ？

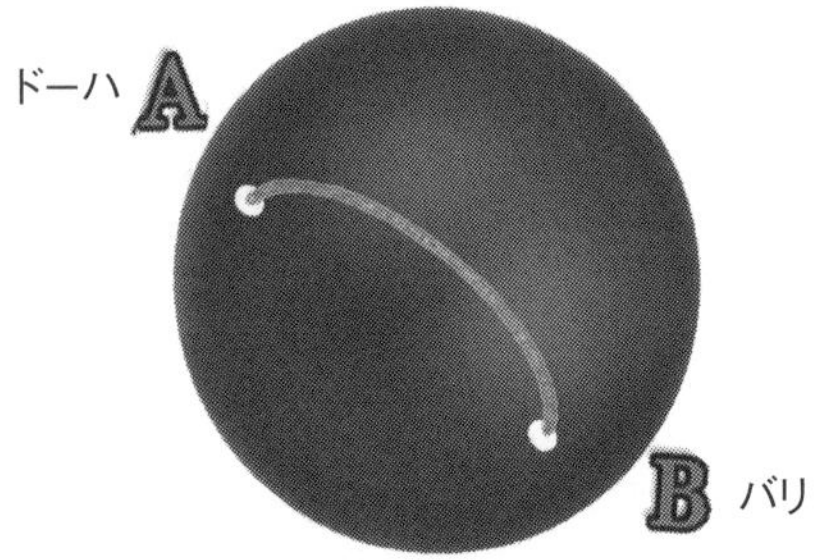

第20章　図18　ドーハとバリを結ぶ航路はこのような弧を描かない。なぜ？

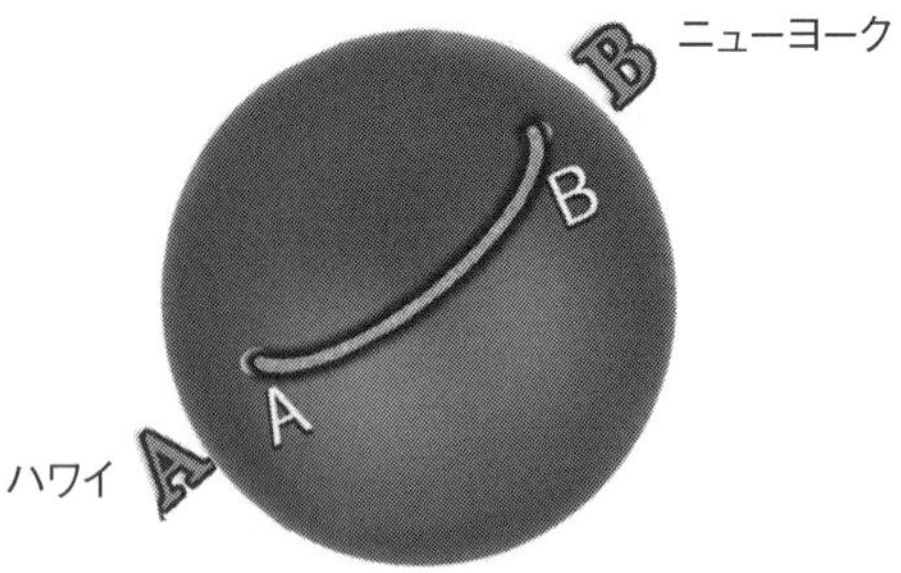

第20章　図19　ハワイとアメリカを結ぶ航路が下（南）に弧を描くことはない。なぜ？

ーが使用している。最高のプログラマーや優秀な数学者たちがこの計算式のために起用されているのだ。もしGoogleマップが間違った経路の線を引いているなら、意図的に人々を欺《あざむ》こうとしているということではないだろうか？

では、球体のA地点とB地点に再び名前を入れてみよう。図17を見てほしい。球体説の支持者はアジアからアメリカへの飛行が大圏コースを飛行すると主張するが、これを図で表すとこのようになる。

大圏コースがどれほど限定的で、非現実的かを示そう。図18を見てほしい。QR9 72便と同じく、A地点をドーハ、B地点をバリとしよう。Googleマップ、Google Earth、そして、フラットアースの地図を使ってこの航路を見てきたが、この便はドーハからバリまでまっすぐ飛行しており、緊急着陸の際には、航路の途中にあるインドのチェンナイに着陸している。

重力の理論と同様に、大圏コースという数学は非常に限定的である。重力は海を引きつけて、地球上にとどめている一方で、鳥や蜂は自由に飛び回らせている。このように球体の地球では、大圏コースの公式を当てはめることができる都市と、そうでな

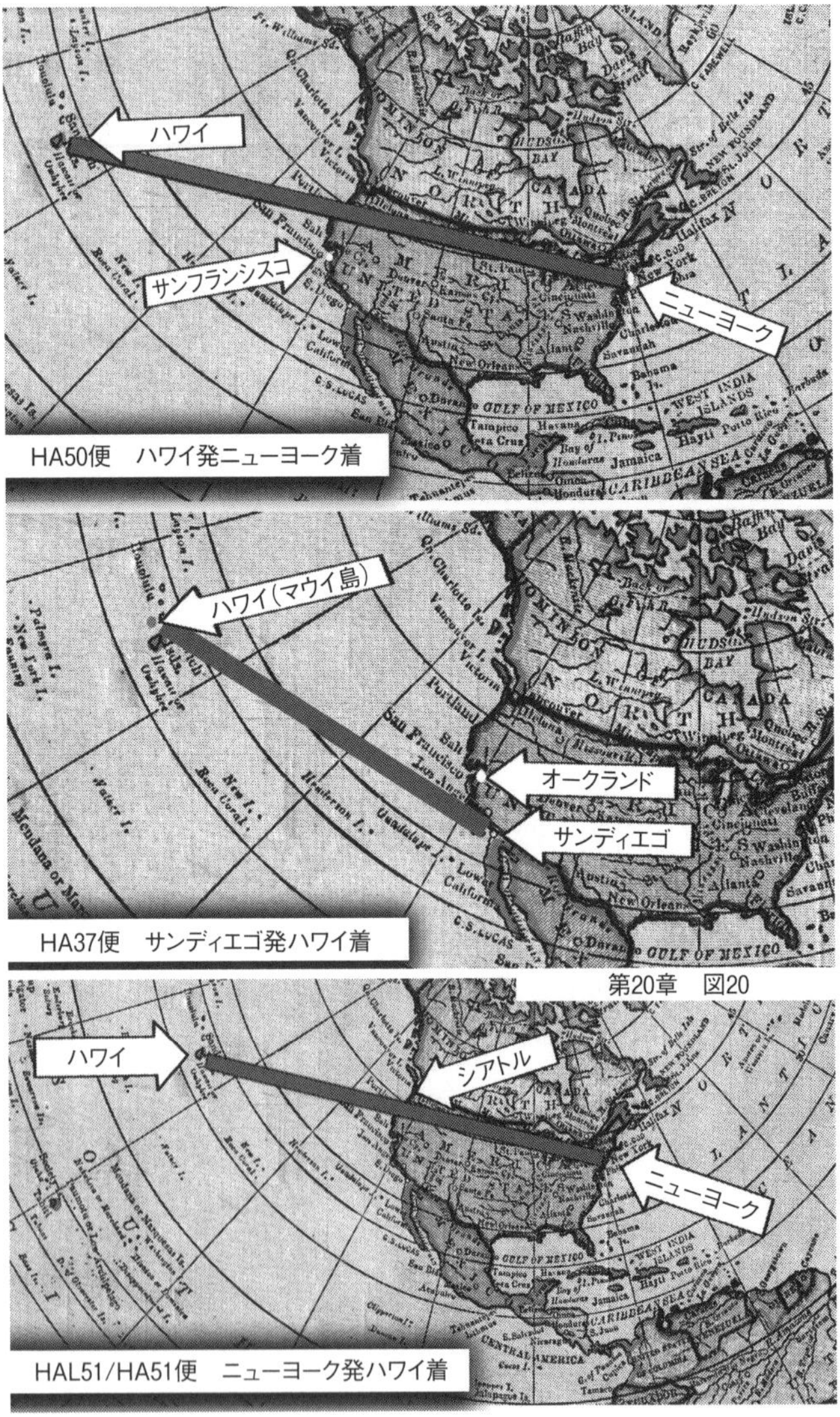

HA50便　ハワイ発ニューヨーク着

HA37便　サンディエゴ発ハワイ着

第20章　図20

HAL51/HA51便　ニューヨーク発ハワイ着

い都市があるということだ。

もう1つ、地球が球体だと考えたときに、大圏コースという数学が限定的なものであることを示した別の例が図19（258ページ）である。球体であれば、北に向かう弧だろうが南に向かう弧だろうが、上に向かう弧だろうが、下に向かう弧だろうが、その距離に違いはない。しかし球体の地球の場合、航路は常に北に向かって弧を描く。しかも、この航路は、偶然にもフラットアースの地図の航路と一致するのだ。

ニューヨークからハワイへ向かう飛行機は、高緯度から低緯度の南西に向かって、すぐに南に弧を描き始めてもいいはずである。しかし、緊急着陸の事例で紹介したHA37便、HAL51／HA51便は北西へ向かって飛行している。これはフラットアースの地図上で示されている航路のとおりである（260ページ図20）。また、ハワイからニューヨークへ向かうHA50便でも同じパターンが見られる。

第15～17章や、260ページのグリーソンの新標準世界地図でも確認できるように、本書で取り上げたフライトの航路は、どれもフラットアースの地図で見る航路と一致する。

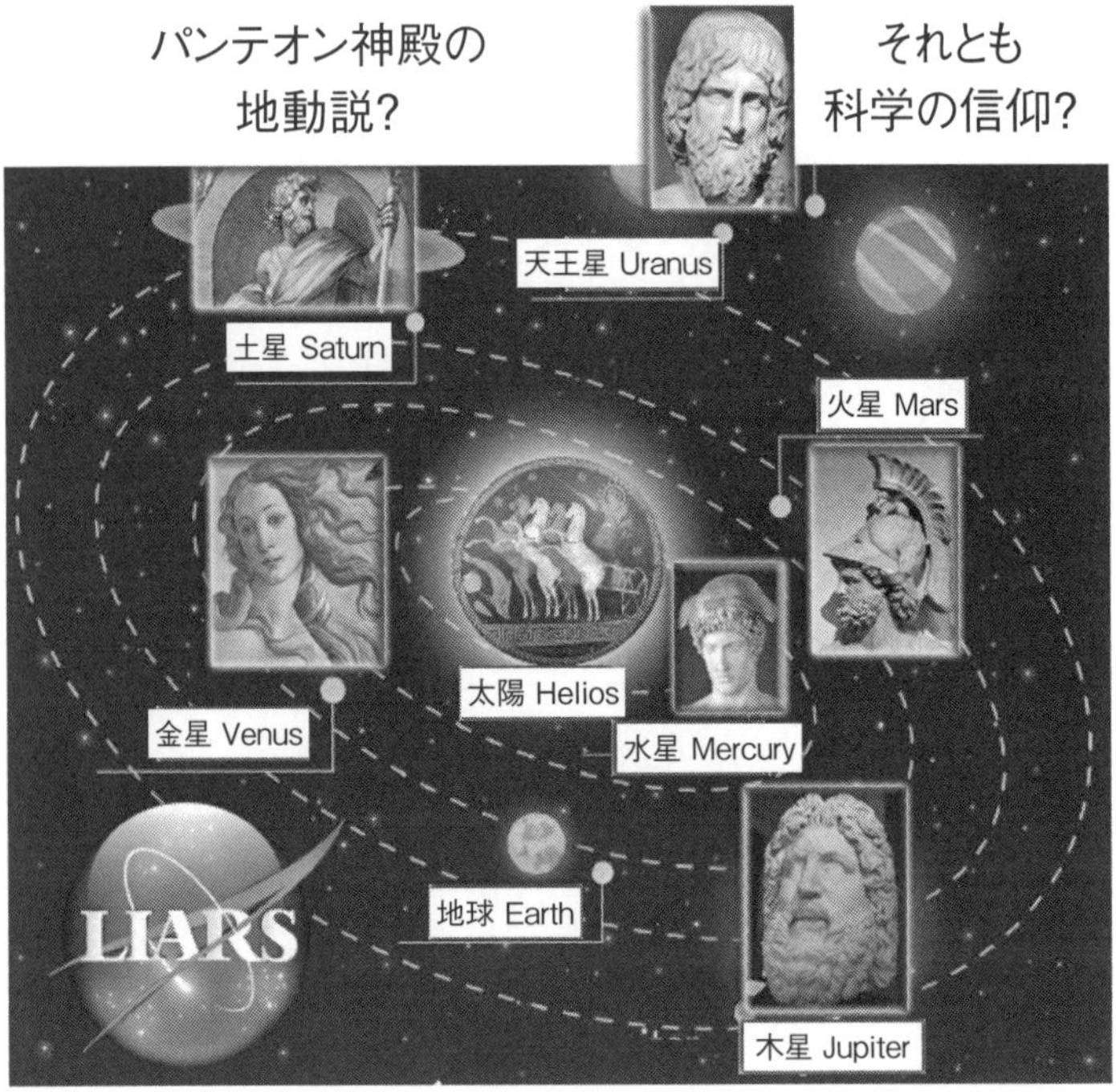

第20章　図21　パンテオンはローマの神々を祀る神殿であった。惑星や星々の名前は、ローマやギリシャの神々に由来している。地動説はパンテオンのようなものだ！

けれども、私たちは地球が時速1000マイル（約1600km）で自転し、太陽の周りを時速6万7000マイル（約10万8000km）で公転していること、太陽系全体が時速50万マイル（約86万4000km）で宇宙を飛び回っていることを信じるように仕向けられている。さらには、銀河系全体も宇宙を駆け巡り、宇宙は驚異的なスピードで膨張していると教えられてきた。しかし、私たちはまったく何も実感していないのだ！

地動説は太陽を崇拝する宗教である。人々は太陽を崇拝し、それが科学として受け継がれてきたのである。そろそろ、この信念体系を手放すときではないだろうか？

そう、地球は平面なのだ！

第21章
フラットアースの地図

ペルシャ人天文学者アル＝ビールーニー

私がアル＝ビールーニーという名前を初めて知ったのは、『Flat Earth Clues（フラットアースの手がかり）』というタイトルでアップされているマーク・サージェント（アメリカ人フラットアーサー）の一連の動画を見たときであった。フラットアースを調査するにあたり、私はそれぞれの動画や本やサイトで言われていることが真実かどうかを検証し確かめる必要があった！

アル＝ビールーニー（図1）は、ペルシャ人の天文学者で、正距方位図法の地図と

第21章　図1　ペルシャ人天文学者、アル＝ビールーニー。

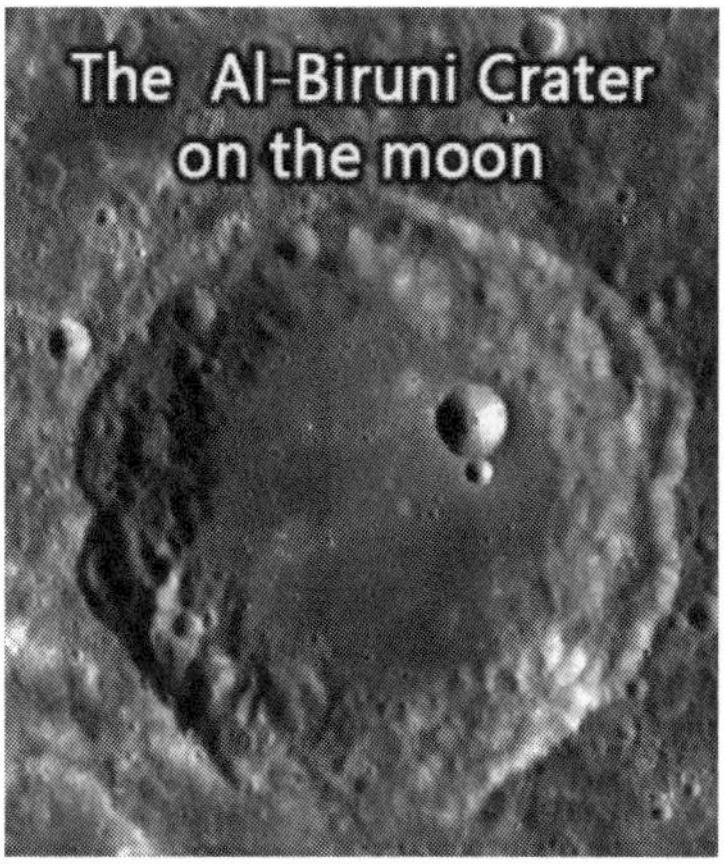

第21章　図2　NASAは、月のクレーターに「アル＝ビールーニー」と名づけた。

して知られることになるフラットアースの地図を作成した人物とされている。彼は、西暦９７３年9月15日にウズベキスタンで生まれ、１０４８年12月13日にアフガニスタンで亡くなった。ということは、地球平面図は制作されてから少なくとも１０００年近くが経過していると言えるだろう。

そして『Flat Earth Clues』で述べられているとおり、ＮＡＳＡは、このペルシャの天文学者にちなんで月のクレーターを「アル＝ビールーニー」と名づけた。ちなみに、現存する最古の地球儀は１４９２年に発表された「エルダプフェル」と呼ばれるもので、ドイツ人のマーティン・ベハイムが考案したとされている。

フラットアースの地図上に大陸がどのように配置されているのか本当のことを知る人は誰もいない。せいぜい、正距方位図法の地図がアメリカ地質調査所（ＵＳＧＳ）で利用されているくらいだ。このことは３３０ページにわたって構成される、１９８２年に出版された『地質報告書１５３２年』でも述べられている。この報告書が取り上げているのは正距方位図法だけではない。実際に、フラットアース、球体問わず、あらゆる投影法がＵＳＧＳの報告書には記載されている。

さまざまな分野で見られるフラットアースの地図

ここでは、科学やテクノロジーや一般的な研究分野でも用いられているフラットアースの地図を掲載する。これを見ると読者の皆さんも、地球の本当の形がわかると思う。

◇気象

図３のフラットアースの地図は、気象学において気温を表すために使われている。

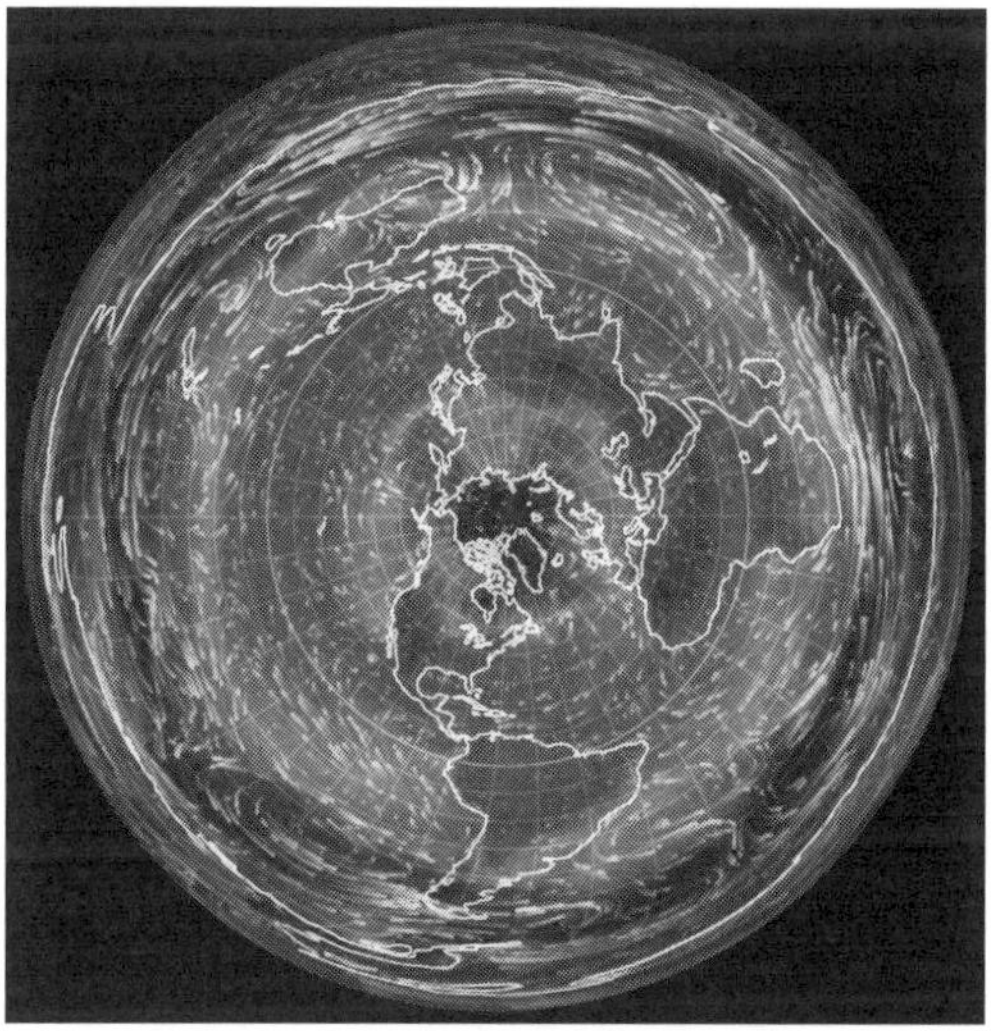

第21章　図３　フラットアースの地図上では気温の分布がわかりやすい。

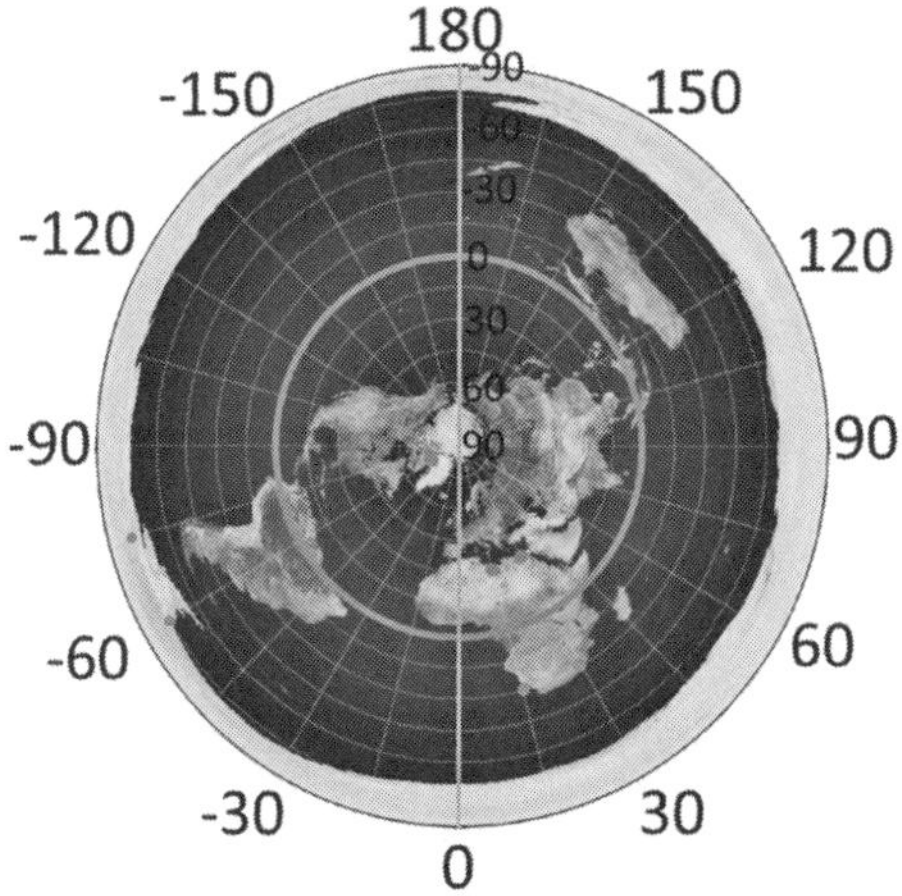

第21章　図４　緯度や経度を利用する際にも理解しやすい。

太陽は、地動説で教えられているよりもずっと近く、ずっと小さい。太陽は平らな地球を時計回りに1日で1周する。中心極（北極）に近い北回帰線の周辺を3ヵ月間回り、その後、赤道に移動しながら3ヵ月間周回し、さらに南回帰線へ移動しながら3ヵ月間周回した後、また赤道に戻る。

赤道は北回帰線と南回帰線の中間にあり、太陽は1年に2度、この周辺を周回する。そのため、赤道近くは北極点や南極圏の周辺エリアに比べて気温が高くなる。

図3では、北極点を中心に同心円状に気温の分布が見られる。太陽が年に2度回る赤道付近と、年に1度しか回らない北回帰線や南回帰線上のエリアは気温分布が異なっているのがわかる。このように、地球上の温度は、フラットアースの地図で見るほうがより理解しやすいのである。

◇地理

地理や地学の分野でも同じことが言える。たとえば、緯度線や経度線について学ぶ場合、フラットアースの地図では、北緯90度から南緯90度まで地球の全体像を見ることができる（267ページ図4）。また、先に挙げたUSGSの報告書によると、フラットアースの地図に示されている北緯90度から赤道上の0度までの線は正確なものであり、ギリシャ人やエジプト人は2000年前から知っていたとのことである。ちなみに、赤道より南の地域は、古代には知られていなかった。

◇戦争

戦時中はフラットアースの地図以外は使用されていなかった！　本書の第2章で取り上げた世界の航空地図（58ページ図6）はフラットアースの地図で、都市間の距離が示されている。ヒトラーは軍事戦略を立てるときにフラットアースの地図を使用していた。また、ケネディのシチュエーションルームにもフラットアースの地図があった。

図5（270ページ）は、アルコア（アルミニウム・カンパニー・オブ・アメリカ）が1943年に制作し、近年あるオークションで非公開の価格で売却された地図である。本書にこの地図の画像を掲載するにあたり、私はBarry Lawrence Ruderman Antique Maps Inc. に許可を求めた。この地図のレプリカはオンラインストアで購入

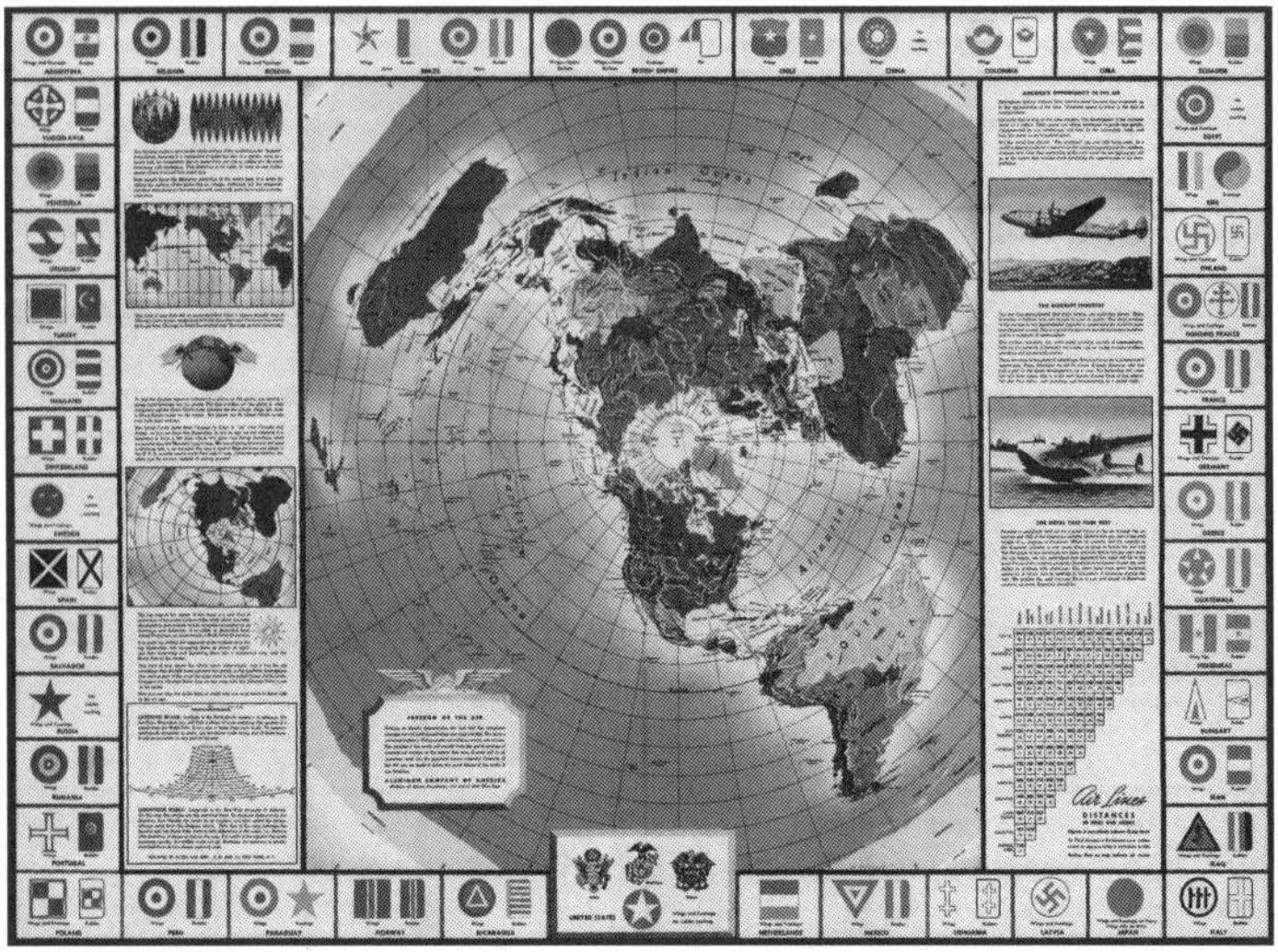

第21章　図5　航空機に使用するアルミニウムメーカー、アルコア社が作成したフラットアース地図。第２次世界大戦中の各国空軍のエンブレムが描かれている。

第21章　図6　「陰陽」のシンボルもフラットアースを表している。

可能だ（リンクは333ページ）。

◇中国

中国の思想に端を発する「陰陽」のシンボルは、フラットアースの地図に他ならない（図6）。これは、私たちが毎日目にしている東から西への循環を表しており、月が黒半分で表される夜を照らし、太陽が白半分で表される昼を照らしている。

中国人は地動説を最後まで採用しなかった民族であるが、フランス、イギリス、ポルトガルなどの植民地開拓者たちによって半ば強制的にこの説を受け入れることになった。

図7（272ページ）は面白いことに、フラットアースの地図というだけでなく、隠された大陸が描かれている。地図だけではなく、1907年1月11日の『ハワイアンガゼット』紙の記事全文を掲載したのは、南極圏の外側に大陸があるかどうかについて、公平でありたいためである。

南極圏の向こう側に何があるのか、私個人はわからないし、知ることもできない。

HAWAIIAN GAZETTE, FRIDAY, JANUARY 11, 1907. —SEMI-WEEKLY

Was This World Map Made Ten Centuries Ago?

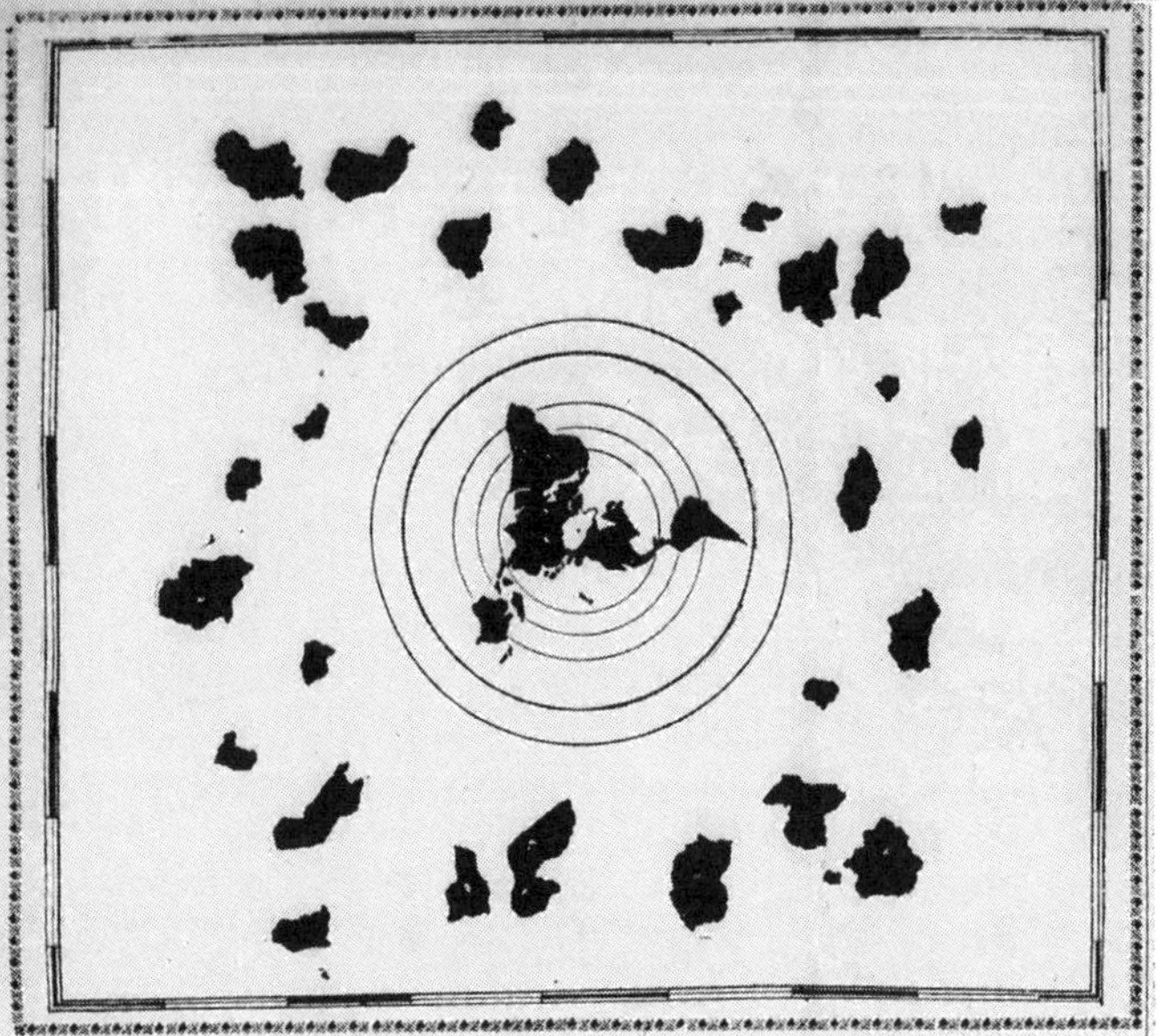

Stranger almost than the "Manuscript found in a Copper Cylinder" is the copy of a map which came across seas to Honolulu from a Buddhist Temple in the mountains of central Japan. It is a map of the world made 1000 years ago. Dr. Kobayashi, the well-known Japanese physician and surgeon of Honolulu, has received a copy of the map, which he believes to have been made by Chinese priests ten centuries ago.

The map is drawn on the principle of the Mercator Projection showing the North Pole as the center of a circle in which are the continents of North and South America, Europe, Africa, Asia and Australia.

"The map was found by my brother in a Japanese temple in the mountains of Japan," said Dr. Kobayashi. "It has been hidden from the Japanese government in modern times just as it was in ancient times, for in olden days such a map would have been destroyed by the authorities. According to a letter the original map was brought from China by a Buddhist priest and concealed in this temple.

"Ten years ago my brother was a consumptive. Although I was a physician he did not wish to be treated with medicines. He decided to go into the mountains and attempt a cure by himself. For ten years he has remained there and used his will power to effect a cure. Today he is a well man. During his stay there he found this map. He evolved from it a theory of the flatness of the earth, despite all modern facts showing it to be a sphere. This theory has been his one aim in life. He is an artist and in order to demonstrate his theory he made beautiful drawings, picturesque and attractive to the eye, in which mechanical, astronomical and engineering methods are shown.

"My brother goes back to the days of Columbus and Amerigo Vespucci who, he says, sailed for a new country believing that by sailing directly in one general direction they would ultimately come to the place.

"We moderns know that a vessel sailing from a port and going continually in a general easterly manner will arrive at the same place. The vessel, of course, goes around the globe. My brother's theory is that one sails about a vast plane as one would sail around the edges of a bowl."

The illustrations accompanying the map are beautiful examples of Japanese art. No more attractive book of geography has ever been compiled. It is a mass of cherry blossoms, Fujiyamas, beautiful blue seas dotted with the sails of junks and sampans. There are landscapes and seascapes and bizarre pictures of Japanese women, designed along old-time styles. But in every sheet of such pictures the engineering lines are brought out in a way that does not mar the picture. With the text matter explaining each page, the geography should be easily understood.

Dr. Kobayashi now has all the original sheets, scores of them, and these he will return to Japan to his brother, who intends to have them put in the hands of publishers. It will be one of the most novel publications of the period.

The original map of which a copy drawn by Dr. Kobayashi's brother, and of which the accompanying cut is a tracing, is worm-eaten and barely holds together. The above map with all the continents and even the Hawaiian Islands shown, was evidently not made by the priests who traced the original lines.

第21章　図7　1000年前に中国の僧侶が作成したとされているフラットアース地図。南極の外側にも大陸があるのだろうか。

1959年12月1日にワシントンで、当時12ヵ国が調印した南極条約では、参加国すべての承認がないかぎり、誰も南極を探検してはいけないということが定められている。参加国の数は増え続け、今日では54ヵ国になった。果たして、南極を探検するための許可をすべての国から得られる日は来るのだろうか⁉

◇都市文化

オーストラリアのシドニーにあるダーリンパークは、「フラットアース・ファウンテン」のある公園として知られている（274ページ図8）。公園の休憩エリアには、フラットアースの地図がデザインされた美しい噴水がある。訪れた人々は大陸の上の散策を楽しめる。アフリカからアジア、オーストラリアへと進み、そして再びアジアから北アメリカ大陸、南アメリカ大陸へと歩いてまわることができる。まさに、真実は見えるところにさりげなく隠されているのだ！

また、ダーリンパークの入り口には、1mほどの大きさのフラットアース時計（図9）が設置されている。この有名な時計と一緒に写真を撮ったり、時針や秒針で遊んだりする観光客の姿も見られる。この公園はオーストラリアの人々に、自分たちが架

第21章　図8　市民の憩いの場に「フラットアースの噴水」。

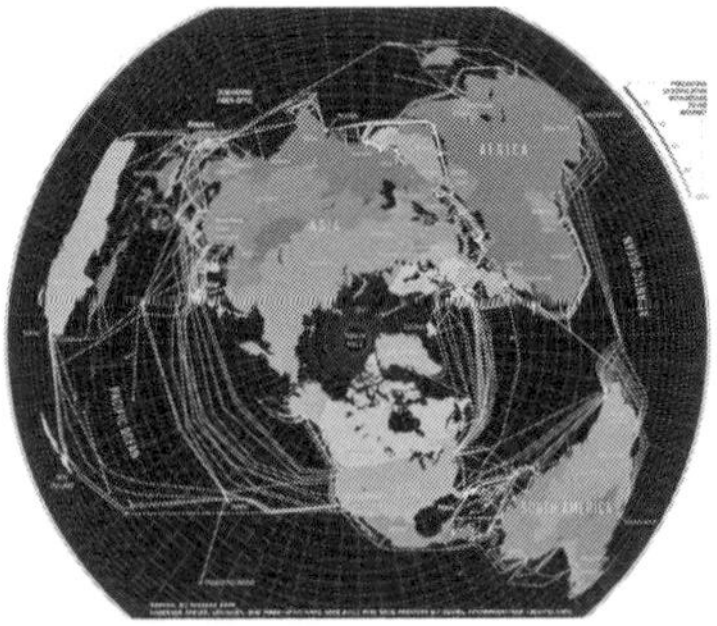

第21章　図10
世界を結ぶ海底ケーブル網。

第21章　図9
フラットアースをデザインした時計。

空の自転する地球の下側にいるわけではないことを伝えているすばらしいツールなのだ！

◇テクノロジー

通信のために、広範囲にわたり海底にケーブルを設置しているという事実は、フラットアースの存在を物語っているだけではなく、人工衛星がインチキであることを裏づけてもいる（図10）。球体の地球を周回していると言われている衛星の数が正しいのであれば、細いものであれば10㎝、太いものであれば30㎝ものケーブルを海底に設置する必要などない。

◇時差

時差についても、フラットアースの地図で説明するのがよいだろう。図11・図12（276ページ）のように、太陽は24時間で平らな地球を1周する。図11では、フラットアースの地図が24エリアに分かれていて1時間ずつ時差があることを表している。このスクリーンショットは、「Flat Earth Sun, Moon & Zodiac Clock」というアプリ

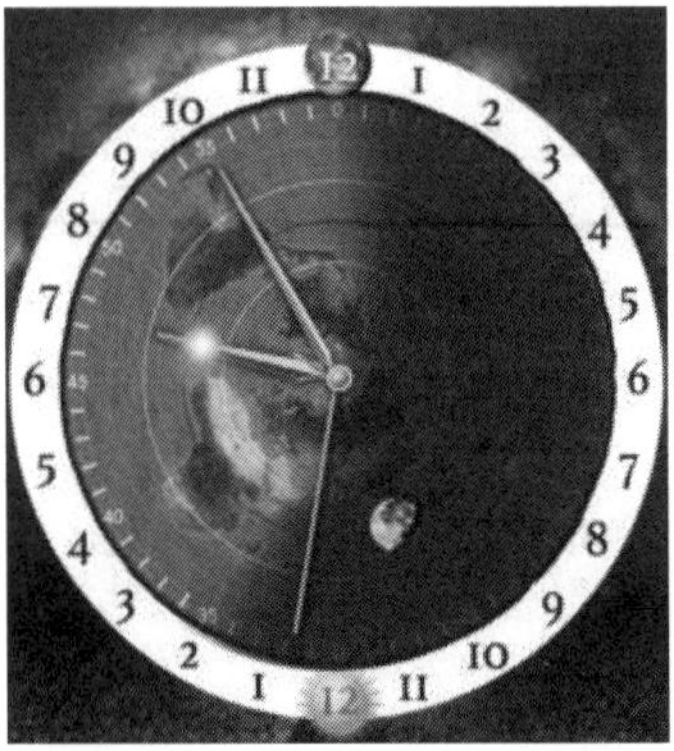

第21章　図12　昼と夜の地域や時差がわかりやすく表示されている。

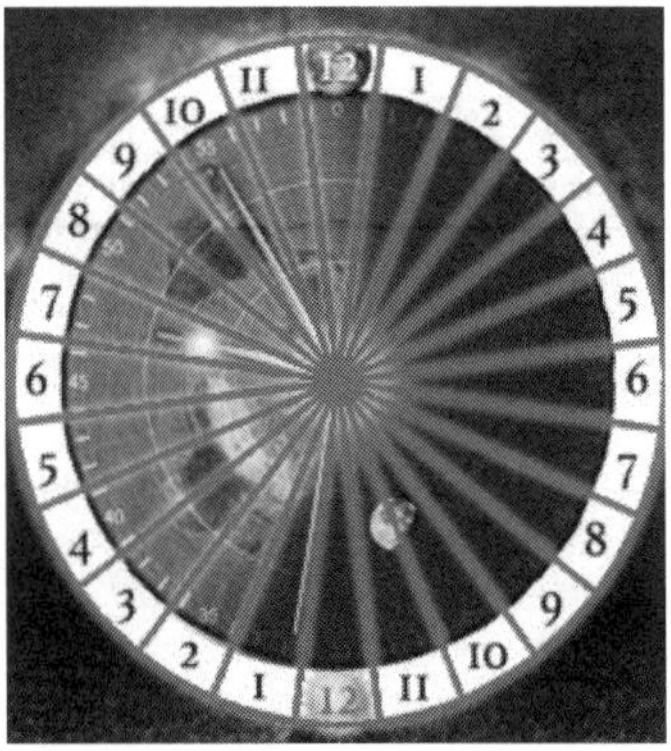

第21章　図11　24エリアに分かれ1時間ずつ時差がある。

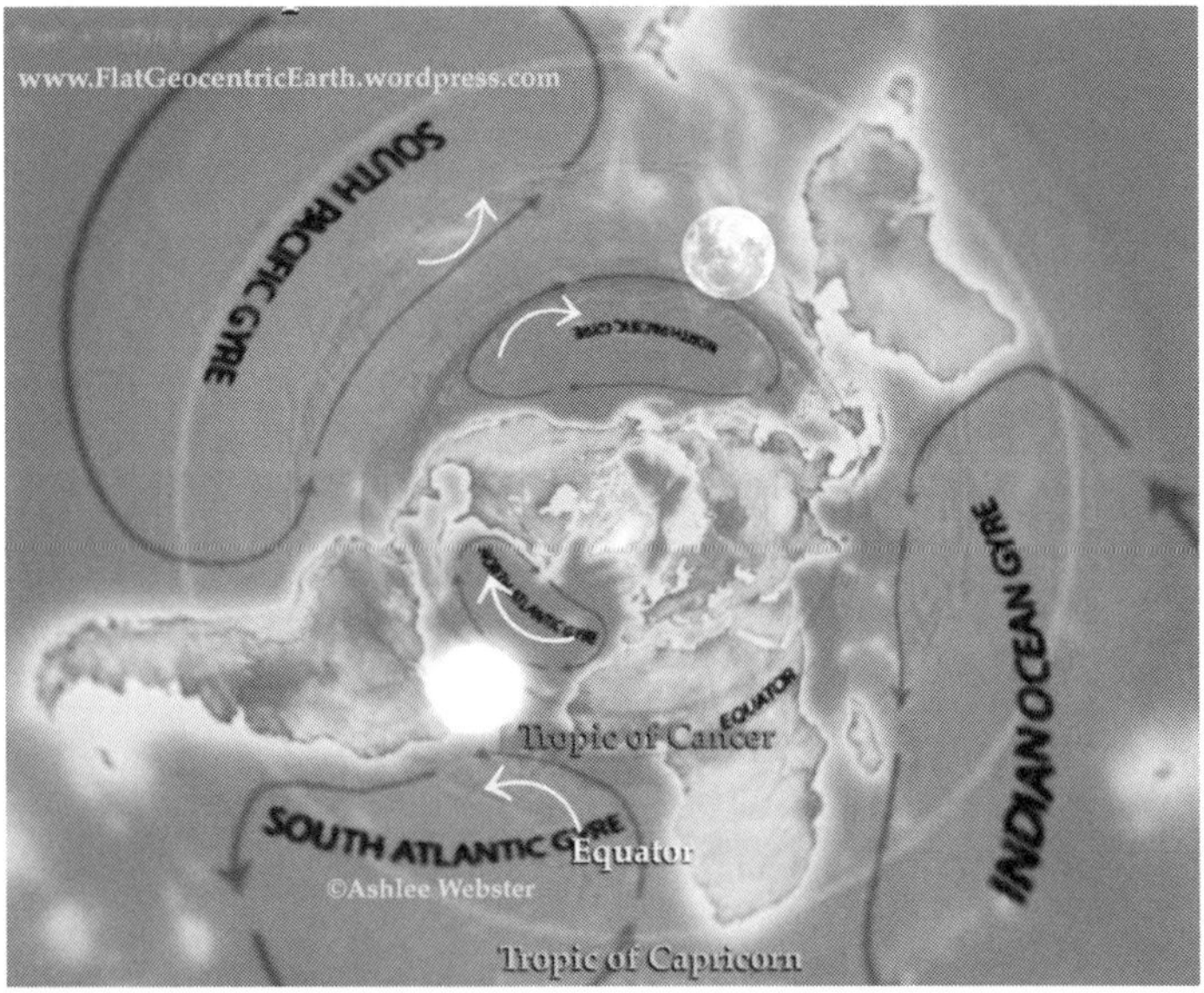

第21章　図13　太陽の動きと海流の連動がよくわかる。

から撮ったものである。

◇海流

海流についても、フラットアースの地図で見るとよくわかる。flatgeocentricearth.wordpress.com（フラットアース情報サイト）に掲載されている画像（図13）をご覧いただこう。

太陽は1年かけて、北回帰線から南回帰線に向かって移動し再び北回帰線に戻ってくる（1往復する）。このとき太陽の電磁エネルギーは海水を押しのけ、海流が発生する。つまり、太陽が周回経路に沿って移動するとき、太陽エネルギーは海水をその経路から外側（進行方向の左右）に押しやり、海流に2つの方向性をもたらすのである。

◇四季

四季に関しても、フラットアースの地図で解説できる。フラットアースモデルだと、太陽は北回帰線を3ヵ月かけて周回している。太陽が北回帰線を周回しているときには、北極点に近い地域は夏となるし、南側の地域は冬となる。太陽が赤道に移動する

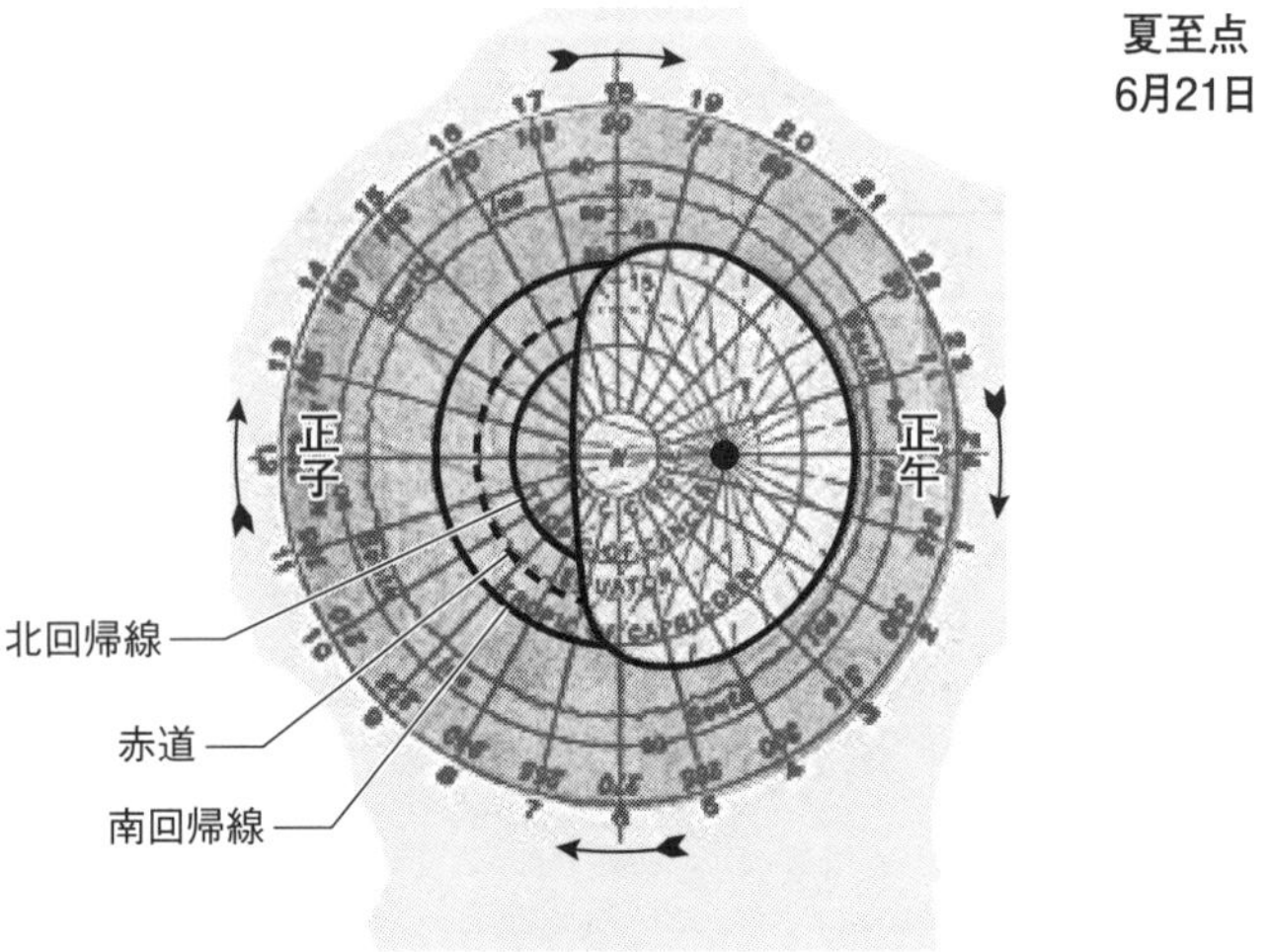

第21章　図14

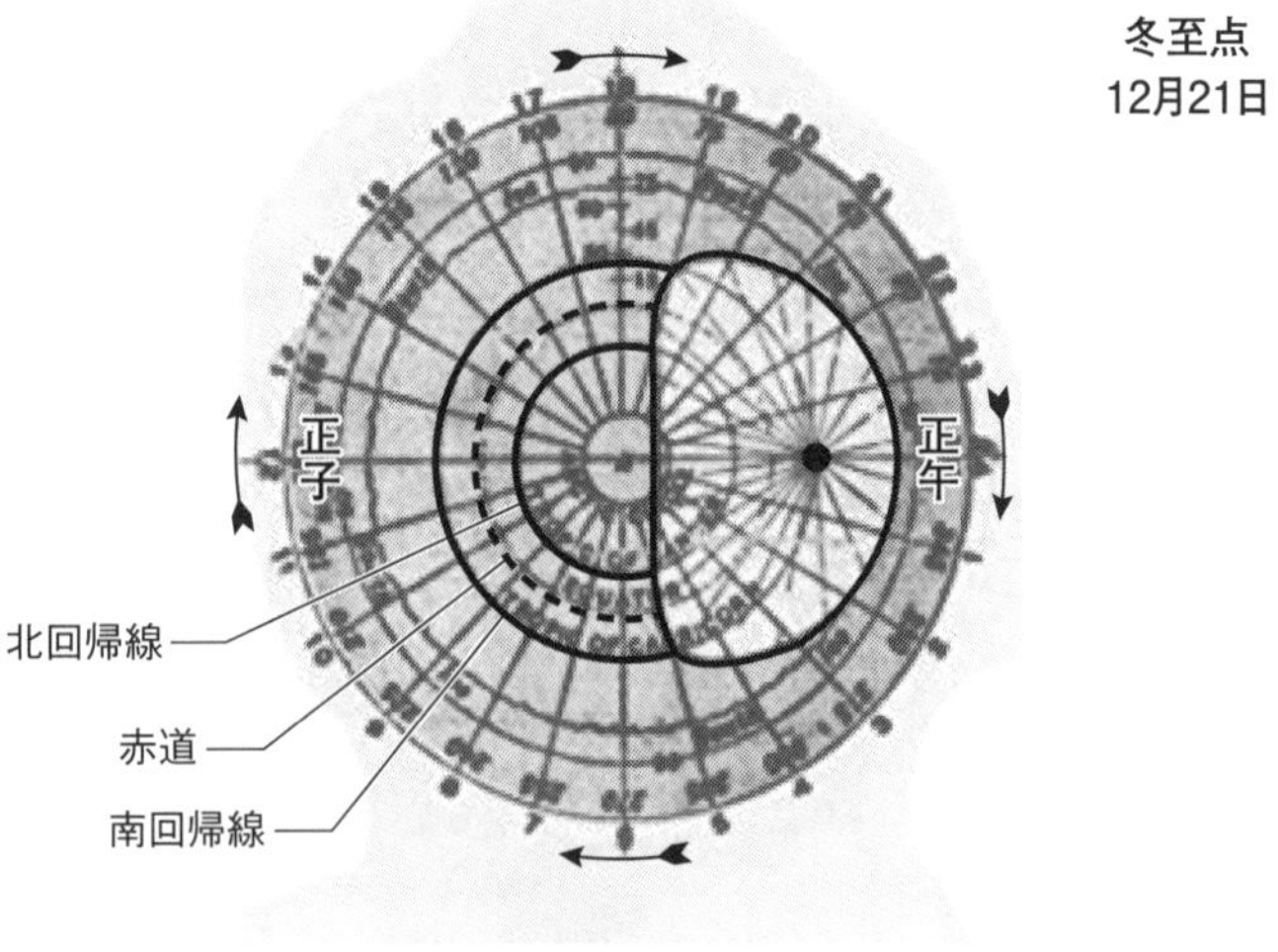

第21章　図15

と、北側の地域は夏から秋となり、南側の地域は冬から春になる。太陽が南回帰線に移動すると、赤道の南側の地域は夏となり、北側の地域は冬となる。この仕組みの説明は、アレックス・グリーソンが制作した地図『グリーソンの新標準世界地図』に記載されている（24ページ参照）。

◇6月の至点（夏至点：太陽が赤道から北へ最も離れるときの位置。図14）

図14・図15は、それぞれの時季の正午の太陽の位置を表したものだ。白い部分は、太陽光の当たり方を表している。

6月21日以降、太陽は北回帰線から南へ向けて熱帯地域をらせん状に毎日広がりながら周回し、12月21日には南回帰線の真上に至る。

◇12月の至点（冬至点：太陽が赤道から南へ最も離れるときの位置。図15）

12月21日、太陽は南回帰線を周回し、日中は北極圏から南極の一部にかけて地球の南部を照らす。南緯80度より南には太陽光は届かず、未知の氷の領域が広がっている。12月23日になると太陽は再び北に向かって進み、スタート地点に戻る。このようにし

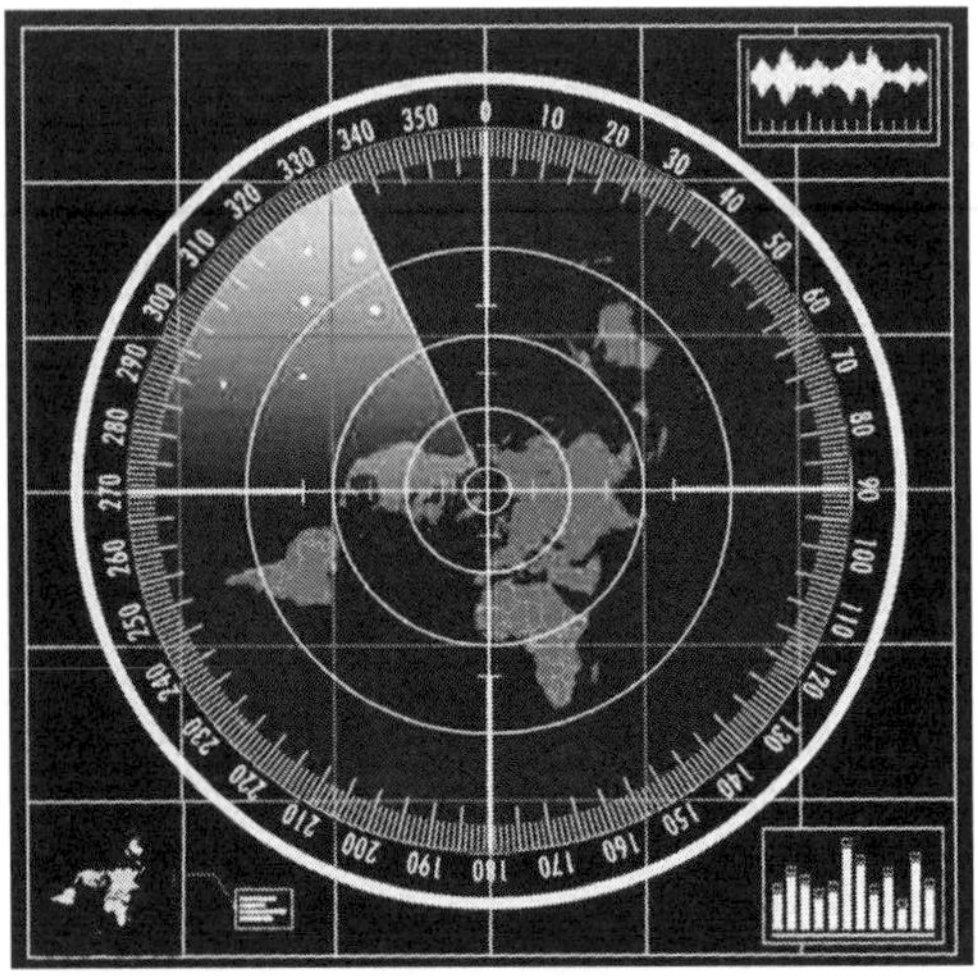

第21章　図16　レーダーの電波は直進する。

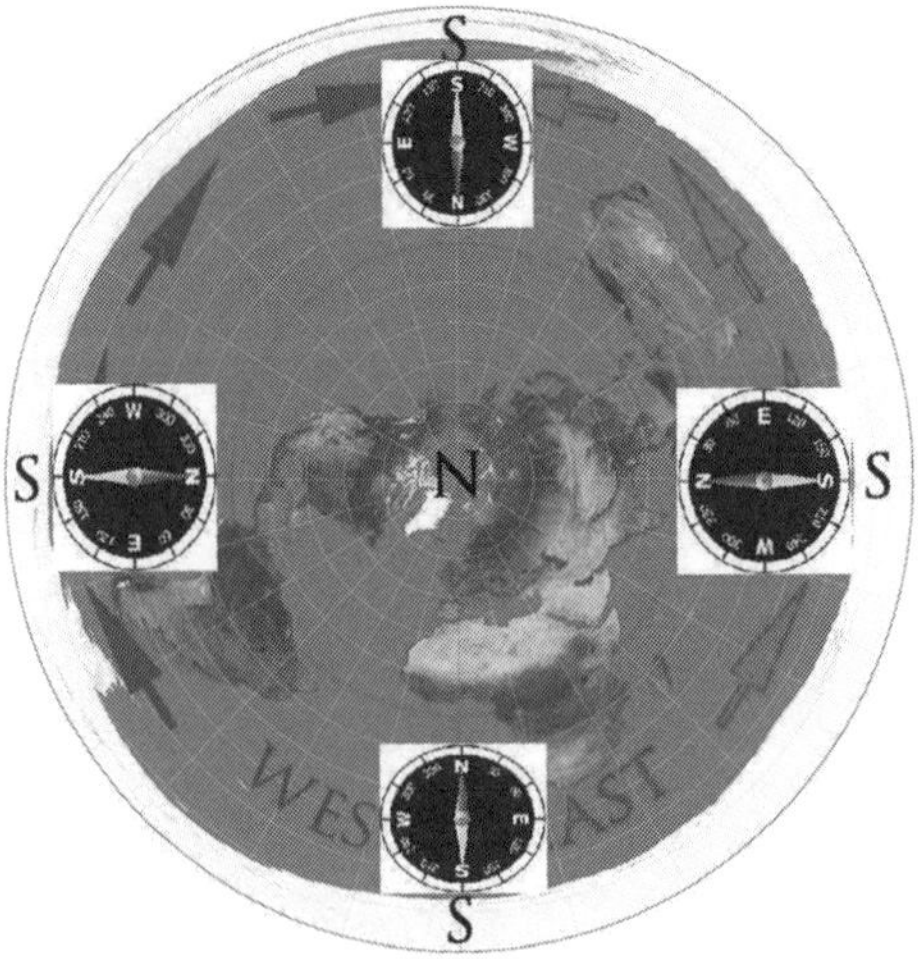

第21章　図17　Nは北極点を表す。

て四季がめぐっているのだ。

◇軍事

軍事分野でいうと、もし地球が球体だとしたらレーダーは機能しない（図16）。レーダーは電波を使って、物体の距離幅、角度、速度などを測定する探知システムである。この電波は曲がらないのだ。

球体の地球ではコンパスも使えない。コンパスは常に極点（北極点）を指している。地球が球体であれば、南半球では北極点を指すべき直線上は地中を通ることになる。一方フラットアースでは、本書の第10章に掲載されているジョン・ジョージ・アビザイドの地図（117ページ）でも、南はフラットアースの外周側として描かれている。この概念をよりよく説明するために、図17を追加した。Nは北、つまり平らな地球の中心極（北極点）を表している。４つのコンパスは北を指し、その反対側の針はすべてS、つまり南を指している。

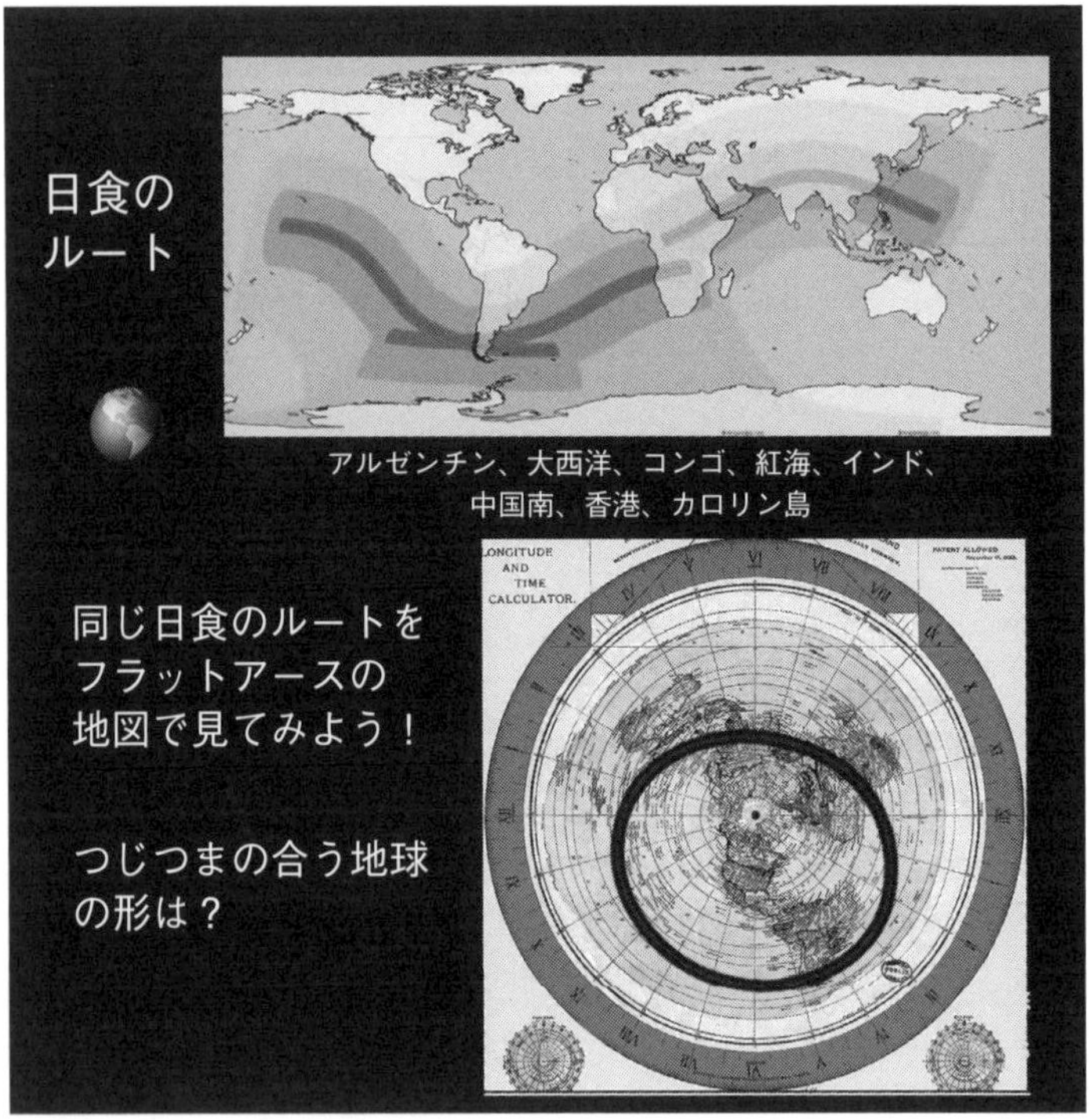
日食の
ルート
アルゼンチン、大西洋、コンゴ、紅海、インド、
中国南、香港、カロリン島
LONGITUDE
AND
TIME
CALCULATOR.
PATENT ALLOWED
同じ日食のルートを
フラットアースの
地図で見てみよう！
つじつまの合う地球
の形は？

第21章　図18

エリック・デュベイ著『200 Proofs the Earth is Not a Spinning Ball（地球が回転するボールではないことを証明する200の証拠）』には108番目の証拠として、下記のようなことが述べられている。

「地球が球体だとしたら、船の羅針盤は機能しないし、役に立たない道具だ。平面の地球であれば、コンパスは北と南を同時に指す。しかし、仮説の世界にしか存在しない、溶けた金属のコアから成る自転する球体の両極にある、絶えず動く2つの地磁気極を、コンパスが正確に指し示すとされている。もしコンパスの針が実際に地球の北極に引っ張られているのであれば、南の針は反対側の宇宙の彼方に向いているだろう」

◇日食

日食もフラットアースの地図を使えばわかりやすく説明できる。球体モデルとフラットアースモデルの日食ルートを表した図18をご覧いただきたい。アルゼンチン、大西洋、コンゴ、紅海、インド、中国南、香港、カロリン島など、日食が記録された場所を見ると、地動説ではまったくおかしいことがわかる。同じ場所をグリーソンの新

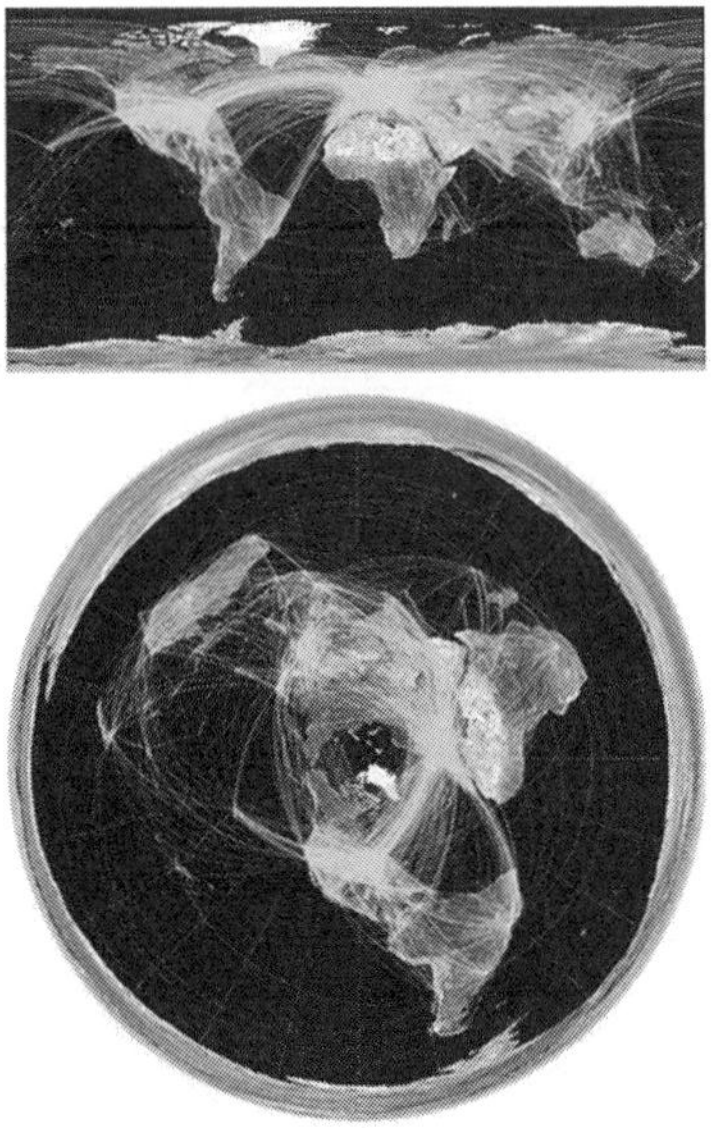

第21章　図19　フラットアースの地図で見る航路のほうが理にかなっている。

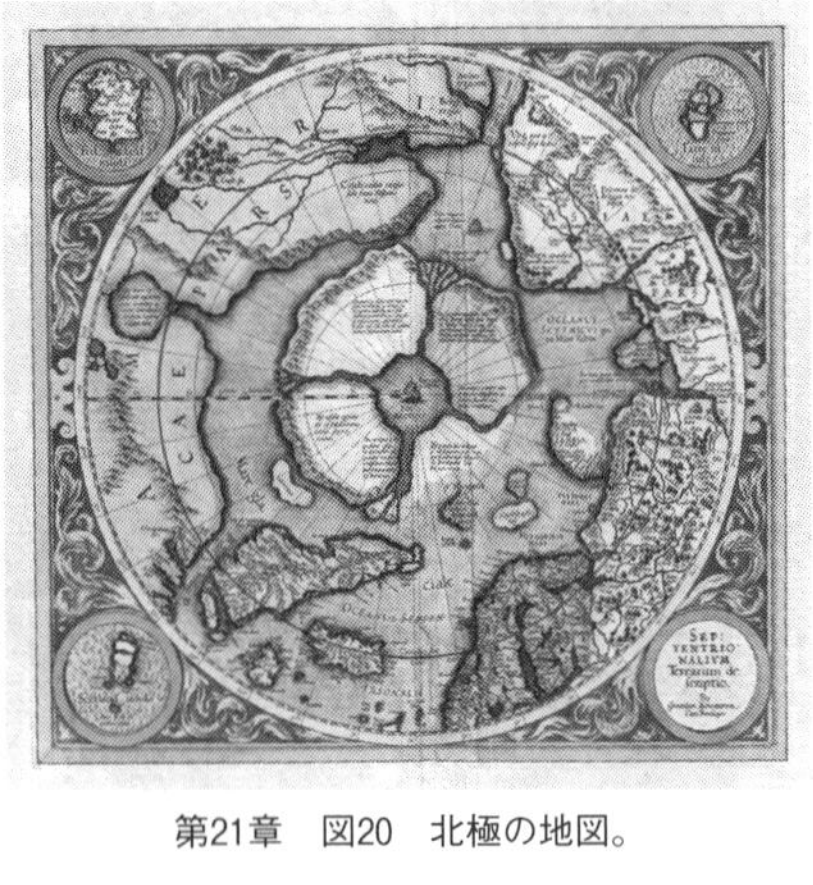

第21章　図20　北極の地図。

標準世界地図に照らし合わせてみると、なるほど納得である！　太陽と月は、平らな地球の上を回っているのだ！

２０１７年に私は、フラットアース上を周回している太陽と月が、どのように日食や月食を起こすのか解説する動画を作った。洗脳された球体派のウェブサイトでは、私の動画のスクリーンショットが取り上げられたが、私の主張を論破することはできなかった。そう、太陽は平らな地球の上を周回し、日食や月食がこのことを目に見える形で証明しているのだ。

◇航空

球体の地球上ではまったく意味がわからないことも、平らな地球であれば完璧に説明がつくし、理解することができる。その1例が航路だ。メルカトル図法で見ると、球体説がいかにデタラメであるかがわかる。

政府機関でも非政府機関でも、フラットアースの地図の使用を避けている。あまりにも的確だから恐れているのだ。同様に、nullschool.net（気象情報サイト）は正距方位図法を投影法から除外している。図19を見てもわかるように、飛行経路はフラット

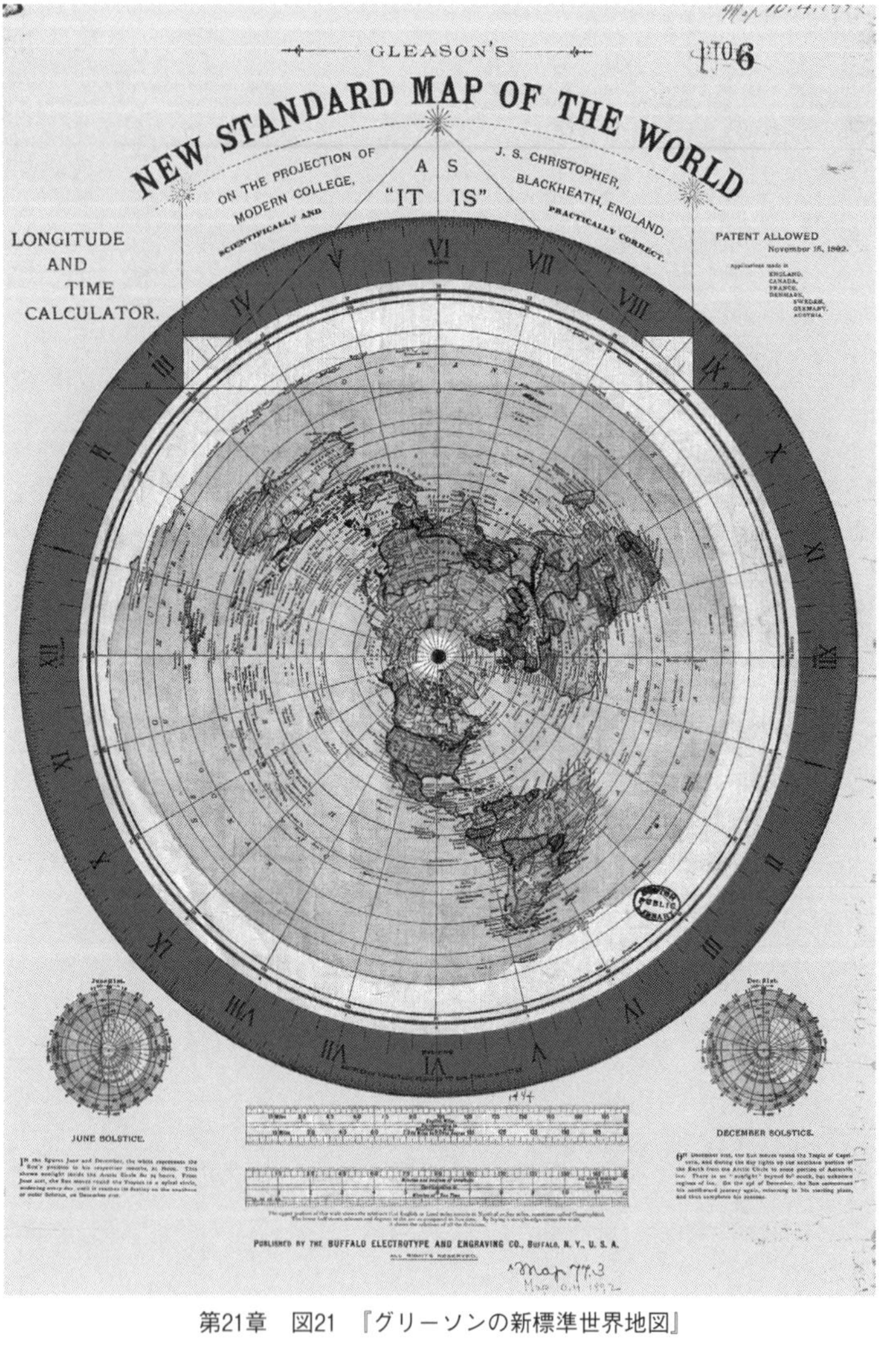

第21章　図21　『グリーソンの新標準世界地図』

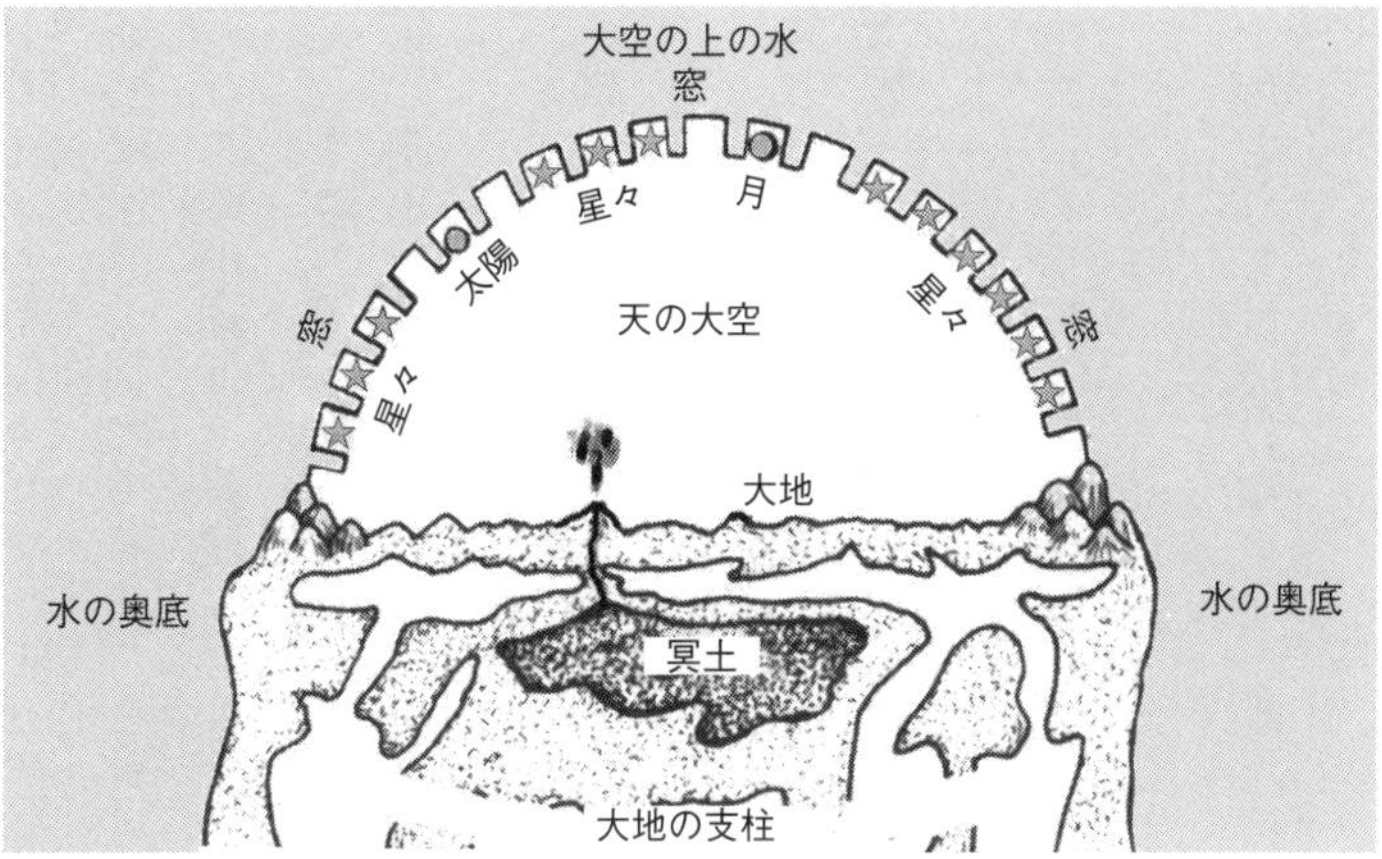

第21章　図22　聖書に見られるフラットアース。

アースを証明している。航路と緊急着陸の事例は、地球が球体ではないという紛れもない証拠なのだ！

◇歴史

ラテン語で〝Polus Arcticus Cum Vicinis Regionibus〟という名称で知られる、ゲラルドゥス・メルカトルの有名な北極の地図は1607年に出版された『Atlas Minor』（地図の本）に掲載された（284ページ図20）。このフラットアースの地図には、北極点を取り囲む大陸と4本の川、そして中央には山が描かれている。また、フリスランドと呼ばれる島が、この地図やその他の歴史的な地図には存在している。

図21（286ページ）は、有名な「グリーソンの地図」、正確には『グリーソンの新標準世界地図』である。これは本書で何度も取り上げているフラットアースの地図だ。この地図は、緯度と経度を計算するためだけでなく、時刻を知るためのツールとして特許も取得している。また作者のグリーソンは、土木技師、機械工である他に、年代測定士でもあった。

◇宗教

聖書における天地創造に関する記述もフラットアースの地図のとおりに描かれている（287ページ図22）。聖書によると、上の水と下の水を分ける大空が存在する。太陽、月、星々はこの大空にある。地球は平らで柱の上に乗っているのだ。

ここまで見てきたように、すべては自転しない平らな地球で説明がつく。

騙されてはいけない！　地球は平らなのだ！

第22章

重力とは「重さ」のことである！

ローレンス・マックスウェル・クラウスは、アメリカとカナダの国籍を持つ理論物理学者・宇宙学者であり、かつてはアリゾナ州立大学、イェール大学、ケース・ウェスタン・リザーブ大学で教鞭を執っていた。しかし、彼は重力の定義を答えることができなかった。ジョー・ローガンのポッドキャストのゲストとして出演したときに、重力の話題が持ち上がったのだが、番組中、彼は「重力が存在しない」と言う人々に対して「13階建てのビルから飛び出してごらん」と言っていた。それが重力の定義だというのか？　そんなはずはない。

もし大学に戻ることができたら、フラットアースについて知りたいと心から思う。

かつての生物学の教授にたくさんの質問をぶつけてみたい。

今でも覚えているが、「生物学入門」という授業の初日、教授は自己紹介の直後に「教科書に書いてある以外の理論やアイデアで議論してはいけない」と言った。このときの教科書はビッグバンや進化論に関する科学の本だったと思う。当時の私は何の反論すら思い浮かばなかった。

ローレンス・マックスウェル・クラウスや、大学時代の教授のような人たちを見ていると、彼らのような人々を教授として採用している大学に、どうして多額の学費を払わなければいけないのだろうか？と疑問に思うようになった。

もし、ローレンス・マックスウェル・クラウスや、ニール・ドグラース・タイソン（299ページ参照）や、その他の教授が重力とは何かを定義できないのであれば、私に答えさせてほしい。相手が誰であろうと、私は自分の答えを貫ける準備ができている。

「言葉には語源が必ずある」と言われている。言葉には語源があり意味があるのだとしたら、重力は〝重さ〟という意味に他ならない。このことについて説明させてほしい。

私の母国語はポルトガル語で、ロマンス諸語の1つである。ロマンス諸語とは、ポルトガル語、フランス語、スペイン語、イタリア語、ルーマニア語である。これらの言語はすべてラテン語を起源とする。

重力（gravity）は、ラテン語の gravitas（重々しい）や weight（重さ）という言葉が起源である。ポルトガル語でも grave という言葉があるが、この意味は「que ou aquilo que tem peso」、直訳すると「重さのある」ということだ。

ラテン語における重力の主な定義は、重さ、大きさ、物事の重大さである。重さというのがいつも最初の定義として出てくるが、物事の重大さや深刻さという意味でも使われる。重力とは何か、図を用いながらさらに解説していこう（292ページ図1）。

ある人が犯罪を起こしたとする。犯した罪は、ポルトガル語で grave と言うように、それなりの〝重さ〟がある。この犯罪と均等の重さの罰が科せられた結果、被害者の正当性が証明されたり、犯罪者が刑務所に送られたりする。裁判官は、罪が重ければ重い刑を、軽ければ軽い刑を与えるのだ。このように、すべては重さに関係している。gravity という言葉は重さと関係があるのだ。

例で見たように、gravityという言葉は、常に重さ、大きさ、重大さを表している。ところがある1人の男が現れて、すべてをひっくり返した。おそらく彼は、この言葉のラテン語の本当の意味を知らなかったのだろう。あるいは、もしかしたら、意図的にこの言葉を悪用したのかもしれない。

ある日、この男、アイザック・ニュートンは外に出て、リンゴの木の下に座った。すると突然、木からリンゴが落ちてきて、頭にぶつかった。彼は、足下から頭上のリンゴを引っ張る力が働いていると考えた。そして、ありとあらゆる物体は引力（重

判決には罪の重さを相殺するための重さが必要である。

秤が水平になるまで適切な量の重さを載せる。

第22章　図1

力）の影響を受けているという着想を得て、万有引力の法則を導き出したとされる。これにより、特別で神秘的で摩訶不思議な力は「重力」であるという認識が一般的になってしまった！

まるで、重さのある物体が床に落ちる様子を今まで見たことがないかのような捉え方である。彼は学校の机から教科書を落としたことが一度もないのだろうか？　キッチンでお母さんがお皿を落とすのを見たことがないのだろうか？　リンゴが頭に落ちてくる瞬間まで、重いものを落としたり、重さのあるものが目の前で落下したりするのを見たことがなかったのだろうか？　彼はリンゴが量り売りされていることを知らなかったのだろうか？

今もリンゴは量り売りされている（図2）。写真のスーパーマーケットだと、リンゴは1ポンドあたり4・29ドルである。リンゴ1個の重さは0・33から0・50ポンド、グラム換算すると、70

第22章　図2
1ポンド（0.45kg）あたり4.29ドル（470円）。
※1ドル＝108円換算

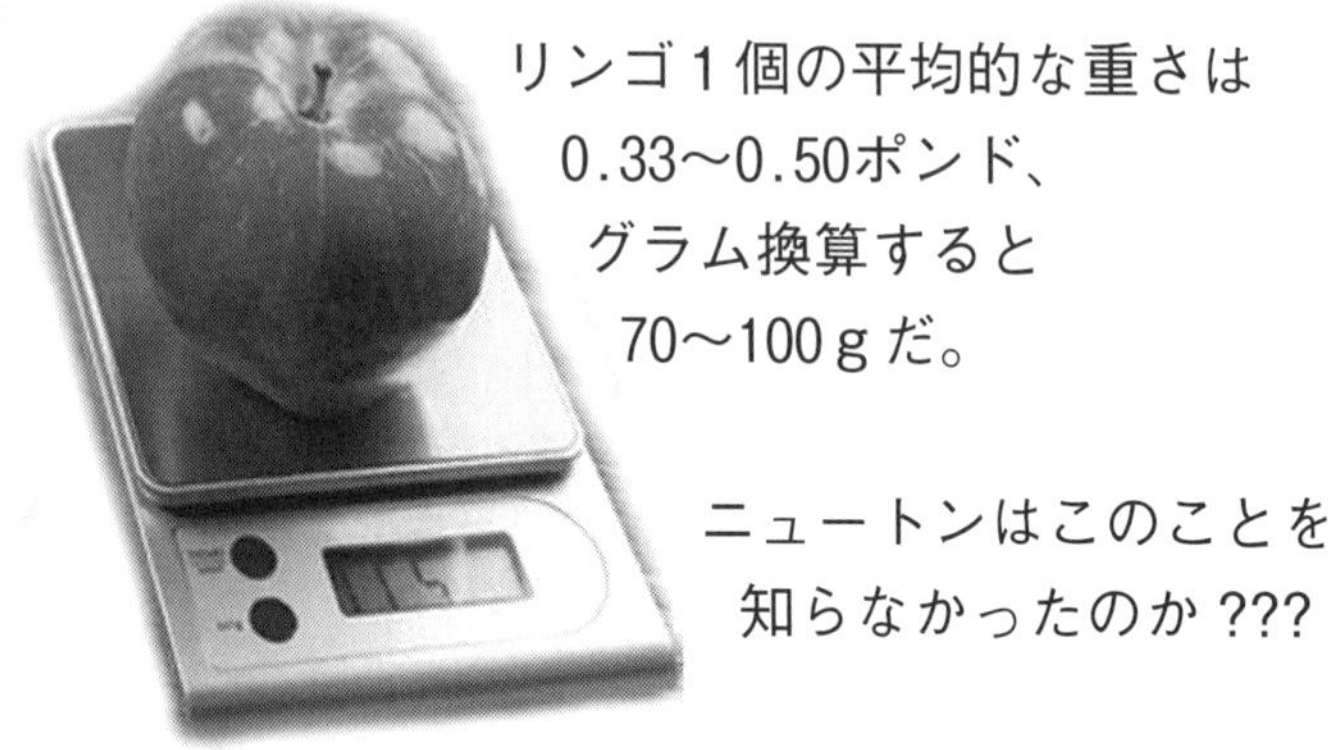
リンゴ１個の平均的な重さは
0.33〜0.50ポンド、
グラム換算すると
70〜100ｇだ。
ニュートンはこのことを
知らなかったのか???

第22章　図３
ニュートンはリンゴの重さを知らなかった⁉

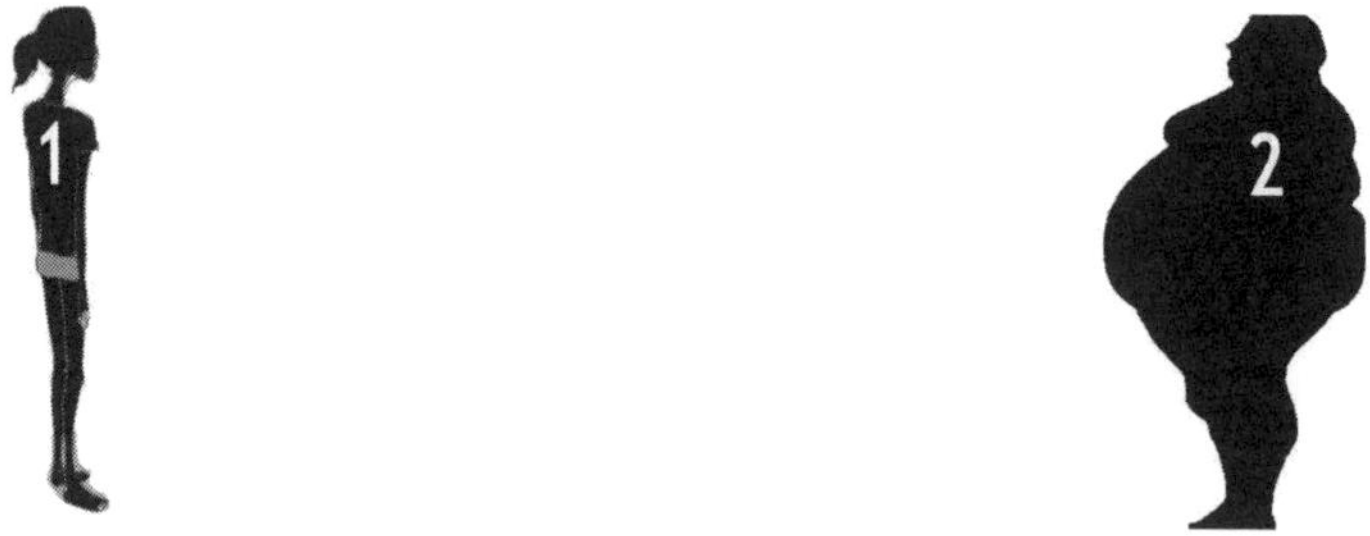
1
2

第22章　図４
人間にもそれぞれの重さがある。

から100gだ（図3）。ニュートンの母親は当時、市場に行くことはなかったのだろうか？　彼はリンゴが量り売りされているのを一度も見たことがなかったのだろうか？

ニュートンは、重さ（gravity）があるからリンゴが落下したことを知っていた。重さ（gravity）は物体そのものが持っていて、それゆえ落下したり、すでに地面に落ちていたりするのだ。

重さのあるものは下に落ちる。これは密度の問題なのだ。もし物体が空気よりも重ければ、その物体は下に落ちるが、物体が空気よりも軽ければ、浮かぶのだ。どんな重さ（gravity）も、物体そのものが持っているのだ。リンゴも人間も車もゾウも瓶も、すべてにgravityという重さがあり、だからこそ落下するのだ。

重力は存在しない！

図4の1と2の人物を見てほしい。神秘的で摩訶不思議な特別な力が働いて、この

2人の人物が地上に吸いついているわけではない。彼らが地に足をつけているのは、彼らに体重があるからである。竜巻が起きたときに人物1のほうが飛ばされやすいのは、彼女のほうが体重（gravity）が軽いからである。人物2は、骨に支えられた皮膚に含まれている水や脂肪やその他の成分などが多いため、体重が重い。人物2を持ち上げるほうが大変なのは、彼の体の重さ（gravity）のせいであり、人物1は人物2に比べて重さをためこんでいないのだ。下に引っ張る力としての重力（gravity）など存

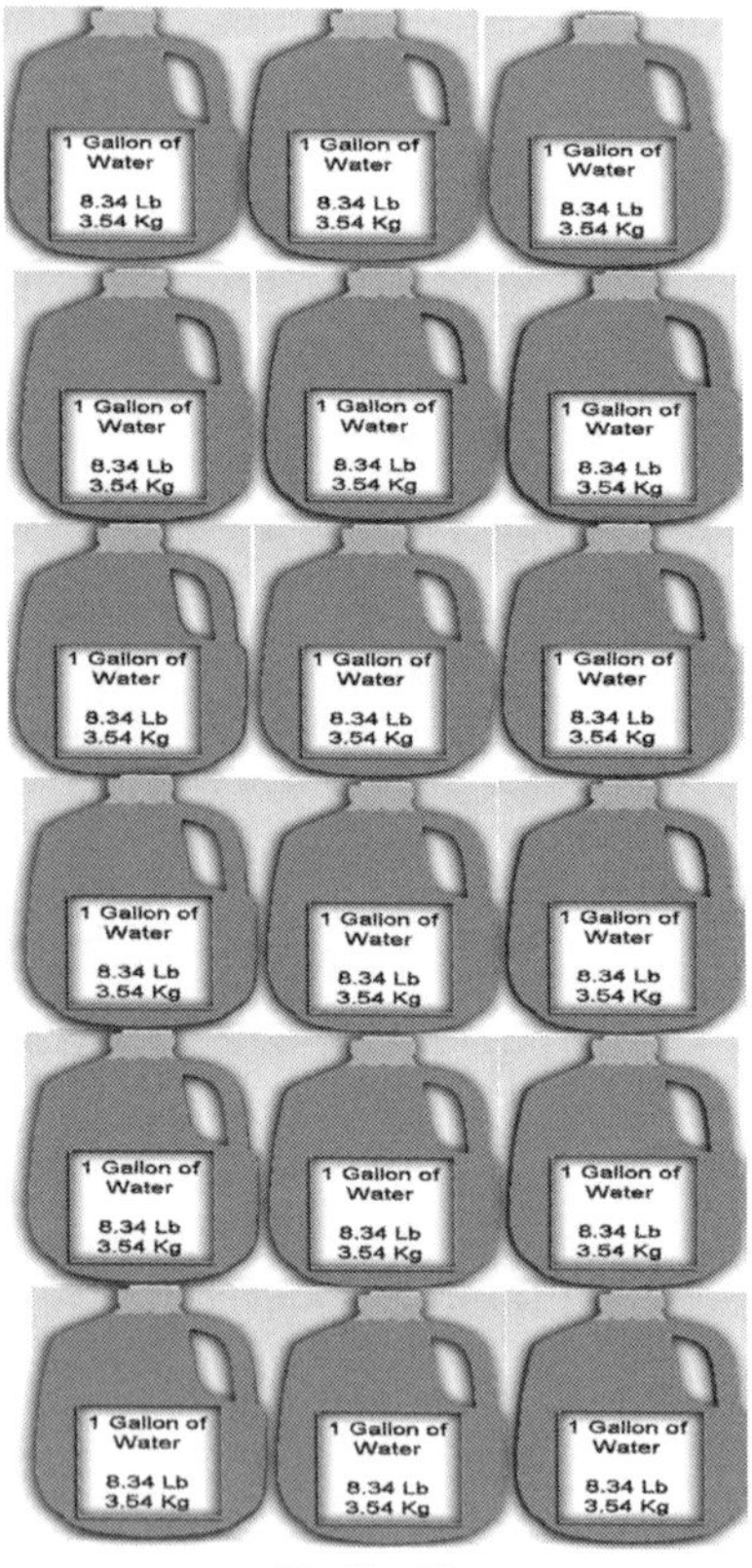

第22章　図5

在しない！

gravity（重さ）は、その物体や人物や生物などがすでに持っているのだ。頭脳明晰なアリゾナ州立大学の元教授、ローレンス・マックスウェル・クラウスの元に行って、このことを彼に説《と》きたい。彼自身、何かしら学ぶものがあるだろう！

以前、ローレンス・マックスウェル・クラウスは、重力が存在しないと考える人たちに対し、13階建てのビルから飛び降りるよう言ったが、これはまるで、人間の体重が下に落ちるには十分でないかのような言いようである。外側からの魔法のような不思議な力が、人間を地面に落下させるとでも言うのだろうか？

では、体重という観点から人間の体を分析してみよう！　といっても、細かく分析するのではなく、ざっと重さを計算してみよう。

平均的なアメリカ人男性の体重は90kgで、身長は180㎝である。人間の体の70％は水分で、その重さは63kgに相当する。1ガロンの水の重さは3・54kgだ。すなわち、体重90kgの男性は、図5のように18ガロン（63・72kg）の水を体内に入れて持ち運んでいるということになる。

腸の重さは3・4kgである。大腸は1・8kg、小腸は31・6kg。肺は2・2kg、片方1・1kgずつで、髪の毛もいくらか重さがある。骨は体重の15%を占めている。さらに皮膚だけでも4・5から6・8kgの重さがある。

では、頭脳明晰なローレンス・マックスウェル・クラウスに聞きたい。90kgという重さは、人間を落下させるのに十分ではないのだろうか？

重力の「力」はどこから？

アリゾナ州立大学の教授の平均年収は13万5188ドル（1470万円、※1ドル＝108円換算）である。しかし、おかしくないだろうか？　前のページで論じたような計算ができない人たちに大学はこれだけの金額を支払っているのだろうか？　教科書に沿って授業を進め、地動説に基づいて質問に答えているのは、かつての生物学の教授だけだろうか？　残念なことに答えはノーである！　付け加えると、年間13万5188ドル（1470万円）あれば、愚かで無知で、既成概念にとらわれずに考えることを放棄する人を雇えるということだ。真実からかけ離れたことを教える人を雇うには十分な金額だということだ。13万5188ドル（1470万円）の給料をもらえる仕事を失ってまでフラットアースの話をしたい人などいるのだろうか？　いるとしたら、心から真実を求める者だけだろう！

もう1人の〝天才〟、ニール・ドグラース・タイソンは、ハーバード大学で物理学の修士号、コロンビア大学で宇宙物理学の博士号を取得しているが、彼は物体が気体よりも密度が高い（重い）から落下するということを理解していないように思える（300ページ図6）。

インターネットのラジオ番組のインタビューでも、タイソン氏は番組ホストからの「重力とは何か？」という質問に答えられなかった。タイソン氏は「わからない。次の質問！」と言っただけだった。タイソン氏が「重力とは何か？」という質問に答えられなかったのは、存在しないものについて答えられるはずがないからである。ちなみに、タイソン氏の年収は200万ドル（2億1700万円）近くにもなるそうだ！

現代の大学は、自分の頭で考えるように促さない。先にも私が経験した生物学入門の授業での話を書いたが、初日に教授は、教科書に載っているビッグバン理論、進化

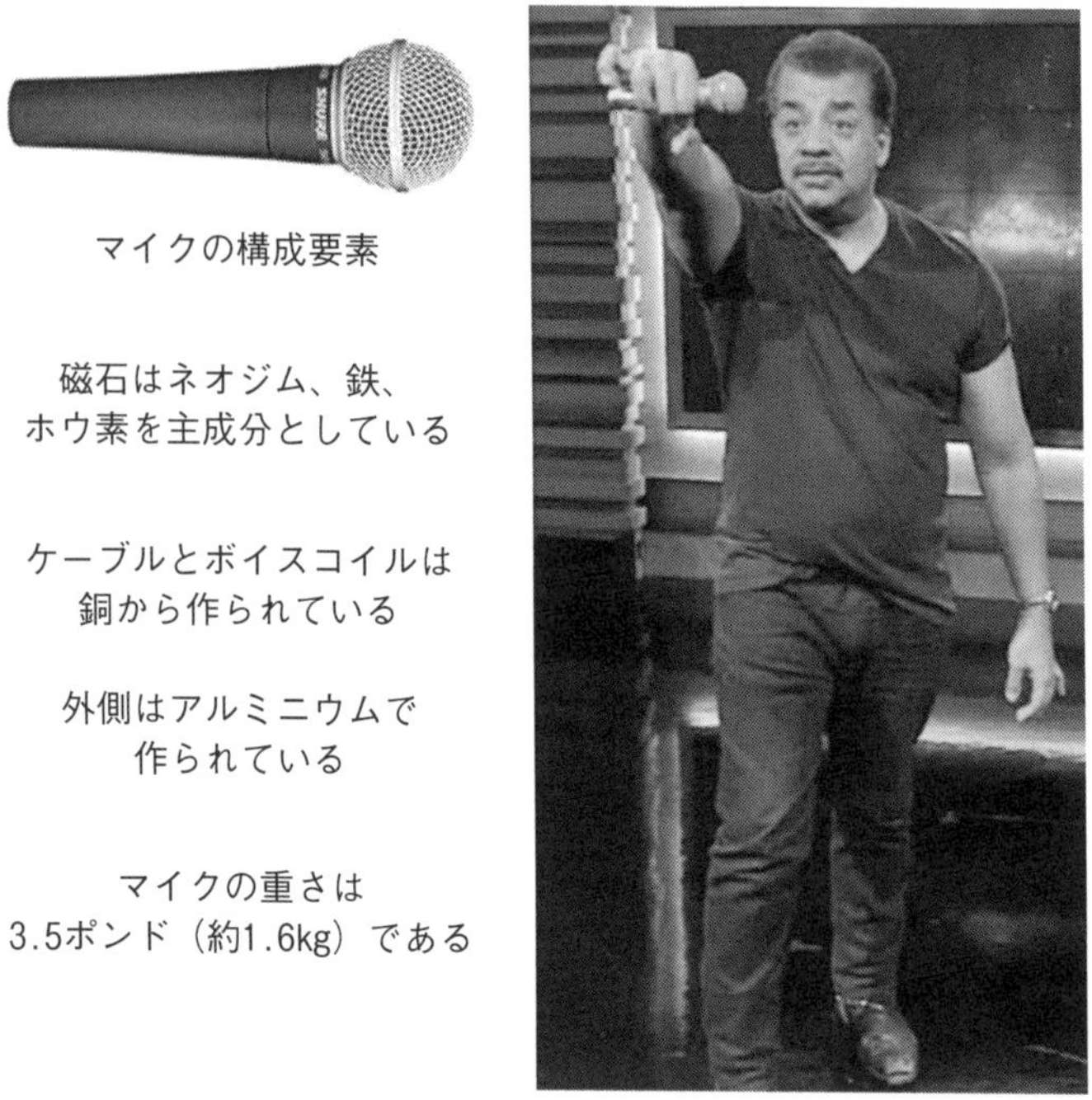
マイクの構成要素
磁石はネオジム、鉄、
ホウ素を主成分としている
ケーブルとボイスコイルは
銅から作られている
外側はアルミニウムで
作られている
マイクの重さは
3.5ポンド（約1.6kg）である

第22章　図6
球体の地球を証明するため、宇宙物理学者のニール・ドグラース・タイソンは、テレビ番組の生放送中に片手を高く持ち上げ、持っていたマイクを落とした。そして〝重力〟が存在していると主張した！　タイソン氏はマイクが重い素材、たとえば鉄や銅やゴムやアルミやプラスチックの部品などから作られ、3.5ポンド（約1.6kg）の重さがあることをわかっていないようだ。

論、地動説やその流れから派生した理論以外のことを論じてはいけないと警告した。学生は毎年多額の授業料を大学に支払っているが、大学では賢くなることも、自分の頭で考えることも、理論に疑問を持つことも、議論を批判することも、教科書に書かれていることや研究を築いた人々を疑うことも、議題に疑問を持つことも許されないのだ。

それ以上に悲しい事実は、多くの教えや理論が見え透いた嘘に基づいていることだ。例を挙げるなら、ビッグバン理論、重力の理論、相対性理論、進化論などである。私はドイツの宗教改革者、マルティン・ルターの言葉がいかに正しいかを思い知った。

私は、大学が聖書について熱心に説き、若者の心に深く刻むということをしない限り、大学が地獄の大門になるのではないかと恐れている。聖書が最優先されていない場に子供を置くことは推奨しない。常に神の言葉とともにあるとは言えない組織はいずれも腐敗していくのだ。

マルティン・ルター

第23章

最後に個人的見解と信念について

私が本書を執筆したのは、緊急着陸の事例を証拠に、地球は地軸を中心に自転している球体ではなく、平らで静止している大地であると証明するためである。このテーマについての研究は数日や数週間ではなく、文字どおり3年間かけて行ってきた。これだけでは十分な証拠でないという読者もいるかもしれない。しかし、皆さんも観察をして点と点を結びつけ、私がここで自らの発見をシェアしたように、自分自身の発見を伝えていってほしい。

私は事実に基づいて研究を行ってきた。私自身の信仰は私個人のものであり、研究の結果にはいかなる影響も及ぼしていない。しかし、この章だけは違う！　人々は世界の本質と、なぜリーダーたちがこの事実を隠そうとするのかという理由を知る必要がある。

地動説は物事を複雑にしている。地球が平らだということを知ってから、かつては答えを出せずにいた疑問の答えが見つかった！　私はキリスト教を信仰している。神の言葉と救世主イエス・キリストのことを知ったのは16歳のときだった。その2年後、誕生日から2日後の1983年4月3日には洗礼も受けた。

これから紹介する、地球の形状に関する3つのトピックは、私が生涯を通じて多くの本や動画やクリスチャンの仲間との会話の中で、答えを探し求めてきたものである。最後に私の個人的見解と信念について述べるこの章を以《もっ》て、本書の幕を閉じたい。以下の3つの記述は、地球が球体だとしたら、どうしても理解できないのだ。

・ノアの大洪水
・太陽が動かなくなった
・イエス・キリストの復活

（聖書の記述では〝すべての人の目がこの方に注がれる〟となっている）

この3つを1つずつ取り上げていきたいと思うが、私と同じ疑問を抱いてきたクリスチャンには役立つかもしれない。まずは、創世記7章の大洪水に関する聖書の記述を見ていきたい。新国際版聖書の英語版のほうが理解しやすいのでこちらを利用する。ちなみに私が個人的に使っている聖書は新国際版聖書と欽定訳聖書である。

ノアの大洪水

創世記7章11－12、17－24節

11　それはノアの六百歳の二月十七日であって、その日に大いなる淵の源は、ことごとく破れ、天の窓が開けて、
12　雨は四十日四十夜、地に降り注いだ。
17　洪水は四十日のあいだ地上にあった。水が増して箱舟を浮べたので、箱舟は

地から高く上がった。
18 また水がみなぎり、地に増したので、箱舟は水のおもてに漂った。
19 水はまた、ますます地にみなぎり、天の下の高い山々は皆おおわれた。
20 水はその上、さらに十五キュビト※みなぎって、山々は全くおおわれた。
21 地の上に動くすべて肉なるものは、鳥も家畜も獣も、地に群がるすべての這うものも、すべての人もみな滅びた。
22 すなわち鼻に命の息のあるすべてのもの、陸にいたすべてのものは死んだ。
23 地のおもてにいたすべての生き物は、人も家畜も、這うものも、空の鳥もみな地からぬぐい去られて、ただノアと、彼と共に箱舟にいたものだけが残った。
24 水は百五十日のあいだ地上にみなぎった。

聖書の記述では、洪水によって地球全体が覆われたと述べられている。しかも、高い山までもが水に覆われたとなっている。私が抱いた疑問についてもおわかりだろう。球体の地球が浸水することなどあるのだろうか？　この水はいったいどこから来たの

※古代の長さの単位。ひじから中指の先までの長さをいう。

だろうか？　内核に溶岩があるなら、外核やマントルや地殻の内側にはさらなる溶岩があるはずだ（図1）。だとしたら、「大いなる淵の源」とはどこを指すのだろうか？

では、「天の窓」についてはどうだろうか？　スペースシャトルは地球の大気圏から宇宙に飛び出し、探査機は宇宙の暗闇の中を何十年も旅しているはずだ。この「天の窓」はどこにあるのだろうか？　創世記1章にある「おおぞらの上の水」とはどこを指すのだろうか？

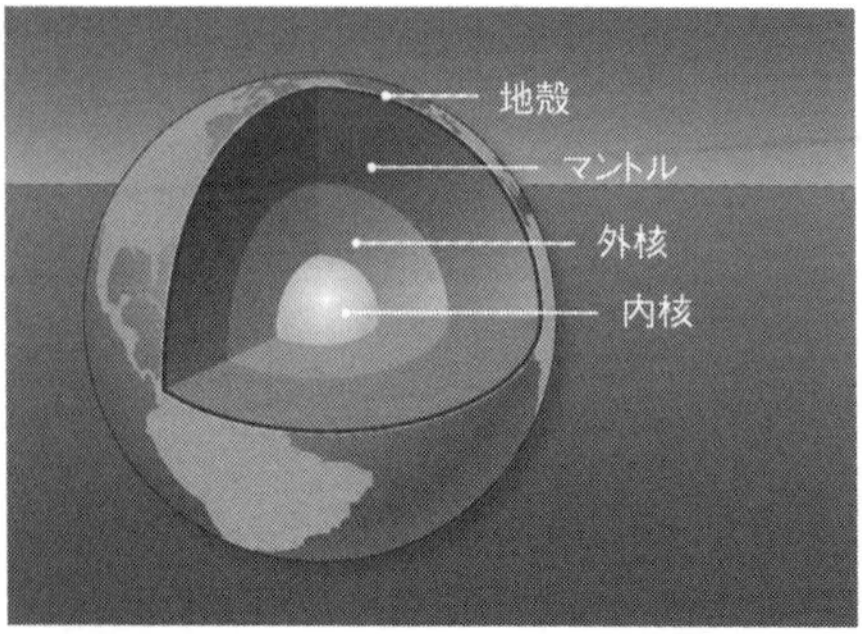

第23章　図1

地動説に基づくと、惑星地球での洪水は、図2の球のようになるはずだ。すべての生命が破壊された球体の海に、小さな箱船がひたすら浮いているのだろうか。しかし、球体の地球を覆い尽くし、あふれ出す水をとどめるためには、重力が飛躍的にその力を増さなくてはいけないはずだ。

聖書の記述に疑問を感じていた私は、かつては本や動画に答えを求めようとした。しかし、地球が平らだということを知ったとき、それまでの疑いはすべて消えていった。

　フラットアースであれば、大空（天蓋《てんがい》）は実在する（308ページ図3）。太陽、月、星はすべてこの天蓋の中にある。天蓋の上にも下にも水がある。すべてが創世記に書かれているとおりなのだ。

太陽が動かなくなった

第23章　図2

民がその敵を撃ち破るまで、日はとどまり、月は動かなかった。これはヤシャルの書にしるされているではないか。日が天の中空にとどまって、急いで没しなかったこと、おおよそ一日であった

ヨシュア記10章13節

地動説だと、太陽と月はとどまることがない。偉大

第23章　図3　平らな大地の上には大空（天蓋）があるとされている。

なる宗教改革者マルティン・ルターは、コペルニクスの説に「ヨシュアが太陽にとどまるよう命令したのは地球での話ではないのか？」と異議を唱えたことがあった。

大洪水と太陽がとどまるという聖書の記述も地球が平面であれば、納得がいく！

イエス・キリストの復活

（聖書の記述では〝すべての人の目がこの方に注がれる〟となっている）

ヨハネの黙示録第1章7節

見よ、彼は、雲に乗ってこられる。すべての人の目、ことに、彼を刺しとおした者たちは、彼を仰ぎ見るであろう。また地上の諸族はみな、彼のゆえに胸を打って嘆くであろう。しかり、アーメン。

生涯にわたり信じ込まされてきた球体の地球と、聖書の記述が合致しない場合にはどうやって折り合いをつければいいのだろうか？　こうして多くの人が無神論者になっていくのだ。科学を通じて無神論が教えられている。そして、聖書が伝えてきたものとはまったく異なる地球の説が持ち出され、あらゆる映画、漫画、本、学校の科目などを通じて、この考えが強化されてきた。その結果、人々は聖書の考えを捨てて、聖書の記述はすべて空想でしかないと考えるようになるのだ。

聖書はフラットアースを裏づけているし、フラットアースは聖書を裏づけている。とてもシンプルなのだ！　図４（３１０ページ）は聖書の記述を2つの説で表したものだ。もし地球が球体なのであれば、「すべての人の目がこの方に注がれる」という記述は、球体の地球に住んでいる人々には当てはまらない。

もしイエスが東に復活したなら、西に暮らす人々はその姿を見ることができない。

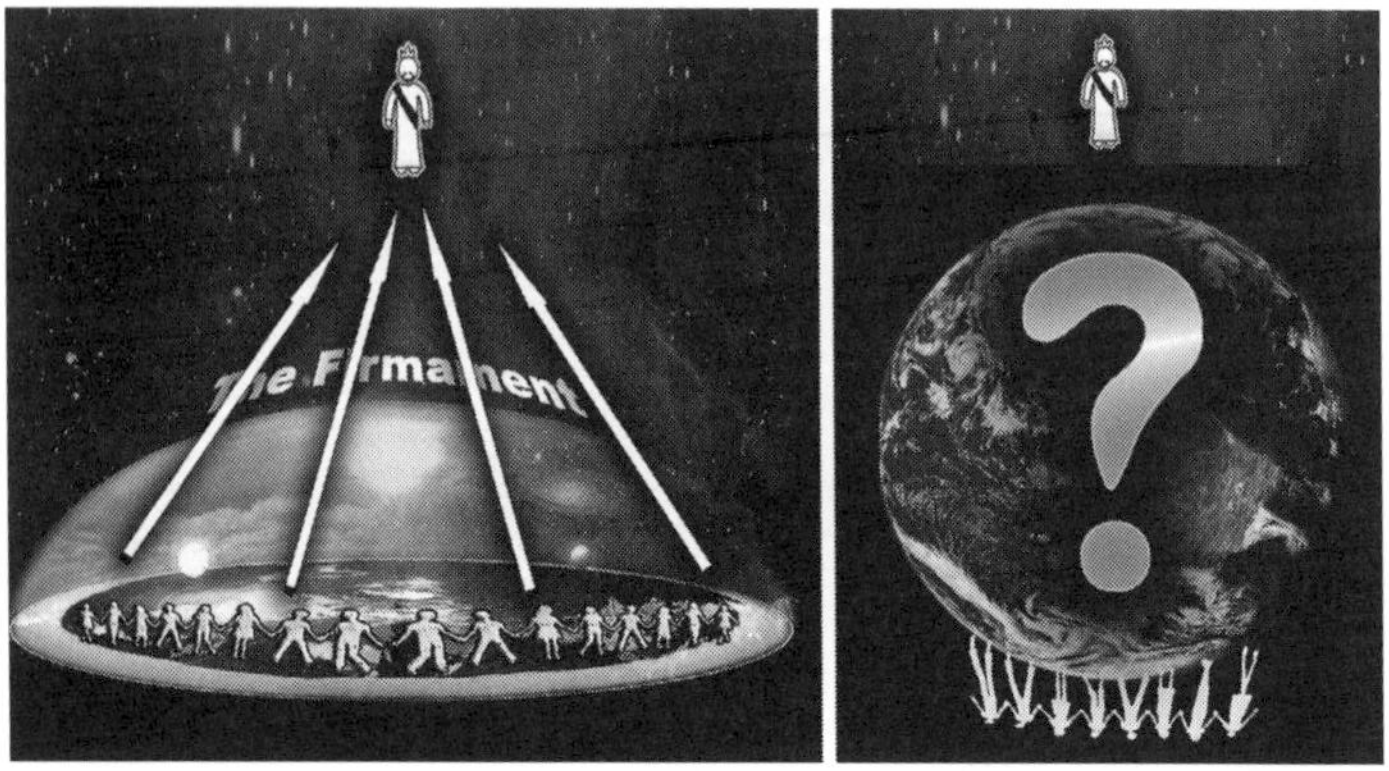

フラットアース　　偽りの球体の地球

第23章　図4

もし西に復活したなら、東に暮らす人々はその姿を見ることができない。なぜなら地球には曲率があると言われているからだ。同じことが北と南でも言える。

また、聖書のこの節に関する非常にくだらない話を聞いたことがある。それが以下である。

「イエスはiCloudとともにこられる！（これはAppleのiCloudのことで、iPhoneやiPadやiMacを持っている人は皆、イエスの姿を見るということ）」

「イエスはテレビによって復活するだろ

う。テレビが彼の到来を世界中に放映するのだ」

「イエスは自転している地球を周回する」

こうした意見は非常に馬鹿げている。あなたが邪悪な人物で、イエスの到来を遅らせたり頓挫させたりしたいなら、Wi-Fiの電波塔を破壊すればいいということだ。海の底の高速ネットワークケーブルをカットしてしまえば安全になるのだ！　発電所を破壊し、電力がなくなれば、テレビの放送はできず、テレビを見る人は誰もいなくなり、イエスは復活できなくなるだろう！（これでは、まるで主が預言を成就するのに人々の助けを必要としているかのようだ！）

ここに挙げた記述は、聖書が地動説と矛盾している箇所で、私が大きな疑問を持ってきたことだった。それぞれがまったく逆のことを言っているのだ。聖書を信じられなくなった人々は、我々が45億年間、一度も別の惑星と正面衝突したり、あらゆるものを破壊したりすることなく、宇宙空間を回転しながら移動していると信じている。

第23章　図5
地球にしがみつき、飛んでいるこうした人たちは、太陽の周りを時速６万7000マイル（約10万8000km）、地球の中心を時速1000マイル（約1600km）で飛行している（と彼らは考えている）。信じられないほどのスピードだ！

これはまるで、45億年間、ずっと宝くじに当たり続けているようなものだ。なぜなら、地球は毎日３２００万マイル（約５２００万km）を移動しているると言われながらも、決して他の物体にぶつかることがないからだ。45億年間、毎日３２００万マイル（約５２００万km）を、一度も途中で何かにぶつかることなく移動し続けているなんて信じられるだろうか？（図５）

救いを求めるために地球が平らであることを信じる必要はない！　しかし、現代の天文学や現代人の解釈を支持するようになると、聖書の信仰を失い、人間中心主義、無神論者、世俗主義者となることがある。私は、聖書学校やあらゆるキリスト教の団体や教会が、人間の解釈に基づいて聖書の教えを説くのではなく、聖書に書かれているとおりのことを教えるべきだと思っている。教会はフラットアースについて教えるべきなのだ！

真実を隠しているのは誰？

地球の嘘を広める人々はたくさんいて、こうした行為は少なくとも5世紀は行われ続けている。なぜ彼らは嘘をつくのか？　なぜなら、彼らは悪魔だからだ！　ヨハネによる福音書8章44節では、主のこのような言葉がある。

イエスは彼らに言われた、「あなたがたは自分の父、すなわち、悪魔から出てきた者であって、その父の欲望どおりを行おうと思っている。彼は初めから、人殺しであって、真理に立つ者ではない。彼のうちには真理がないからである。彼が偽りを言うとき、いつも自分の本音をはいているのである。彼は偽り者であり、偽りの父であるからだ。」

そう、この世には悪魔がいて、彼らは偽りの父のように嘘をつく。フラットアースの真実を隠している張本人の名前を挙げても意味がない。なぜなら、あまりにも多くの人々がこの事実を隠しているからだ。

たとえば、各国のありとあらゆる宇宙機関がそうである！　こうした機関はすべてNASAと連携している。イランとアメリカは1979年から敵対しているにもかかわらず、イランの宇宙機関はNASAと提携している。

悪魔には多くの子供たちがいて、こうした子供たちが一生懸命、父である悪魔を喜ばせようとしている。彼らは家庭を崩壊させ、戦争を作り出し、人間を奴隷にし、人間を犠牲にして活動をしている。権力とお金のためだけにすべてを行っているのだ。

マタイによる福音書の第4章5節には、悪魔が主イエスを誘惑する場面が出てくる。

次に悪魔は、イエスを非常に高い山に連れて行き、この世のすべての国々とその栄華とを見せて言った、「もしあなたが、ひれ伏してわたしを拝むなら、これら

のものを皆あなたにあげましょう」。

この世の中には、世俗的なもの、権力、お金、社会的地位を求め、悪魔を崇拝する人々が多くいる。たとえ、世界中が地動説の嘘を信じようとも、我々はフラットアースの真実を広め続けなければいけない。

ヨハネの第一の手紙、第5章19節にはこのような言葉がある。

わたしたちは神から出た者であり、全世界は悪しき者の配下にあることを、知っている。

邪悪な人々が教育システムを牛耳《ぎゅうじ》っている。全世界とは、文字どおり「世界中を」ということである！　私たちは真実を伝え続けなければいけないし、球体の嘘には別れを告げるべきである。「多くの人が真実だと思っているからといって、嘘が真実になることはない。嘘はずっと嘘のままだ」と言っている人がいたが、まさにそうだと思う。世界中の人々が地動説を信じていようとも、これが真実になることはない。たとえ、世界中の一流大学でこのことが教えられようとも、事実は変わらないのだ！

このことを理解するのが難しい人々がいることもわかっている。人間中心主義と科学にどっぷりと浸かり、こうした枠組みを超えて物事を見ることができないのだ。「科学のまやかしから目覚めた人々はフラットアースの真実を知る」と言っていた人がいたが、本当にそのとおりだと思う。あなたはどうだろうか？

もろもろの天は神の栄光をあらわし、大空はみ手のわざをしめす。

詩篇19篇1節

◇おすすめの本の紹介◇

ここで紹介する書籍は、私がフラットアースを理解するのに大いに役立った。無料もしくは有料でオンライン版を入手できるものばかりなので、印刷して手元に置いておくこともできる（いずれも未邦訳）。

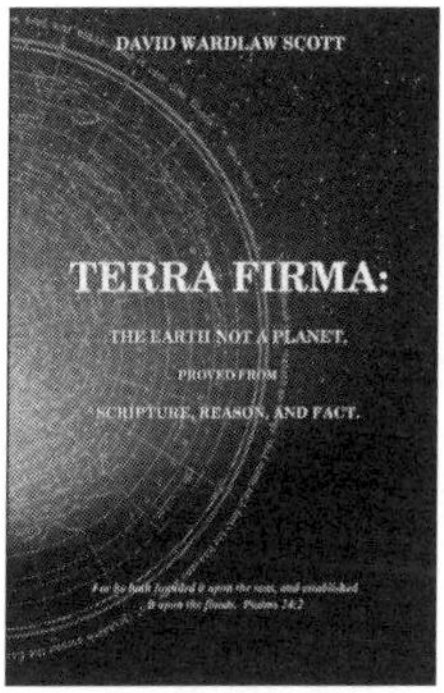

『Terra Firma: Earth: The Earth Not A Planet, Proved From Scripture, Reason, and Fact』David Wardlaw Scott
（地球の概要：大地：聖典・理性・事実が証明する惑星ではない地球、デイビッド・ウォードロー・スコット）

『Is the Bible from Heaven? Is the Earth A Globe? 』Alex Gleason
（聖書は天からもたらされたのか？　地球は丸いのか？、アレックス・グリーソン）グリーソンの地図として知られる「新標準世界地図」の制作者による書籍。

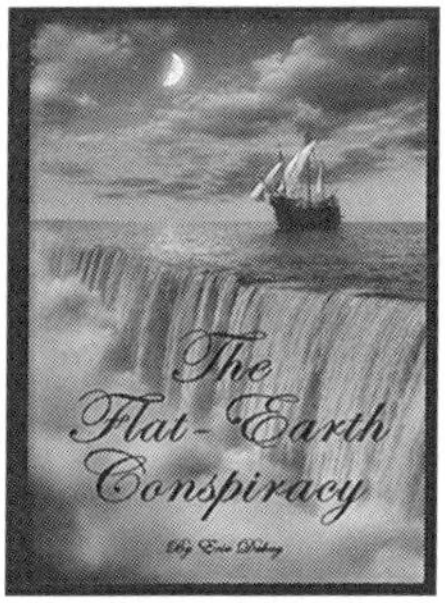

『The Flat Earth Conspiracy』
Eric Dubay
（フラットアースの陰謀、エリック・デュベイ）

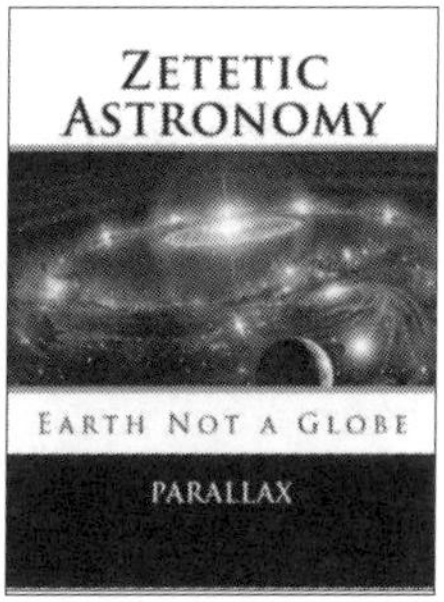

『Zetetic Astronomy Earth Not A Globe』
Samuel Rowbothan
（探究的天文学 地球は丸くない、サミュエル・ロウボタン）

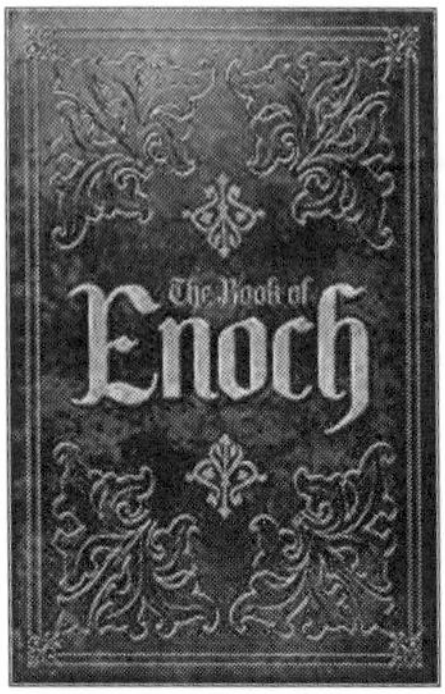

『The Book of Enoch』(エノク書)
バチカンが聖書から除外した書物。

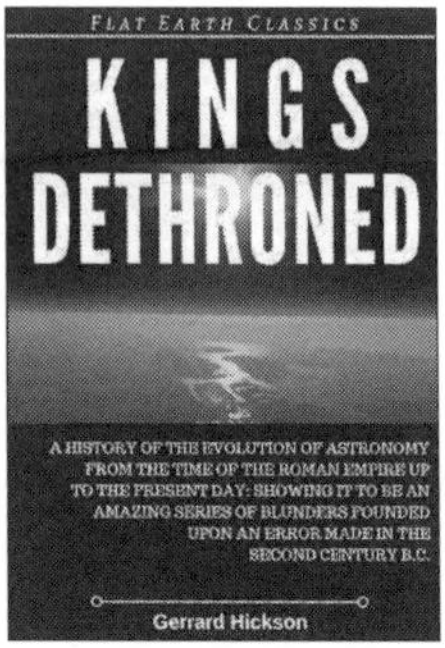

『Kings Dethroned: A History of the Evolution of Astronomy』
Gerrard Hickson
(追放された王たち:天文学の進化の歴史、ジェラード・ヒクソン)

『200 Proofs Earth Is Not A Spinning Ball』
Eric Dubay
(地球が回転するボールではないことを証明する200の証拠、エリック・デュベイ)

『NIV & KJV Parallel Study Bible』
(新国際版聖書・欽定訳聖書並行研究書)

『Where Are We? Earth According To The Bible』
Chad Taylor
(私たちはどこにいるの?聖書に描かれた地球、チャド・テイラー)

『One Hundred Proofs That The Earth Is Not A Globe』
William Carpenter
(地球が球体でないことを証明する100の証拠、ウィリアム・カーペンター)

出版によせて

エリック・デュベイ

エディ・アレンカ氏は、私はもちろん、フラット・アース・コミュニティの多くの人々に感謝されている。エディ氏は、私の著書である『200 Proofs Earth is Not a Spinning Ball（地球が回転するボールではないことを証明する２００の証拠）』および『The Earth Plane（平らな地球）』の日本語訳を支援してくれた。また、彼自身のYouTubeチャンネル『Flat Earth, Banjo, USA, Japan and Brazil（フラットアース、バンジョー、アメリカ、日本&ブラジル）』を中心に、重要なメッセージをオンラインおよびオフラインで熱心に広めている。

そして今回、フラットアースを総括している素晴らしい著書『緊急着陸地点が導く【フラットアース】REAL FACTS』を出版した。本書では、実際のフライトデータ、わかりやすい図表、地図、画像を使い、球体の地球と平らな地球での航路を比較しながら、飛行機が回転している球体の地球を飛んでいると考えることが不合理である根拠を16以上の例で示している。

エディ氏と私は、現存するどのような地図も独自の調査なしには完全に正しいとは言えないということに同意している。しかし、本書で明確にされているように、すべての民間航空機の航路、特に緊急着陸時のルートの検証には、どの球体モデルの地図よりも、アレックス・グリーソンが1892年に作成したフラットアースの地図を用いるほうがはるかに理にかなっている。読者の皆さんもご自身で確認してみてほしい。

本書は、すべての図書館に収蔵されるに値するものであり、またフラットアーサーや、球体の地球に懐疑的な人はもちろんのこと、このテーマについて初めて知ったという人にも、革新的な思考と刺激的な会話のきっかけとなることだろう。

◇エリック・デュベイ

アメリカ生まれ、タイ在住。作家、ヨガ講師、詠春拳（中国武術）講師。フラットアースや世界の真相についての情報を発信中。

おわりに

これまでに記事やリンクを送ってくれたすべての方々に感謝を申し上げたい。メディアで報道されなかった緊急着陸の事例は他にもあるが、どうしてニュースとして取り上げられるものとそうでないものがあるのかは不明だ。しかしながら、航空会社のウェブサイトを見ていると面白い情報を見つけることができた。価値ある情報を見つけるためには、ときに詳細な調査も必要である。

フラットアースに関する多くのチャンネルが削除されたり、虚偽のプロパガンダが溢れかえっていたりすることから、フラットアースについて調査するのは、今現在、だんだんと困難になりつつある。皆さんも、フラットアースについてリサーチするよりも先に「球体説の嘘」を調べてみるのはいかがだろう。初めからフラットアースを研究する必要はなく、まずは地動説の根拠となっている嘘がどれだけあるかを調べれば多くのことに気づくはずである。そこからフラットアースの真実にたどり着く日はそう遠くはないだろう！

本書は、今後もポルトガル語や他の言語にも翻訳されていくだろうし、人々を目覚めさせるすばらしいツールだと思っている。私はすべての時間をフラットアースの活動に捧げているわけではない。日本で自営業を営んでいて、こちらのほうも気にかけなくてはいけない。2020年に大学に進学した娘もいて、お金もかかるため、もっと多くの時間を緊急着陸についての調査と動画の制作に割きたいと思いながらも、自分の仕事から手が離せないのだ。

今は、ニュージーランドで2年間暮らしながら、危機管理の博士号を取得し、下の娘も高校でニュージーランドの訛《なま》りを身につけるのはどうだろうかとも考えている。アラバマで生まれた下の娘は少し南部訛りがある。上の娘は今でも南部訛りの英語を話せるが、年月とともに訛りがどんどんなくなってきている。

キリスト教徒でも、キリスト教徒でなくとも、球体説の支持者でも、平面説の支持者であっても、すべての皆さんに幸あることを！

エディ・アレンカ

古代文明に見られるさまざまなフラットアースの世界観

エジプト

古代スカンジナビア

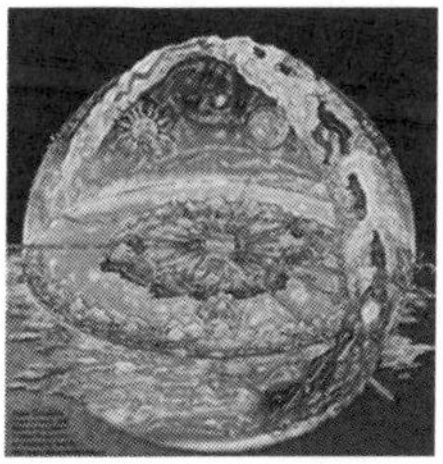

インカ

ナバホ

ヒンドゥー

マヤ

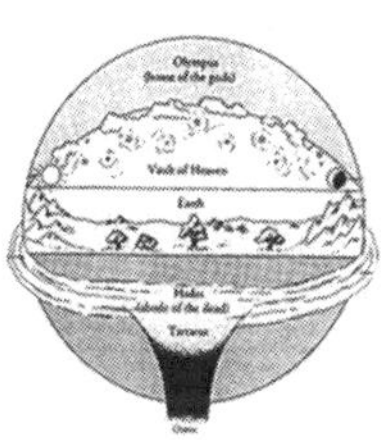

ギリシャ

ヘブライ

参照先一覧

はじめに

・高解像度の「グリーソンの新標準世界地図」
https://www.dropbox.com/s/9lcp65memq7vyxd/hi%20res%20restored%20gleason%20map.png?dl=0

第2章

・図1&図3　https://www.youtube.com/watch?v=HkByq-JfoUw
・オンライン記事：「2015年10月12日、台湾人女性が高度3万フィートのカリフォルニアに向かう飛行機内で出産」
http://www.chinapost.com.tw/taiwan/national/nationalnews/2015/10/12/448127/Taiwanese-woman.htm.
・台湾人女性の出産

https://www.vox.com/2015/10/25/9604468/baby-plane-taiwanese
・アリューシャン列島
フランシス・パイク『Hirohito's War: The Pacific War, 1941-1945』（2016年、Bloomsbury Publishing UK）1003ページ

第4章

・イーサン・ウィリアムズ の YouTube
https://www.youtube.com/watch?v=KivHgCeJgil
・図1 Cinematic Seascapres
http://www.jetsetenterprises.com/cruise/Cinematic%20Seascapes.htm
・図2 FlightAware
https://ja.flightaware.com/live/flight/CPA884
・サウスチャイナ・モーニング・ポスト
https://www.scmp.com/magazines/post-magazine/short-reads/article/3015359/when-cathay-pacific-ground-staff-went-strike

・女性パイロットがキャセイパシフィック航空を訴える
https://www.scmp.com/news/hong-kong/hong-kong-law-and-crime/article/2156846/cathay-pacifics-first-female-captain-sues

第5章

・イギリス デイリー・エクスプレス
https://www.express.co.uk/news/world/659059/Qatar-Airways-flight-Chicago-diverted-Moscow-teen-coma

・IMMUNE2BS の YouTube
https://www.youtube.com/watch?v=FTUZ6bYJ490

第6章

・タイム　オンライン版
https://time.com/5454114/air-france-passengers-stranded-siberia/

第7章
・イタルタス通信
https://tass.com/society/913556

第8章
・図1　FlightRadar24
http://www.historyofpia.com/board/march_15/pk785_mar15.jpg
・2016年の緊急着陸
https://dnd.com.pk/pia-flight-pk-785-en-route-to-london-made-an-emergency-landing-at-moscow-airport-flight-will-soon-leave-for-london-pia-spokesman/33268
・パキスタン航空の歴史　PK785便のモスクワ着陸
http://www.historyofpia.com/forums/viewtopic.php?t=23064

第9章
・ルフトハンザ航空LH727便のフライト中に幼い女の子が死亡

https://www.airlive.net/breaking-9-year-old-girl-died-this-night-on-board-lufthansa-flight-lh727-shanghai-munich/

第10章

・Heavy.com
https://heavy.com/news/2018/10/american-airlines-flight-aa263-dallas-beijing-calgary/
・ジョン・ジョージ・アビザイドの地図—議会図書館
https://www.loc.gov/item/2013585077/

第11章

・アビエーション・ヘラルド
http://avherald.com/h?article=464b75c6

第12章

・図3　チャールズ・リンドバーグの飛行
https://www.google.com/maps/dir/Paris,+France/New+York,+NY,+USA/@18.6211969,-34.326736,3.28z/data=!4m13!4m12!1m5!1m1!1s0x47e66e1f06e2b70f:0x40b82c3688c9460!2m2!1d2.3522219!2d48.856614!1m5!1m1!1s0x89c24fa5d33f083b:0xc80b8f06e177fe62!2m2!1d-74.0059728!2d40.7127753

第13章
・チャイナエアライン００６便 パイロットの過失
http://aviationknowledge.wikidot.com/asi:china-airlines-flight-006:pilot-error
・航空事故の調査
https://www.youtube.com/watch?v=3SlCAbUfSDk&t=5s

第14章
・緊急事態のために飛行機はパースに着陸した

https://thewest.com.au/travel/air-aviation/qantas-flight-qf64-diverted-to-perth-over-medical-emergency-ng-b88699077z

・時速８００マイル以上で飛行していた飛行機

https://www.independent.co.uk/travel/news-and-advice/virgin-atlanta-dreamliner-speed-record-boeing-787-london-los-angeles-a8787946.html

https://viewfromthewing.boardingarea.com/2019/02/19/virgin-atlantic-787-flew-faster-than-the-speed-of-sound-passengers-arrive-early-at-heathrow/

https://www.telegraph.co.uk/news/worldnews/northamerica/usa/11337617/Jet-stream-blasts-BA-plane-across-Atlantic-in-record-time.html

・キャプテン・マルセロR

https://www.youtube.com/watch?v=TqWmjtbGs-M

・クリスティン・ガーウッド

『Flat Earth: the history of an infamous Idea』54ページ

第15章

・フライト中に客室乗務員が死亡
https://www.usatoday.com/story/travel/news/2019/01/25/hawaiian-air-flight-attendant-dies-apparent-heart-attack-plane/2682208002/

第16章

・マーキュリーニュース
https://www.mercurynews.com/2018/10/22/hawaiian-airlines-flight-bound-for-maui-turns-around-lands-in-oakland/
https://www.foxnews.com/travel/san-diego-to-maui-flight-diverts-to-oakland-lands-safely

第17章

・ＮＡＳＡは連邦航空局やあらゆる航空機関を牛耳っている
https://www.nasa.gov/aero/nasa-presents-faa-with-new-air-traffic-management-technology

第18章

・37人がホノルルの病院に運ばれた

https://bc.ctvnews.ca/37-passengers-injured-on-air-canada-flight-from-vancouver-to-australia-1.4504107

第20章

・ボストンの学校はメルカトル図法からガル・ピーターズ図法へと変更した

https://www.dw.com/en/will-bostons-switch-from-mercator-maps-leave-kids-asking-where-in-the-world-is/a-38051003-0

第21章

・アル＝ビールーニー

http://www-history.mcs.st-and.ac.uk/Biographies/Al-Biruni.html

・戦争と平和　オークションマップ

https://www.raremaps.com/gallery/detail/55647/global-map-for-global-war-and-global-peace-alcoa-map-department

・１４９２年　現存する最古の地球儀
https://www.atlasobscura.com/articles/oldest-globe-erdapfel-behaim

・ＵＳＧＳの報告書
https://pubs.usgs.gov/bul/1532/report.pdf

・ハワイの新聞に掲載された、日本の寺で発見されたフラットアースの地図
https://chroniclingamerica.loc.gov/lccn/sn83025121/1907-01-11/ed-1/seq-2/

本書の内容は著者の調査に基づいて書かれている。
我々の暮らす「地球」と呼ばれる場所が
いったいどのような形をしているのか
この重要なテーマについて
皆さん自身で調査をしてみてほしい
との願いから本書は執筆された。
また、本書に記載された内容を
読者自身の判断で使用するにあたり
著者および出版社は、その行動、決断、
その結果のいずれの責任も負わないものとする。

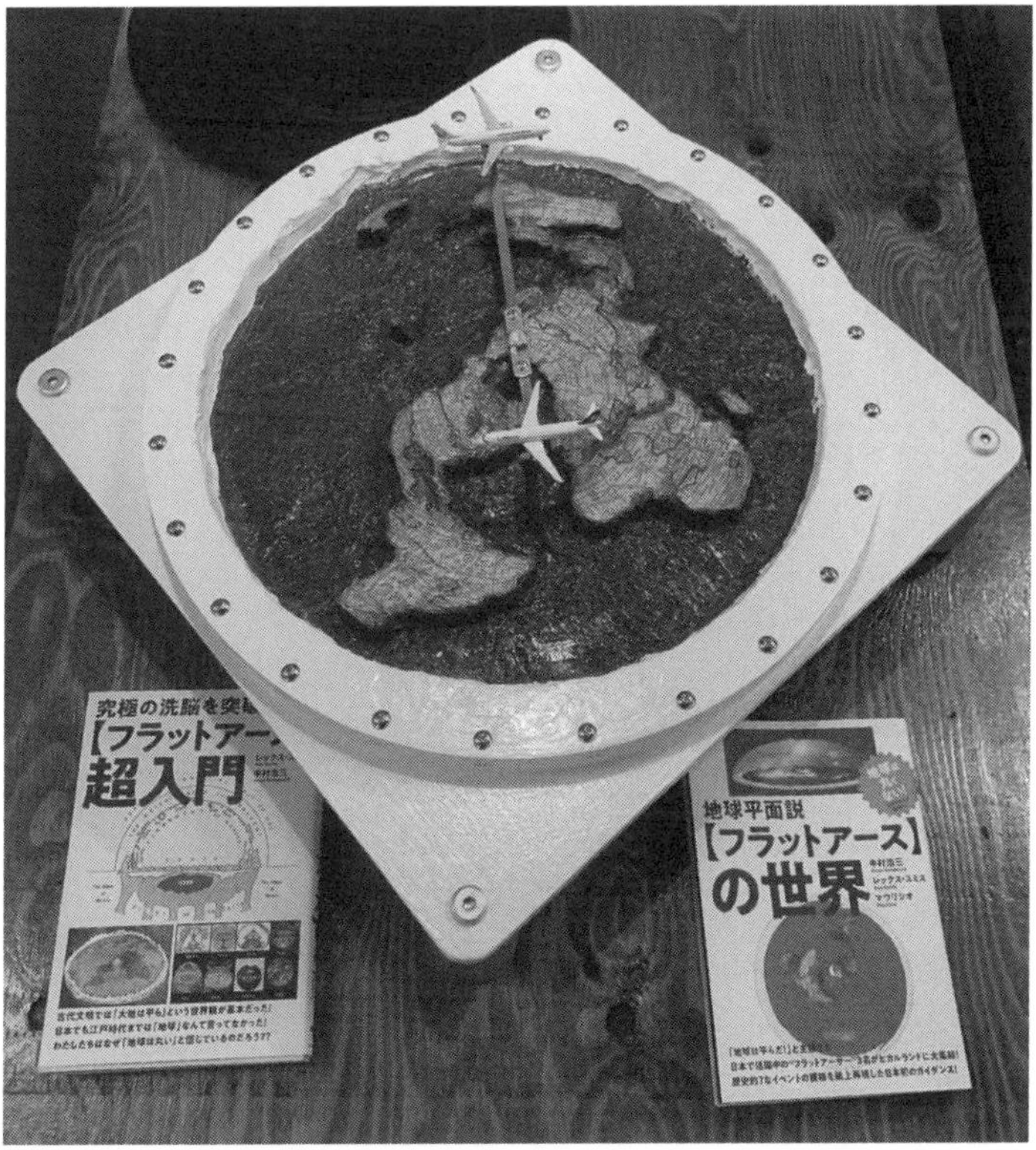

著者が木工職人に制作を依頼し完成したフラットアースの模型。青く彩られた海洋にあたる部分には水を注ぐことができる。模型の右下の本は、フラットアースシリーズ第一弾の『地球平面説【フラットアース】の世界』、左下はシリーズ第二弾の『究極の洗脳を突破する【フラットアース】超入門』。　Photo：Sayuri Goto

エディ・アレンカ（Eddie Alencar）

ブラジル、サンパウロ出身。20代前半からアメリカで暮らし、南東部のアラバマ州の大学に通う。大学では英語と国際ビジネスの学士号、危機管理の理学修士号を取得し、地質学、地震学、水文学、気象学、自然災害や人為災害に関するその他の分野についての研究を行う。1980年代後半には航空業界で働いており、世界的に有名な航空会社の国際貨物の部門で、航路と物流に関する業務を担当していた。その頃から、特定の航路、特に南アメリカ大陸からオーストラリアに向かう航路に関して疑問を抱くようになる。当時、航空会社が提供していた航路はメルカトル図法に基づくものであった。2013年に日本に移住。教師の仕事に就くが、その後すぐに、アメリカ生まれの娘たちと小さな英語スクールを立ち上げる。初めてフラットアースを耳にしたのは2015年のこと。『グリーソンの新標準世界地図』を知り、航路がなぜ矛盾しているのか、約30年間、ずっと抱き続けていた疑問の答えを見つける。地動説を信じてきたが、証拠を目の当たりにし、我々が平らで自転していない地球に暮らしていることを確信。以来、多くの時間を使って、地球が不動の平面であるという真実を広め続けている。

YouTube

https://www.youtube.com/channel/UCxGin_qxbd 6 kFFSfYkZKu 2 g/featured

田元明日菜（たもと　あすな）

1989年生まれ。早稲田大学大学院文学研究科修了。訳書に『タオ・オブ・サウンド』（ヒカルランド）、『つのぶねのぼうけん』（化学同人）、『すてきで偉大な女性たちが世界を変えた』（化学同人）、共訳書に『ノー・ディレクション・ホーム：ボブ・ディランの日々と音楽』（ポプラ社）などがある。

緊急着陸地点が導く
【フラットアース】REAL FACTS

第一刷　2021年8月31日

著者　エディ・アレンカ
訳者　田元明日菜

発行人　石井健資
発行所　株式会社ヒカルランド
〒162-0821 東京都新宿区津久戸町3-11 TH1ビル6F
電話 03-6265-0852　ファックス 03-6265-0853
http://www.hikaruland.co.jp　info@hikaruland.co.jp
振替　00180-8-496587

本文・カバー・製本　中央精版印刷株式会社
DTP　株式会社キャップス
編集担当　たいら☆ちずこ

ISBN978-4-86471-957-5

ヒカルランド　好評既刊！

「地球は丸くない！」〝フラットアース〟シリーズ第一弾

地球平面説
【フラットアース】の世界
著者：中村浩三／レックス・スミス／マウリシオ
四六ソフト　本体2,000円+税

ヒカルランド　好評既刊！

地上の星☆ヒカルランド　銀河より届く愛と叡智の宅配便

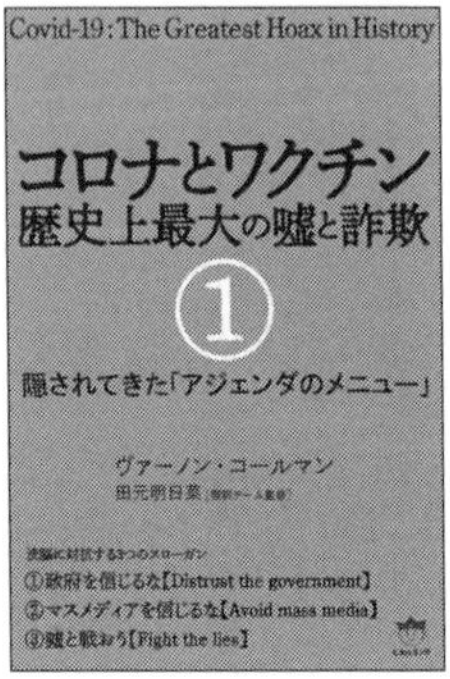

コロナとワクチン
歴史上最大の嘘と詐欺①
著者：ヴァーノン・コールマン
訳者：田元明日菜
四六ソフト　本体1,600円+税

コロナワクチン、被害症例集
著者：中村篤史
四六ソフト　本体1,500円+税

コロナは概念☆プランデミック
著者：片岡ジョージ
A5ソフト　本体1,600円+税

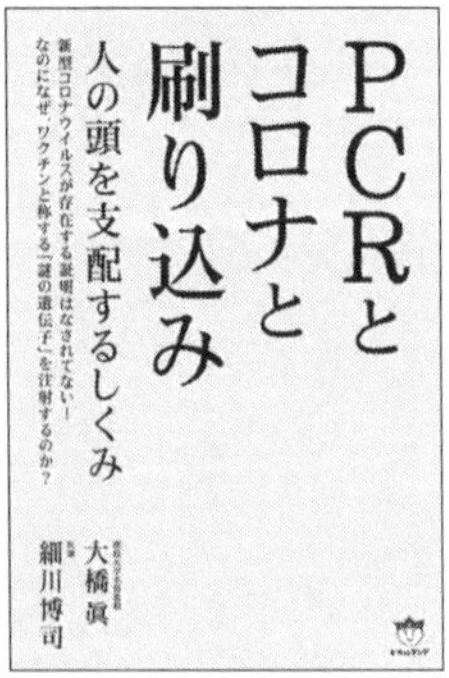

PCRとコロナと刷り込み
著者：大橋眞／細川博司
四六ソフト　本体1,600円+税

ワクチンSOS！
著者：高橋　徳／坂の上零
四六ソフト　本体2,000円+税

コロナワクチン幻想を切る
著者：井上正康／坂の上零
四六ソフト　本体1,600円+税

ヒカルランド　好評既刊！

地上の星☆ヒカルランド　銀河より届く愛と叡智の宅配便

クライシスアクターでわかった
歴史／事件を自ら作ってしまう人々
著者：ベンジャミン・フルフォード
四六ソフト　本体1,667円+税

人類の未来は家畜ロボットで
いいのか?!!
著者：ジェイ・エピセンター
四六ソフト　本体1,815円+税

特攻兵器「原爆」
著者：水原紫織
四六ハード　本体2,500円+税

《木・呼吸・微生物》
超先進文明の創造
著者：船瀬俊介／伊藤好則
四六ソフト　本体1,815円+税

アーシング
著者：クリントン・オーバー
訳者：エハン・デラヴィ
　　　愛知ソニア
A5ソフト　本体3,333円+税

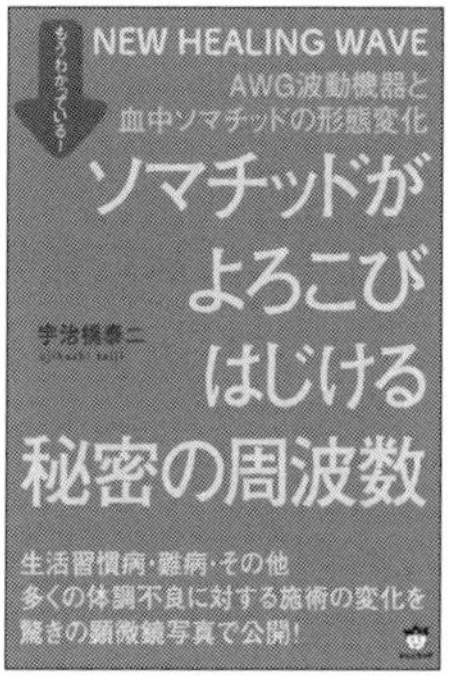

ソマチッドがよろこびはじける
秘密の周波数
著者：宇治橋泰二
A５ソフト　本体3,333円+税

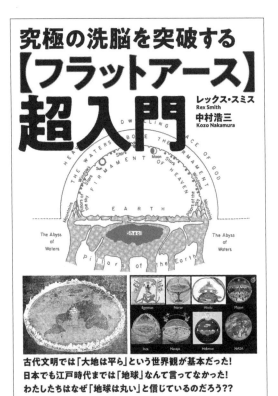